· *Cybernetics* ·

　　社会学和人类学基本上是通信的科学，属于控制论这个总题目。经济学是社会学的一个特殊分支，它的特点是具有比社会学的其余分支好得多的关于价值的数值量度，而它也是控制论的一个分支。所有这些领域都具有控制论的一般思想。控制论还影响到科学哲学本身，尤其是科学方法和认识论即知识理论的领域。

——维纳

本书列入"十四五"国家重点图书出版规划

科学元典丛书

The Series of the Great Classics in Science

主　　编　任定成

执行主编　周雁翎

策　　划　周雁翎

丛书主持　陈　静

科学元典是科学史和人类文明史上划时代的丰碑，是人类文化的优秀遗产，是历经时间考验的不朽之作。它们不仅是伟大的科学创造的结晶，而且是科学精神、科学思想和科学方法的载体，具有永恒的意义和价值。

科学元典丛书

控制论

或关于在动物和机器中控制和通信的科学

Cybernetics
or Control and Communication in the Animal and the Machine

[美] 维纳 著

洪帆 译 李保滨 校

北京大学出版社
PEKING UNIVERSITY PRESS

图书在版编目（CIP）数据

控制论：或关于在动物和机器中控制和通信的科学/(美)维纳著；洪帆译.—北京：北京大学出版社,2020.11

（科学元典丛书）

ISBN 978 7 301 31736-5

Ⅰ.①控… Ⅱ.①维…②洪… Ⅲ.①控制论 Ⅳ.①O23

中国版本图书馆 CIP 数据核字（2020）第 192636 号

CYBERNETICS,

OR CONTROL AND COMMUNICATION IN THE ANIMAL AND THE MACHINE, 2nd ed.

By Norbert Wiener

Cambridge, Massachusetts：The M.I.T. Press, 1961

书　　　　名	控制论：或关于在动物和机器中控制和通信的科学 KONGZHILUN: HUO GUANYU ZAI DONGWU HE JIQI ZHONG KONGZHI HE TONGXIN DE KEXUE
著作责任者	［美］维 纳 著 洪 帆 译 李保滨 校
丛书策划	周雁翎
丛书主持	陈 静
责任编辑	郭 莉
标准书号	ISBN 978-7-301-31736-5
出版发行	北京大学出版社
地　　　址	北京市海淀区成府路 205 号　100871
网　　　址	http://www.pup.cn　　　新浪微博：@ 北京大学出版社
微信公众号	通识书苑（微信号：sartspku）科学元典（微信号：kexueyuandian）
电子邮箱	编辑部 jyzx@ pup.cn　　　总编室 zpup@ pup.cn
电　　　话	邮购部 010-62752015　发行部 010-62750672　编辑部 010-62707542
印 刷 者	北京中科印刷有限公司
经 销 者	新华书店
	787 毫米×1092 毫米　16 开本　15.25 印张　彩插 8　300 千字
	2020 年 11 月第 1 版　2024 年 5 月第 3 次印刷
定　　　价	68.00 元

弁 言

　　这套丛书中收入的著作，是自古希腊以来，主要是自文艺复兴时期现代科学诞生以来，经过足够长的历史检验的科学经典。为了区别于时下被广泛使用的"经典"一词，我们称之为"科学元典"。

　　我们这里所说的"经典"，不同于歌迷们所说的"经典"，也不同于表演艺术家们朗诵的"科学经典名篇"。受歌迷欢迎的流行歌曲属于"当代经典"，实际上是时尚的东西，其含义与我们所说的代表传统的经典恰恰相反。表演艺术家们朗诵的"科学经典名篇"多是表现科学家们的情感和生活态度的散文，甚至反映科学家生活的话剧台词，它们可能脍炙人口，是否属于人文领域里的经典姑且不论，但基本上没有科学内容。并非著名科学大师的一切言论或者是广为流传的作品都是科学经典。

　　这里所谓的科学元典，是指科学经典中最基本、最重要的著作，是在人类智识史和人类文明史上划时代的丰碑，是理性精神的载体，具有永恒的价值。

一

　　科学元典或者是一场深刻的科学革命的丰碑，或者是一个严密的科学体系的构架，或者是一个生机勃勃的科学领域的基石，或者是一座传播科学文明的灯塔。它们既是昔日科学成就的创造性总结，又是未来科学探索的理性依托。

　　哥白尼的《天体运行论》是人类历史上最具革命性的震撼心灵的著作，它向统治西方思想千余年的地心说发出了挑战，动摇了"正统宗教"学说的天文学基础。伽利略《关于托勒密和哥白尼两大世界体系的对话》以确凿的证据进一步论证了哥白尼学说，更直接地动摇了教会所庇护的托勒密学说。哈维的《心血运动论》以对人类躯体和心灵的双重关怀，满怀真挚的宗教情感，阐述了血液循环理论，推翻了同样统治西方思想千余年、被"正统宗教"所庇护的盖伦学说。笛卡儿的《几何》不仅创立了为后来诞生的微积分提供了工具的解析几何，而且折射出影响万世的思想方法论。牛顿的《自然哲学之数学原理》标志着 17 世纪科学革命的顶点，为后来的工业革命奠定了科学基础。分别以惠更斯的《光论》与牛顿的《光学》为代表的波动说与微粒说之间展开了长达 200 余年的论战。拉瓦锡在《化学基础论》中详尽论述了氧化理论，推翻了统治化学百余年之久的燃素理论，这一智识壮举被公认为历史上最自觉的科学革命。道尔顿的《化学哲学新体系》奠定了物质结构理论的基础，开创了科学中的新时代，使 19 世纪的化学家们有计划地向未知领域前进。傅立叶的《热的解析理论》以其对热传导问题的精湛处理，突破了牛顿的《自然哲学之数学原理》所规定的理论力学范围，开创了数学物理学的崭新领域。达尔文《物种起源》中的进化论思想不仅在生物学发展到分子水平的今天仍然是科学家们阐释的对象，而且 100 多年来几乎在科学、社会和人文的所有领域都在施展它有形和无形的影响。《基因论》揭示了孟德尔式遗传性状传递机理的物质基础，把生命科学推进到基因水平。爱因斯坦的《狭义与广义相对论浅说》和薛定谔的《关于波动力学的四次演讲》分别阐述了物质世界在高速和微观领域的运动规律，完全改变了自牛顿以来的世界观。魏格纳的《海陆的起源》提出了大陆漂移的猜想，为当代地球科学提供了新的发展基点。维纳的《控制论》揭示了控制系统的反馈过程，普里戈金的《从存在到演化》发现了系统可能从原来无序向新的有序态转化的机制，二者的思想在今天的影响已经远远超越了自然科学领域，影响到经济学、社会学、政治学等领域。

科学元典的永恒魅力令后人特别是后来的思想家为之倾倒。欧几里得的《几何原本》以手抄本形式流传了 1800 余年，又以印刷本用各种文字出了 1000 版以上。阿基米德写了大量的科学著作，达·芬奇把他当作偶像崇拜，热切搜求他的手稿。伽利略以他的继承人自居。莱布尼兹则说，了解他的人对后代杰出人物的成就就不会那么赞赏了。为捍卫《天体运行论》中的学说，布鲁诺被教会处以火刑。伽利略因为其《关于托勒密和哥白尼两大世界体系的对话》一书，遭教会的终身监禁，备受折磨。伽利略说吉尔伯特的《论磁》一书伟大得令人嫉妒。拉普拉斯说，牛顿的《自然哲学之数学原理》揭示了宇宙的最伟大定律，它将永远成为深邃智慧的纪念碑。拉瓦锡在他的《化学基础论》出版后5 年被法国革命法庭处死，传说拉格朗日悲愤地说，砍掉这颗头颅只要一瞬间，再长出这样的头颅 100 年也不够。《化学哲学新体系》的作者道尔顿应邀访法，当他走进法国科学院会议厅时，院长和全体院士起立致敬，得到拿破仑未曾享有的殊荣。傅立叶在《热的解析理论》中阐述的强有力的数学工具深深影响了整个现代物理学，推动数学分析的发展达一个多世纪，麦克斯韦称赞该书是"一首美妙的诗"。当人们咒骂《物种起源》是"魔鬼的经典""禽兽的哲学"的时候，赫胥黎甘做"达尔文的斗犬"，挺身捍卫进化论，撰写了《进化论与伦理学》和《人类在自然界的位置》，阐发达尔文的学说。经过严复的译述，赫胥黎的著作成为维新领袖、辛亥精英、"五四"斗士改造中国的思想武器。爱因斯坦说法拉第在《电学实验研究》中论证的磁场和电场的思想是自牛顿以来物理学基础所经历的最深刻变化。

在科学元典里，有讲述不完的传奇故事，有颠覆思想的心智波涛，有激动人心的理性思考，有万世不竭的精神甘泉。

<h1 style="text-align:center">二</h1>

按照科学计量学先驱普赖斯等人的研究，现代科学文献在多数时间里呈指数增长趋势。现代科学界，相当多的科学文献发表之后，并没有任何人引用。就是一时被引用过的科学文献，很多没过多久就被新的文献所淹没了。科学注重的是创造出新的实在知识。从这个意义上说，科学是向前看的。但是，我们也可以看到，这么多文献被淹没，也表明划时代的科学文献数量是很少的。大多数科学元典不被现代科学文献所引用，那是因为其中的知识早已成为科学中无须证明的常识了。即使这样，科学经典也会因为其中思想的恒久意义，而像人文领域里的经典一样，具有永恒的阅读价值。于是，科学经典就被一编再编、一印再印。

早期诺贝尔奖得主奥斯特瓦尔德编的物理学和化学经典丛书"精密自然科学经典"从 1889 年开始出版，后来以"奥斯特瓦尔德经典著作"为名一直在编辑出版，有资料说目前已经出版了 250 余卷。祖德霍夫编辑的"医学经典"丛书从 1910 年就开始陆续出版了。也是这一年，蒸馏器俱乐部编辑出版了 20 卷"蒸馏器俱乐部再版本"丛书，丛书中全是化学经典，这个版本甚至被化学家在 20 世纪的科学刊物上发表的论文所引用。一般把 1789 年拉瓦锡的化学革命当作现代化学诞生的标志，把 1914 年爆发的第一次世界大战称为化学家之战。奈特把反映这个时期化学的重大进展的文章编成一卷，把这个时期的其他 9 部总结性化学著作各编为一卷，辑为 10 卷"1789—1914 年的化学发展"丛书，于 1998 年出版。像这样的某一科学领域的经典丛书还有很多很多。

科学领域里的经典，与人文领域里的经典一样，是经得起反复咀嚼的。两个领域里的经典一起，就可以勾勒出人类智识的发展轨迹。正因为如此，在发达国家出版的很多经典丛书中，就包含了这两个领域的重要著作。1924 年起，沃尔科特开始主编一套包括人文与科学两个领域的原始文献丛书。这个计划先后得到了美国哲学协会、美国科学促进会、美国科学史学会、美国人类学协会、美国数学协会、美国数学学会以及美国天文学学会的支持。1925 年，这套丛书中的《天文学原始文献》和《数学原始文献》出版，这两本书出版后的 25 年内市场情况一直很好。1950 年，沃尔科特把这套丛书中的科学经典部分发展成为"科学史原始文献"丛书出版。其中有《希腊科学原始文献》《中世纪科学原始文献》和《20 世纪（1900—1950 年）科学原始文献》，文艺复兴至 19 世纪则按科学学科（天文学、数学、物理学、地质学、动物生物学以及化学诸卷）编辑出版。约翰逊、米利肯和威瑟斯庞三人主编的"大师杰作丛书"中，包括了小尼德勒编的 3 卷"科学大师杰作"，后者于 1947 年初版，后来多次重印。

在综合性的经典丛书中，影响最为广泛的当推哈钦斯和艾德勒 1943 年开始主持编译的"西方世界伟大著作丛书"。这套书耗资 200 万美元，于 1952 年完成。丛书根据独创性、文献价值、历史地位和现存意义等标准，选择出 74 位西方历史文化巨人的 443 部作品，加上丛书导言和综合索引，辑为 54 卷，篇幅 2 500 万单词，共 32 000 页。丛书中收入不少科学著作。购买丛书的不仅有"大款"和学者，而且还有屠夫、面包师和烛台匠。迄 1965 年，丛书已重印 30 次左右，此后还多次重印，任何国家稍微像样的大学图书馆都将其列入必藏图书之列。这套丛书是 20 世纪上半叶在美国大学兴起而后扩展到全社会的经典著作研读运动的产物。这个时期，美国一些大学的寓所、校园和酒吧里都能听到学生讨论古典佳作的声音。有的大学要求学生必须深研 100 多部名著，甚至在教学中不得使用最新的实验设备，而是借助历史上的科学大师所使用的方法和仪器复制品去再现划时代的著名实验。至 20 世纪 40 年代末，美国举办古典名著学习班的城市达 300 个，学员 50 000 余众。

相比之下，国人眼中的经典，往往多指人文而少有科学。一部公元前 300 年左右古希腊人写就的《几何原本》，从 1592 年到 1605 年的 13 年间先后 3 次汉译而未果，经 17世纪初和 19 世纪 50 年代的两次努力才分别译刊出全书来。近几百年来移译的西学典籍中，成系统者甚多，但皆系人文领域。汉译科学著作，多为应景之需，所见典籍寥若晨星。借 20 世纪 70 年代末举国欢庆"科学春天"到来之良机，有好尚者发出组译出版"自然科学世界名著丛书"的呼声，但最终结果却是好尚者抱憾而终。20 世纪 90 年代初出版的"科学名著文库"，虽使科学元典的汉译初见系统，但以 10 卷之小的容量投放于偌大的中国读书界，与具有悠久文化传统的泱泱大国实不相称。

我们不得不问：一个民族只重视人文经典而忽视科学经典，何以自立于当代世界民族之林呢？

三

科学元典是科学进一步发展的灯塔和坐标。它们标识的重大突破，往往导致的是常规科学的快速发展。在常规科学时期，人们发现的多数现象和提出的多数理论，都要用科学元典中的思想来解释。而在常规科学中发现的旧范型中看似不能得到解释的现象，其重要性往往也要通过与科学元典中的思想的比较显示出来。

在常规科学时期，不仅有专注于狭窄领域常规研究的科学家，也有一些从事着常规研究但又关注着科学基础、科学思想以及科学划时代变化的科学家。随着科学发展中发现的新现象，这些科学家的头脑里自然而然地就会浮现历史上相应的划时代成就。他们会对科学元典中的相应思想，重新加以诠释，以期从中得出对新现象的说明，并有可能产生新的理念。百余年来，达尔文在《物种起源》中提出的思想，被不同的人解读出不同的信息。古脊椎动物学、古人类学、进化生物学、遗传学、动物行为学、社会生物学等领域的几乎所有重大发现，都要拿出来与《物种起源》中的思想进行比较和说明。玻尔在揭示氢光谱的结构时，提出的原子结构就类似于哥白尼等人的太阳系模型。现代量子力学揭示的微观物质的波粒二象性，就是对光的波粒二象性的拓展，而爱因斯坦揭示的光的波粒二象性就是在光的波动说和微粒说的基础上，针对光电效应，提出的全新理论。而正是与光的波动说和微粒说二者的困难的比较，我们才可以看出光的波粒二象性学说的意义。可以说，科学元典是时读时新的。

除了具体的科学思想之外，科学元典还以其方法学上的创造性而彪炳史册。这些方法学思想，永远值得后人学习和研究。当代诸多研究人的创造性的前沿领域，如认知心理学、科学哲学、人工智能、认知科学等，都涉及对科学大师的研究方法的研究。一些科学史学家以科学元典为基点，把触角延伸到科学家的信件、实验室记录、所属机构的档案等原始材料中去，揭示出许多新的历史现象。近二十多年兴起的机器发现，首先就是对科学史学家提供的材料，编制程序，在机器中重新做出历史上的伟大发现。借助于人工智能手段，人们已经在机器上重新发现了波义耳定律、开普勒行星运动第三定律，提出了燃素理论。萨伽德甚至用机器研究科学理论的竞争与接受，系统研究了拉瓦锡氧化理论、达尔文进化学说、魏格纳大陆漂移说、哥白尼日心说、牛顿力学、爱因斯坦相对论、量子论以及心理学中的行为主义和认知主义形成的革命过程和接受过程。

除了这些对于科学元典标识的重大科学成就中的创造力的研究之外，人们还曾经大规模地把这些成就的创造过程运用于基础教育之中。美国几十年前兴起的发现法教学，就是在这方面的尝试。近二十多年来，兴起了基础教育改革的全球浪潮，其目标就是提高学生的科学素养，改变片面灌输科学知识的状况。其中的一个重要举措，就是在教学中加强科学探究过程的理解和训练。因为，单就科学本身而言，它不仅外化为工艺、流程、技术及其产物等器物形态，直接表现为概念、定律和理论等知识形态，更深蕴于其特有的思想、观念和方法等精神形态之中。没有人怀疑，我们通过阅读今天的教科书就可以方便地学到科学元典著作中的科学知识，而且由于科学的进步，我们从现代教科书上所学的知识甚至比经典著作中的更完善。但是，教科书所提供的只是结晶状态的凝固知识，而科学本是历史的、创造的、流动的，在这历史、创造和流动过程之中，一些东西蒸发了，另一些东西积淀了，只有科学思想、科学观念和科学方法保持着永恒的活力。

然而，遗憾的是，我们的基础教育课本和科普读物中讲的许多科学史故事不少都是误讹相传的东西。比如，把血液循环的发现归于哈维，指责道尔顿提出二元化合物的元素原子数最简比是当时的错误，讲伽利略在比萨斜塔上做过落体实验，宣称牛顿提出了牛顿定律的诸数学表达式，等等。好像科学史就像网络上传播的八卦那样简单和耸人听闻。为避免这样的误讹，我们不妨读一读科学元典，看看历史上的伟人当时到底是如何思考的。

现在，我们的大学正处在席卷全球的通识教育浪潮之中。就我的理解，通识教育固然要对理工农医专业的学生开设一些人文社会科学的导论性课程，要对人文社会科学专业的学生开设一些理工农医的导论性课程，但是，我们也可以考虑适当跳出专与博、文与理的关系的思考路数，对所有专业的学生开设一些真正通而识之的综合性课程，或者倡导这样的阅读活动、讨论活动、交流活动甚至跨学科的研究活动，发掘文化遗产、分享古典智慧、继承高雅传统，把经典与前沿、传统与现代、创造与继承、现实与永恒等事关全民素质、民族命运和世界使命的问题联合起来进行思索。

我们面对不朽的理性群碑，也就是面对永恒的科学灵魂。在这些灵魂面前，我们不是要顶礼膜拜，而是要认真研习解读，读出历史的价值，读出时代的精神，把握科学的灵魂。我们要不断吸取深蕴其中的科学精神、科学思想和科学方法，并使之成为推动我们前进的伟大精神力量。

任定成

2005 年 8 月 6 日

北京大学承泽园迪吉轩

维纳（Norbert Wiener，1894—1964）

▶ 维纳的父亲利奥·维纳（Leo Wiener，1862—1939）和母亲伯莎·卡恩（Bertha Kahn）。二人于 1893 年结婚。利奥是俄裔犹太人，通晓 30 余种语言。他于 1896 年 10 月开始在哈佛大学教授俄语、波兰语和古斯拉夫语，是美国第一位在大学里教授斯拉夫语族语言的教员。

◀ 维纳幼时。1894 年 11 月 26 日，维纳出生于美国密苏里州哥伦比亚市。他天赋出众，3 岁半就能看书，怀着强烈的好奇心阅读了家中的大量藏书。

◀ 9 岁的维纳。1901 年秋天，不满 7 岁的维纳进入附近的皮博迪小学，但没多久就退学了。从这时起，维纳的教育都是直接或间接由父亲指导的。1903 年秋天，不满 9 岁的维纳进入艾尔中学读初中三年级，半年后便跳级到高中一年级。

▶ 维纳的父亲利奥·维纳。尽管维纳极具天赋，父亲对他仍十分挑剔和严苛。维纳在自传中叙述道："父亲教授代数的方式远远谈不上平和。我每次一犯错就会被立刻纠正。他会用轻松的对话式语调开始讨论，直到我犯了第一个数学错误。然后温和慈爱的父亲突然就变成了'复血仇者'。"

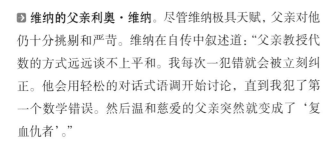

⬆ **塔夫茨大学校园景色**。1906 年，不满 12 岁的维纳进入了塔夫茨大学。父亲为他选择这所大学而不是哈佛大学，原因是父亲认为哈佛大学紧张的入学考试对这个有些神经质的孩子没什么好处。

➡ **1906 年 10 月 7 日的《纽约世界报》，仍显稚气的维纳站在一堆不朽的书籍上**。这一天，全世界都知道了维纳的名字，关于他的照片和报道出现在《纽约世界报》头版，报道标题是"全世界最杰出的男孩"（The Most Remarkable Boy in the World）。这篇文章包括对维纳及其父亲的访谈，称赞了其父亲不同寻常的儿童早期培养方式。多年后，维纳说："我认为，父亲在采访中没有抵挡住诱惑，对我和我所接受的训练进行了修饰。在这些采访中，他强调我本质上是一个普通的男孩，只不过受益于卓越的训练才能取得如此成绩。"这种"否定"对维纳产生了影响，"这让我对自己实际具备的能力感到不自信……我经历了最糟糕的事情"。

➡ **维纳的塔夫茨大学毕业照（1909）**。维纳在大学期间主修数学，但也学习了物理学、生物学、哲学、心理学的许多课程。数学、物理学、生物学、哲学和电工学，构成了维纳一生的科学活动领域，控制论的创立就是从这些学科中吸取了丰富的营养。

⬆哈佛大学校园景色。

➡康奈尔大学校园景色。

1909 年，维纳怀着对生物学的强烈兴趣，在哈佛大学开始了攻读生物学博士学位的历程，却因为动手能力差，加上视力不好，无法顺利开展实验工作，不得不转到康奈尔大学学习哲学。一年后，他又回到哈佛，研读数理逻辑。

◀ 维纳的哈佛大学毕业照（1913）。1913 年夏天，年仅 18 岁的维纳获得了哲学博士学位。他的多学科背景为他的才能横向发展提供了可能性，为他将来进行跨学科研究奠定了基础。

⬇ 剑桥大学三一学院。1913 年，维纳来到欧洲，跨过剑桥大学三一学院的大门，进入现代哲学和新数理逻辑的圣地，在罗素、哈代等大师的指导下开展学习和研究。后来维纳又去了德国哥廷根大学，得到希尔伯特、朗道等大师的指导。

▶ **阿伯丁试验场（Aberdeen Proving Ground）身着戎装的数学家们，维纳在最右（1918）。**

第一次世界大战爆发后，维纳回到美国。1918 年，维纳接受数学家维布伦（Oswald Veblen，1880—1960）的邀请，前往马里兰州的阿伯丁试验场参与编制高射炮射击表。阿伯丁试验场的经历改变了维纳。在去那里之前，他只是一个"昔日神童"。在试验场，通过将所学知识应用于现实问题，他受到了极大的鼓舞。

▼ **阿伯丁试验场的高射炮。**

▶ **麻省理工学院（MIT）的"无尽长廊"（Infinite corridor），长 251 米。**
▼ **MIT 10 号楼的麦克劳伦大穹顶。**

1919 年，维纳进入麻省理工学院，任教于数学系。1929 年任副教授，1932 年晋升为教授。维纳在 MIT 的任教时间长达 40 年，是 MIT 最受好评、最知名的教授之一。

MIT 著名的"无尽长廊"连接起许多系所在的大楼。维纳是一个活跃人物，时常在这条长廊上漫步，和许多系都有联系，和电机系的联系尤其多。

◀ ⌐ 维纳站在写满公式的黑板前授课。

⌄ 写有维纳粉笔字迹的黑板。

▶ 维纳的妻子玛格丽特（Margaret Engemann），二人于 1926 年结婚。

⌄ 维纳夫妇育有两个女儿，图中梳小辫的是芭芭拉（Barbara），穿凉鞋的是佩姬（Peggy）。

▣ 美国科学院院徽。维纳于 1933 年当选为美国科学院院士，同年，因在陶伯尔型定理方面的成就，获得美国数学学会五年颁发一次的博歇奖（Bôcher Memorial Prize）。1934 年夏，维纳当选美国数学学会副会长。

⬆ 1964 年 1 月，维纳在白宫接受约翰逊总统颁发的美国国家科学奖章。维纳获此奖章的原因是其"在纯粹数学和应用数学方面并且勇于深入到工程和生物科学中去的多种令人惊异的贡献及在这些领域中具有深远意义的开创性工作"。

▣ 维纳获得的美国国家科学奖章，上面镌有维纳的名字和奖章所属年份（1963）。

▣ 维纳夫妇之墓。1964 年 3 月 18 日，维纳在瑞典斯德哥尔摩讲学期间，因心脏病突发逝世，终年 69 岁。维纳去世的消息传到 MIT 时，人们纷纷停下工作聚集在一起，缅怀这位天才的数学家。MIT 降下半旗，以此纪念维纳。

▶ **维纳剪影**。在 2005 年出版的《信息时代的隐秘英雄：寻找控制论之父——诺伯特·维纳》(*Dark Hero of the Information Age: In Search of Norbert Wiener, the Father of Cybernetics*) 中，维纳被称为"信息时代之父"。

▼ 《信息时代的隐秘英雄：寻找控制论之父——诺伯特·维纳》封面（从左至右分别为英文版、法文版、日文版）。英文版的封面顶端引用了《纽约时报》的评论："他可能是 20 世纪最伟大的头脑之一。"

被誉为"信息时代之父"的维纳，不仅是 18 岁就博士毕业的神童，在他身上还有着许多非比寻常的特征与个性，因而他又被称为"来自宇宙的公民""大智若愚的古怪天才"。

"他独自出现时的样子让人印象深刻……叼一支粗雪茄，像鸭子一样蹒跚而行，他就是这样一位心不在焉的近视眼教授。"

"他至少有一回走错教室，对着困惑的学生兴致勃勃地讲了一节课。"

"根据 MIT 流传的说法，维纳两手并用、狂暴地在数学系黑板上写字，同时解多个复杂方程，一手解一个。"

◀ **漫画**：专家维纳在进行弹道研究。

◀ 维纳纪念邮票。

目　　录

第二部分　补遗(1961)

导　读

胡作玄

（中国科学院数学与系统科学研究院教授）

· Introduction to Chinese Version ·

在我们这个日益专门化、专业日趋狭窄的时代，能够建立这样庞大领域的人绝非一位普通的科学家，他必定是位百科全书式的人物。如果没有博大精深的学识、没有开拓创新的实力，就根本谈不上能整合出这样一个庞大的领域；只有像维纳这样的天才，才能融会贯通数学、哲学、科学和工程等这么多领域的知识。当然，这源于维纳的教育成长历程、他的无可遏制的好奇心与求知欲，以及他的理论思维能力，尤其是他的数学能力。

　　人类社会已经进入信息时代,那么谁是信息时代之父呢? 2005 年出版的康威(Flo Conway)和西格尔曼(Jim Siegelman)合著的一本维纳的传记中,第一句话就是"他是信息时代之父"(He is the father of the information age)。这么一个短句用了两个定冠词,我无法把它们译成中文,只得把原文附上。当然我们不会对作者的意见有任何的误解,信息时代的开创者只有这么一位,尽管许多人并不认同,甚至那些享受信息时代美好生活的年轻人还根本不知道维纳是何许人也。你想知道吗? 看看这本书的书名和副书名:书名是《信息时代的隐秘英雄》(*Dark Hero of the Information Age*),副书名是"寻找控制论之父——诺伯特·维纳"(*In Search of Norbert Wiener, the Father of Cybernetics*)。这本书的书名和副书名合在一起,就使维纳的身影凸现出来。在我们的心目中,的确有不少信息时代的英雄,从冯·诺伊曼(John von Neumann)、香农(Claude Elwood Shannon)到比尔·盖茨(Bill Gates),唯独漏掉了这位深藏不露的隐秘英雄。也许正因为如此,我们才要深入挖掘他的思想。他就是维纳——控制论之父。维纳之所以被认为开辟了信息时代之路,也正是由于他这部经典著作《控制论》。

　　究竟什么是控制论,也是一个众说纷纭、莫衷一是的问题。好在维纳在他的《控制论》中给出了一个副标题"或关于在动物和机器中控制和通信的科学",表明了他的出发点。也就是从动物、人到机器这些如此不同的复杂对象中抽取共同的概念,并用一种全新的视角,通过全影的方法进行研究。这样一来,原来属于不同学科的问题,在一门新学科——控制论的名义下统一了起来。从这个观点出发,控制论的对象是从自然、社会、生物、人、工程、技术等对象中抽象出来的复杂系统。为了研究这些完全不同的系统的共同特色,控制论提供了一般的方法。这种方法接近数学方法,但比数学方法更为广泛,特别是用计算机进行模拟和仿真,这显然比传统的数学方法与实验方法对复杂系统有着更为有效的作用,而且适用范围也大得多。可以说,控制论是一个包罗万象的学科群。

　　1974 年,苏联出版的两大卷《控制论百科全书》显示出控制论所涉及的多种学科,由此也可以看出控制论与我们现在所处的信息时代以及信息时代出现的诸多新兴学科的亲缘关系。

◀《控制论》作者——维纳

　　□ 计算机科学

　　□ 信息科学

　　□ 通信理论

　　□ 控制理论

　　□ 人工智能理论

　　□ 一般系统论

　　□ 机器人学

　　□ 神经科学与脑科学

　　□ 认知科学

　　□ 行为科学

　　当然,这些还只是控制论的核心部分。它的应用范围几乎包括所有学科,其中与其他学科交叉形成的规范学科有生物控制论、工程控制论、经济控制论等。

　　在我们这个日益专门化、专业日趋狭窄的时代,能够建立这样庞大领域的人绝非一位普通的科学家,他必定是位百科全书式的人物。如果没有博大精深的学识、没有开拓创新的实力,就根本谈不上能整合出这样一个庞大的领域;只有像维纳这样的天才,才能融会贯通数学、哲学、科学和工程等这么多领域的知识。当然,这源于维纳的教育成长历程、他的无可遏制的好奇心与求知欲,以及他的理论思维能力,尤其是他的数学能力。维纳的第二本自传《我是一个数学家》显示出他以作为一位数学家为荣,这不仅仅在于他的数学研究水平很高,还在于他能通过数学理解世界,也能理解任何哪怕是极为困难的学科。所有开拓信息时代的先驱几乎都具有非凡的数学头脑,许多人本身就是第一流的大数学家,维纳和冯·诺伊曼就是典型,单是他们的数学业绩已足以使他们名垂千古。还得补充一句:这些20世纪的数学大师在数学领域之内横跨多个领域,在数学领域之外也是博学多识。冯·诺伊曼精通历史,而维纳则精通哲学。正是他们带领我们进入了信息时代。

英雄之路

　　维纳的一生可以用他的两本自传来概括:《昔日神童》(1953),《我是一个数学家》(1956)。但是两书中都没有提到他的最后十年。这里我们把他的生平分成三段叙述。

一、昔日神童

读书早恐怕是神童最明显的特征,维纳的学习生涯也从这里开始。3岁半时维纳就会自己读书了,虽然还有困难,但他还是一本一本读了许多书。四五岁时他开始读科学读物,如《博物志》,以及讲述行星和光的书。这些是他科学上的启蒙读物,正是这些读物使他产生广泛的兴趣。

后来成为数学家的维纳,数学的基础训练完全是靠父亲利奥一手教出来的。维纳对父亲的数学水平非常佩服。到其他小孩上学的时候,他的读、写、算等早期训练早已完成。维纳在七八岁时,已经成了一个无所不读的孩子。父亲五花八门、无所不包的藏书充分刺激了小维纳的好奇心和求知欲,对每一本到手的科学书,他都如饥似渴地阅读。

1901年秋天,父亲把维纳送到附近的皮博迪小学读书,但他在小学没待多久就退了学。从这时起,一直到将近9岁进中学(甚至进入中学以后)维纳的全部教育都是直接或间接由父亲指导的。这近两年的教育,可以说是这位天才的加强速成班。父亲为他制订严格的教育计划,其核心是数学和语言。数学由父亲教代数、几何、三角及解析几何,语言请一位家庭教师教德文及拉丁文。维纳的学习任务的确是完成了,不过,这种教育方式却留下了后遗症。由于读书过多,两眼疲乏,8岁时他已经高度近视。他动作笨拙,不善交往,恐怕也是这种片面教育的结果。

1903年秋天,他被送到艾尔中学读初中三年级,第二年年初便跳到高中一年级。他很感激艾尔中学时代的朋友们,他们使得维纳能在一个富有同情和谅解的环境中,度过自己成长的困难阶段。

在他进入大学之前,有两件事值得一提:一件事是他6岁时读过一篇文章,这曾在他幼小的心灵中激发起"设计仿生自动机的欲望",我们感叹,控制论的苗头出现在20世纪初的一个小孩子心中,真是何其早也!另一件事是他在中学的一次讲演比赛。他写了自己的第一篇哲学论文,题目为"无知论",以哲学来论证一切知识都是不完全的。实际上这问题是认识论的中心问题,他的哲学思维的确早熟,这恐怕也是他天才的一部分。

1906年9月,不到12岁的维纳进入塔夫茨大学,开始了他的大学生活。进入塔夫茨大学而非与其近邻的哈佛大学,也是他父亲的主意。他父亲明智地认识到,哈佛大学紧张的入学考试,以及随后对这神童的宣扬,对这个神经质的孩子没什么好处。根据维纳的中学成绩表以及几项简单的考试(大部分是口试),他被录取进入塔夫茨大学。

在塔夫茨大学,维纳主修数学,他自己感到他的水平已超过大学一年级水平,于是一进校就选择了方程论这门课,但学习起来有些吃力。而其他数学课程则大都是以培养工科学生为目标,对他来说在脑子里一闪而过,并没有什么困难。如果说他在数学上还算不上天才的话,那么在工程方面他的确是个奇才。物理课和化学课以及工程实验对他更有吸引力。他曾动手设计粉末检波器和静电变压器,只有12岁的维纳达到这样的水平,的确是令人惊奇的。

父亲看到维纳自学了一些哲学,并且能流畅地使用一些哲学词汇,就鼓励他向这方面发展。在塔夫茨的第二年,他选修了几门哲学及心理学课程。对他影响最大的哲学家是17世纪唯理论者斯宾诺莎(Baruch Spinoza)和莱布尼兹(Gottfried Wilhelm Leibniz),特别是后者。维纳认为莱布尼兹是最后一位百科全书式的博学天才,实际上控制论的哲学思想也源自于他。

在塔夫茨大学的最后一年,维纳的兴趣又集中在生物学上。他选修了金斯利(John Sterling Kingsley)教授的"脊椎动物比较解剖学"这门课。在理论学习方面,维纳并没有遇到问题,他最善于领会事物的分门别类。但是一到动手做实验,就立即显出极大弱点。他做实验操作得太快、太草率,更有甚者,有一次实验中因违反操作规程而把实验动物弄死了。他虽然没有受到惩罚,但负罪感始终伴随着他。最后,在1909年春天,他还是在数学系毕了业,这时他还不满15岁。

维纳大学毕业时,对生物学的兴趣比什么都大,坚持要上哈佛大学研究生院攻读动物学,他父亲勉强同意。他进入哈佛大学研究生院的目标是获取生物学博士学位。尽管他博学又聪明,可是这些品质对学生物学来说是远远不够的。他的实验工作糟得没法再糟,简直毫无希望。不过天真的维纳还真以为他"虽然有严重缺陷,但仍然可以对生物学做出一定贡献",可是谁都看得出他不适合干这一行,除了他自己。有讽刺意味的是,维纳后来开创的控制论的确使生物学这门原先完全依赖于观察和实验的科学得到些许的改变,从而给一些笨手笨脚但思维敏捷的人开辟了一块研究的空间。

维纳在生物学上的挫折,最终促使他父亲再次采取行动。父亲建议他转学哲学,他再一次听从了父亲的意见,但后来又抱怨他父亲没有慎重考虑,干扰了他自己的决定。1910年夏天过后,他取得康奈尔大学赛智哲学院的奖学金。在康奈尔的一年中,他选修各种课程,阅读大量原始文献,一方面为后来跟罗素(Bertrand Russell)学哲学打下坚实的基础,另一方面,他学会了古典时期英国的文风,有助于形成自己的写作风格。康奈尔大学出版自己的哲学期刊,而研究生的任务之一就是把其他哲学期刊上的论文写成文摘,在该刊上发表。这种翻译工作对维纳来说是一种极好的训练,他不仅熟悉了各语种的哲学词汇,又了解了当时世界上流行的哲学思潮。因此对于这位未来的哲人科学家来说,只有哲学才是他真正得到系统的、比较严格的训练的科目。

在他未来的事业——数学方面却并不是这样。在康奈尔学习期间,他想跟哈钦森(John Irwin Hutchinson)教授学习复变函数论,但感到心有余而力不足。这再次暴露出在数学方面,他的才能并不怎么突出。一年过去了,他没有能够再次得到奖学金。听到这个消息之后,父亲再次做出决定,要他转到哈佛大学哲学院学习。维纳原先指望,在哪里跌倒就在哪里爬起来,而父亲的决定,使这个本来就不自信的孩子更加缺乏自信。这类事情对维纳来说似乎是难以接受的,几乎把这个天才压垮了。他没有学会在这个人生阶段应该具备的自立能力及寻找平衡的技巧,反而觉得自己前途渺茫,被动地听从命运的摆布而随波逐流。

维纳在哈佛的两年,总觉得失意而不快,而在他父亲和别人看来,这却是成功的两年。他在 1912 年夏天取得硕士学位,到 1913 年夏天又获得哲学博士学位,这时,他不过 18 岁,也就是其他人刚考上大学的年纪。维纳在这两年中,受到了过去从来没有过的最有价值的训练,特别是讨论班上有各种专业的人讲出他们的方法及其哲学意义,无疑预示着维纳后来的跨学科研究及哲学方法论研究的模式。在这里他结识各种人物,接触各种思想,对于像维纳这种有着广博知识、开放心胸以及兼收并蓄态度的人来说,必定是受益匪浅。许多伟大的思想也可以在讨论班上看到它的萌芽。

取得博士学位的关键当然是做博士论文并通过答辩。本来他想请罗伊斯(Josiah Royce)做他的指导教师,指导他做数理逻辑的论文,但因为罗伊斯重病在身,只好由塔夫茨大学的施米特(Karl Schmidt)教授来接替。教授出了一个在他看来颇为容易的题目,即比较施罗德(Emst Schröder)的关系代数和罗素及怀特海的关系代数。施罗德是 19 世纪逻辑代数传统的最后传人,他们的目标就是实现莱布尼兹的目标。莱布尼兹的目标有两个:一是建立普遍的符号语言,这种语言的符号是表意的,每个符号表达一个概念或一种关系或一种操作,如同数学符号一样;二是建立思维的演算,使逻辑的推理可以用计算来代替。当遇到争论时,可以通过计算机判定谁对谁错。后一种理想的方案首先由布尔(George Boole)在1847年开始实现,它的指导思想是逻辑关系和某些运算非常相似,据此可以构造出抽象代数系统,即所谓布尔代数,于是形成所谓逻辑代数这一学科。其后经多人改进,最后施罗德将布尔代数构建成一个演绎系统,特别是造成关系代数的系统。为此,维纳做了许多形式方面的工作,形成一篇合格的论文,最后顺利地通过考试。不过后来见到罗素以后,他才意识到自己"几乎漏掉了所有具有哲学意义的问题"。

维纳在哈佛的最后一年申请到了出国进修的奖学金。1913年夏天,维纳决定和父亲一起去欧洲。在欧洲,他主要听罗素的课,在罗素指导下工作。罗素开了两门课:一门是他的哲学课,即逻辑原子论;一门是阅读课,读的是他的《数学原理》。

除了这些直接影响之外,罗素在两方面对维纳有着决定性的影响。一是罗素作为科学派大哲学家,能真正对当时物理学的大变革予以充分的肯定评价,并指出它们的哲学意义。他曾建议维纳去读爱因斯坦在1905年发表的三篇著名论文,一篇是狭义相对论的,一篇是光量子论的,这两篇都是直接推动物理学革命的划时代的论文;第三篇是关于布朗运动的,它在物理学上名声似乎没有前两者响亮,可偏偏是这篇论文后来影响了维纳在数学领域的开创性工作。维纳承认自己对于物理,例如电子理论,理解起来很困难,这再次显示非科班出身的天才的一大缺陷。可是罗素对于后来成为数学家的维纳,却有着间接并且是决定性的影响。一开始罗素就从学习数理逻辑出发,希望他选修一些数学课,正是这些课才真正给他打下近代数学的基础。

在高等数学方面,维纳实际上并没有受过严格训练,幸好维纳碰到了罗素的同事、英国大数学家哈代(Godfrey Harold Hardy)。他是一个好教师,能清楚而细致地把学生引导到最新领域,其中包括对维纳至关重要的一些概念,其中之一就是勒贝格积分。维纳本来要在剑桥待一年,但由于第二学期罗素已接受哈佛大学的邀请去美国访问,维纳也打算离开剑桥。在罗素的建议下,维纳前往哥廷根大学学习。1914年夏季学期他是在哥廷根度过的,他听希尔伯特(David Hilbert)和朗道(Lev Davidovich Landau)等大家的课,并从数学图书馆和数学讨论班中获益匪浅。他体会到,"数学不仅是在书房中学习的一门学科,而且是必须加以讨论,并把自己的生命投入其中的一门学科"。在哥廷根,他结识了许多年轻的数学家。可以说,维纳在"博士后阶段"才掌握一些大学的基础数学。

1914 年夏天第一次世界大战打响，维纳在欧洲的学习难以为继，于是经颠簸的旅行后于 1915 年 3 月回到纽约。1915 年秋天，他被任命为哈佛大学哲学系的助教。由于教学任务繁重，他再也不像以前那样多产了，而且处处受到歧视。一位学识广博的天才往往总要被人讥讽为半瓶子醋的，这时期可以说是在任何一个专业领域他都前途渺茫。在这种情况下，又是他父亲替他做出决定，由哲学转向数学。他自己并不乐意，但对父亲的意志不愿违抗。他开始定期参加哈佛数学学会的活动，结识了当时哈佛的名流。

1916 年，哈佛组织了一个军官训练团，称为哈佛军团。维纳出于某种考虑，参加了这个军团。他接受艰苦的军事训练，在大冬天穿着单薄的夏天军服，雪中跋涉并接受单兵训练及班组训练；春天继续在室外操练，并进行实弹射击；夏天他去普莱茨堡接受军训。但最后，他既没有学到什么技能，也没有被授予军官军衔，他再一次尝到了失败的苦果。1916 年秋天，他父亲又给他找了一个缅因大学数学系讲师的职位，看来该稳定下来了，不过对他来讲，这又是一场噩梦。他对付不了这些与他年纪相仿的桀骜不驯的学生。1917 年 4 月，美国参战之后，他申请离职并想去军事部门工作，但因视力不好多次未获准应征入伍。每到一个新地方，他的情况不但没有好转，反而每况愈下。

1917 年夏天，他还是文不文，武不武，闲来无事，于是去读数学。22 岁对于学数学已老大不小了，但他还没怎么上路，却像一些业余数学爱好者一样，试图去解某些数学大难题。他试着证四色定理、费马大定理和黎曼猜想，以他的有限知识，其结果可想而知。由于战争，当时要想找一个长期的事做根本不可能，更何况他这位没有"专业"的杂家了。大学教书不行，参军不要，维纳只好退而求其次，到工厂找点工作。他父亲深知孩子的问题，认为他在工程方面恐怕也不会有什么出息，于是又开始为他四处寻找工作了。

利奥以前曾为《美国百科全书》撰写过一两个条目，通过这种关系，他为维纳要来一份聘书，要他去当撰稿人。说老实话，对于这位百科全书式的天才，干这个事是最合适不过的了。维纳喜欢《美国百科全书》所在地奥尔巴尼，喜欢这里的同事和上司，喜欢这份工作，也喜欢他自己所得到的独立感。在这里他写了"美学""共相"等二十几个条目，登载在 1918—1920 年版的《美国百科全书》上。其中他写了一条叫"动物的化学感觉"，多少预示着后来的通信理论。

1919 年春天，经过几年的波折之后，维纳对自己有了新的认识。对于失败，他开始能够适应，并表现得满不在乎。他认为："雇工的经历使我能得到独立，而这是其他方式无法取得的。我不仅自力更生,而且完全是以不求助父亲的方式自己谋生的。总之我是在远离家庭和没有父亲庇护的情况下谋生的。"25 岁的维纳虽然还没有安身立命的所在,但他的心理状态已趋于成熟。

二、数学家

维纳的第二本自传名为《我是一个数学家》,显然他以自己是一个数学家而自豪。不过从他前 25 年的经历来看,他虽说是个天才,却很难说是个天才数学家。

1919 年年初,战争刚刚结束,美国新英格兰地区流行性感冒盛行。他的妹妹康斯坦斯(Constance)的未婚夫,哈佛大学一位很有前途的数学家格林(Gabriel Marcus Green)在这场流感中不幸去世。康斯坦斯也攻读数学,格林的父母就把格林的数学书送给她留作纪念,其中大部分是在 20 世纪初开辟现代数学新方向的著作,如积分方程的著作、奥斯古德(William Fogg Osgood)的《函数论讲义》、勒贝格(Henri Lebesgue)的《积分论》、弗雷歇(Maurice René Fréchet)的《抽象空间论》等。这些著作代表着当时数学的前沿,比大学正在教的经典数学高出一大块。1919 年夏天,失业的维纳恰巧读到这些书,一下子找到了通向数学世界的窗口,他认真攻读格林的这些书后,说"这是我生平第一次对现代数学有真正的了解"。实际上,无论是哈代,还是希尔伯特,还是哈佛的教授,都没有把他带到这个前沿,只是这次偶然的机会,才把他引向现代分析数学的彼岸。

1919 年秋天,已经快 25 岁的维纳开始安顿下来。由于哈佛大学数学系奥斯古德教授的推荐,哈佛的近邻麻省理工学院数学系聘他当一年讲师。奥斯古德教授推荐维纳,仅仅因为他是利奥的好朋友。然而维纳在麻省理工学院一待就是 40 年,从长期的观点看,与其说麻省理工学院收容了维纳,倒不如说维纳使麻省理工学院增光。

在麻省理工学院,维纳每周要教 20 多课时的初等微积分,不过那时他精力充沛,并不觉得是个沉重的负担。他的数学研究也刚刚走上正轨,而且处于由逻辑及基础领域转向分析领域的转折关头。1919 年到 1934 年,维纳工作的中心是"硬"分析。这 15 年间,维纳可以当之无愧地被其他数学家认为是"务正业",也就是说,像其他数学家那样集中精力、心无旁骛、踏踏实实写像样的数学论文。维纳毕竟是天才,他的分析工作使他享有国际声誉。而他的同事,即使在美国也最多算二三流。

　　但维纳这时刚刚对数学有一点了解，要做研究还得有人指点，而最好的指点就是出一个好题目。1919 年夏天，维纳遇到摩尔（George Edward Moore）的学生巴尼特（Charles L. Barnett），巴尼特建议他研究"函数空间的积分问题"。维纳后来说"他的建议对我后来的科学生涯产生了重大的影响"，它不仅使维纳开辟了一个新方向，而且还引导维纳到更多、更重要而且富有成果的问题上。这个新方向就是为爱因斯坦的布朗运动理论建立数学基础，从而使布朗运动成为通向随机过程理论的前沿。

　　1926 年，维纳与父亲的学生玛格丽特在费城结婚。随着两个女儿的出生，他更稳定地进入了家庭生活。他期待升职及改善经济状况，但 1927 年他还是助理教授。他在英国著名的科学杂志《自然》上看到伦敦和澳大利亚的教授招聘广告，于是在 1928 年申请澳大利亚墨尔本大学教授职位。尽管有当时世界第一流的数学家希尔伯特、哈代、卡拉提奥多瑞（Constantin Carathéodory）、维布仑（Oswald Veblen）等人的推荐信，但还是没有被聘用。1929 年，他在职的麻省理工学院把他升为副教授，他时年已 35 岁。三年之后，他升为正教授。看一下他的著作目录，这三年他和往常一样，发表了十几篇"杂文"，像《数学与艺术》《回到莱布尼兹！》等。可是他还写了三篇大论文。一篇是具有国际水平的瑞典的《数学学报》（Acta Mathematica）上登载的《广义调和分析》，一共 140 多页，它开创了一个新方向。一篇是登在美国最优秀的杂志《数学年刊》（Annals of Mathematics）上整整 100 页的大论文《陶伯尔型定理》，它开创了又一个新方向。第三篇论文只有 10 页，是同霍普夫（Eberhard Hopf）合作，用德文写的，发表在德国《柏林科学院院报》上，讨论的是一类奇异积分方程，它也开辟了一个新方向。这可以从后来专业术语的命名看出来——这类方程被称为维纳-霍普夫方程，与此对应的维纳-霍普夫技术应用到了多个学科领域。

　　1933 年维纳被选为美国科学院院士，这是科学家的至高荣誉。可是事情到了维纳那里又出了新花样，他因不满意科学院的官僚体制而于 1941 年向科学院院长提出辞呈。也是 1933 年，美国数学学会把分析数学的最高奖博歇奖颁给他和莫尔斯（Marston Morse）。维纳得奖还是由于他关于广义调和分析及陶伯尔型定理的工作，他的工作可以说达到当时硬分析的顶峰。1934 年维纳被选出做这个论题的报告，他的题目是"复域的傅立叶分析"，专著也于同年出版。而到了1940 年以后，维纳主要的研究完全转向了应用数学。

三、控制论

从 1939 年 9 月第二次世界大战起,美国科学家开始组织起来,维纳也不例外。1940 年,他被国防研究委员会任命为机械和电气计算工具领域研究的总顾问以及国防研究委员会科学研究与发展局的统计研究小组运筹实验室的顾问,这个小组设在纽约的哥伦比亚大学。美国数学学会也成立备战委员会,维纳出任顾问。1940 年,他主要是参与计算工具的设计,并于年底提出一个备忘录。遗憾的是,他的许多先进思想并没能及时实现。显然,科研行政管理官员与科学家对科学研究的重要性的看法不同。

1940 年年底,在麻省理工学院设立了凯德威尔(Caldwell)领导的研究小组,研究防空火力控制问题。维纳解决了这个纯军事问题。在这个过程中,他同毕格罗(Julian Bigelow)密切合作,取得了富有成效的结果。毕格罗原是国际商业机器公司(IBM)的工程师,从 1941 年年初起到麻省理工学院协助维纳工作。在 1942 年 12 月给防空旅主要负责人的报告中,维纳称赞毕格罗在理论工作及数值计算方面的帮助是巨大的,特别是在装置设计尤其是电路技术开发方面的贡献是不可或缺的。

维纳和毕格罗合作研究防空火炮的工作持续了两年之久,其间他仍然参加罗森勃吕特(Arturo Rosenblueth)的讨论班。他们发现了通信理论和神经生理学之间的密切关系,由此,三个人写出著名论文《行为、目的和目的性》,实际上是控制论思想的一个导引。

1943 年,维纳结识了控制论的另外两位先驱麦卡洛克(Warren McCulloch)和皮兹(Walter Pitts)。同年,维纳把皮兹请到麻省理工学院,合作开展研究。他们在 1943 年到 1948 年的合作,对于维纳的思想发展起着重要作用。他在《控制论》中也谈到麦卡洛克与皮兹在 1943 年的经典工作"神经活动中内在思想的逻辑演算"。这在计算机和智能方面是开创性的。

继 1942 年在纽约召开的"关于神经系统中中枢抑制问题"的会议宣告他们的合作之后,1943 年冬天在普林斯顿召开了迈向控制论的会议,不同学科的人形成了一个控制论运动。在第二次世界大战战火正酣,从原子弹到计算机各种迫在眉睫的研究大力推进的时候,科学和哲学却酝酿着一次大突破。也正是在这时,维纳清醒地意识到战后自动化社会将来临,他的控制论思想已经成熟了。

在战争期间维纳搞的几项工作,恰恰也是他控制论思想的四个来源:计算机设计、防空火炮自动控制装置的理论、通信与信息理论和神经生理学理论。

计算机设计

在计算机历史上，维纳常常是被忽略的人物。早在他访问北平期间，他同布什（Vannevar Bush）就有着许多信件往来，讨论计算机问题。而在当时，布什是制造计算机的电机工程师，1927 年起，他就与人合作制造微分分析机，这正是最早的模拟计算机。但模拟计算机在普遍性、速度及精确度三方面都有局限性。因此维纳认识到要克服这些困难，模拟计算机就必须数字化，这是解决问题的关键。他也明确地认识到，必须使每个基本运算过程的精度提高，才能不因为基本运算过程大量重复而导致误差积累，使得结果的精确度完全丧失。

他提出了计算机五原则：

（1）不是模拟式，而是数字式；

（2）由电子元件构成，尽量减少机械部件；

（3）采用二进制，而不是十进制；

（4）全部计算在机器上自动进行；

（5）在计算机内部存储数据。

维纳虽然没有在计算机的研制方面显身手，但是他关于计算机的思想却成了控制论的最早来源之一。

防空火炮自动控制装置的理论

当时，有两个重要问题摆在维纳面前：一是寻找某种能够比较准确地预测飞机未来位置的方法；二是设计一个火炮自动控制装置，使得发现敌机、预测、瞄准和发射能连成一气，并协调地完成。

维纳的这些成果在 1942 年 12 月终于完成，而且写成一份报告。由于封面是黄皮，而且数学内容艰深，工程师看了莫名其妙，被戏称为"黄祸"。它在美国军事研究和一般的民用设备中得到广泛的应用，但很长一段时间里处于保密状态，未公开发行。一直到 1949 年这本"黄祸"才以《平稳时间序列的外推、内插和过滤及其在工程上的应用》的书名出版。

通信与信息理论

首要的问题就是要尽可能滤掉噪声，还原消息的本来面目，这就是所谓滤波器。维纳在"黄祸"一书中，同时也研究这个问题，用的是维纳关于预测的想法。

一般认为，信息论的创始人是香农，他给出了信息的定量量度。但香农自己说："光荣应归于维纳教授，他对于平稳序列的滤波和预测问题的漂亮解决，在这个领域里,对我的思想有重大影响。"

与香农的离散观点不同,维纳是从连续观点来定义信息量的。他的理论来源于滤波器的设计。他的观点同冯·诺伊曼一样,把一个系统的信息量看成其组织化程度的度量,而一系统的熵,则是无组织程度的度量。这样他得到与香农定义等价的信息量,只不过香农的求和变成了维纳的积分。

神经生理学理论

维纳在同毕格罗合作研究高射炮手协调行动时,得出一个重要结论,就是随意运动(或自主运动)的重要因素就是控制工程师的所谓反馈作用。当我们期望按某个方式运动时,期望的运动方式和实际完成的运动之间的差异被当作新的输入来调节这个运动,使之更接近期望的运动。例如要去捡一支铅笔,我们动员身上一组肌肉实现这一动作,为了不断完成这个动作,必须将我们与铅笔之间的差距随时报告大脑,然后通过脊髓传达到运动神经缩小这个差距,而当反馈不足时,就无法完成这个动作。例如由中枢神经系统梅毒病导致的运动性共济失调病人就有这种情况。维纳和毕格罗估计还有另外一种病态,即反馈过度而引起震颤。他们请教罗森勃吕特,果然有这种情形。病人因小脑受伤,在做捡铅笔一类的随意动作时就会超过目的物,然后发生一种不能控制的摆动,这种病称为目的性震颤。

这样他们对中枢神经系统的活动得到一个整体的概念。它不再是过去认为的那样由感官接受输入又传给肌肉运动中的中介器官,而是大脑指挥肌肉运动后再通过感官传入中枢神经系统的闭路过程,也就是形成反馈过程。

维纳的《控制论》在 1948 年出版。当时是在法国与美国同时出版,以法文版为主。英文版中有许多错误,在 1961 年第二版时作了更正。从第二版的序言中,可以看出维纳的心路历程。

在第二次世界大战期间出现的学科群中,维纳的控制论和香农的信息论有着坚实的数学和物理理论基础。因此,它们有足够的发展空间。然而,把一个理论泛化成为许多分支的基础则会有许多哲学上和技术上的困难。不过,维纳还是这样做了。而且,维纳最先表现出对未来自动化社会中人的关心。1950 年他出版的《人有人的用处》对于控制论的普及起着重要作用。

第二次世界大战之后,科学登上了前台。科学家也分成鹰派和鸽派。许多著名人士反对战争,反对核武器,反对军备竞赛,维纳就是其中的一员。而有些流亡者,特别是匈牙利的一些犹太人如氢弹之父特勒(Edward Teller)和计算机之父冯·诺伊曼,他们是不同程度的鹰派。

战后,维纳对控制论的研究使他疏远了数学界,尽管他仍然从事数学研究,特别是非线性滤波理论。这些研究于 1958 年结集出版,名为《随机理论的非线性问题》。他仍然受到方方面面的尊敬。美国最高的科学荣誉,由总统颁发的美国国家科学奖章,第一届在 1963 年颁发,他是五位获奖者中的一位。

维纳晚年到世界各地访问,1960 年曾访问苏联。1964 年 3 月 18 日,维纳在瑞典访问期间心脏病突发,在斯德哥尔摩去世。

什么是控制论

维纳为他的新领域选择了一个新词——cybernetics,遗憾的是中文译名“控制论”使中国读者的理解产生了混乱。一是因为在数学领域中存在一门名为 control theory 的分支学科,直译的话恰好同名,我们不得不将 control theory 译成“控制理论”以示区别;二是因为“控制论”这个译名并不能充分反映 cybernetics 一词的丰富内涵。

维纳使用的“控制论”来自希腊文,原文为舵手、掌舵者之意,而这里指的是动物和机器中的通信与控制理论。

维纳后来才知道物理学家安培(André-Marie Ampère)早已用过这个词。众所周知,安培为鼎鼎大名的物理学家,他的电磁理论对电动力学的发展有着决定性的作用。不过很少有人知道,他还是位科学哲学家。在 19 世纪 30 年代,科学从自然哲学中刚刚解放出来,出现了实证主义思潮,这可以孔德(Auguste Comte)六大卷的《实证哲学教程》(1830—1842)的出版为代表。无论是孔德还是安培,都关心科学的分类,更确切地说,关心学科分类问题。因为在他们看来,科学与自然并不相同。一句话,科学只是人类的认识。自然的分类以及自然本身,不能代替科学分类与科学史。安培晚年曾经写了一本著作《论科学哲学或人类全部知识的自然分类的分析论述》,分成两部分,在他去世后分卷出版(1838,1843)。他的分类大致如下:

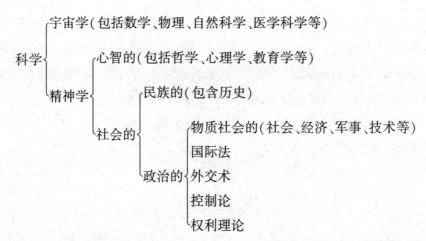

他说他"所谓的控制论来源于 κνβερνητης(拉丁化为 kubernêtês),其最早的狭义语义是操纵船的技艺,最后发展成广义语义——一般统治的技艺(希腊文也有此义)"。这里统治的原文是 govern,这词在英国早已使用,特别是瓦特(James Watt)在 1784 年申请离心调节器专利也用的是 governor。但是安培似乎没有觉察到下面两点:

(1)在政治领域之外还存在调节过程;

(2)调节过程的关键要素是信息反馈。

当然,在安培那个时代这是可以理解的,因为那时候连"能量"的概念都没有,更不用说信息的概念了。更为明显的是,安培的分类表中虽然列有技艺或技术(他用的是 art 一词)及外交术(diplomatics),却没有工程(engineering)一词,这的确显示了他的局限性。实际上,蒸汽机的运转主要靠的是离心调节器来调节,这恐怕也是工程控制的关键所在。当时工业规模太小,恐怕还谈不上控制调节,因为安培活着的时候火车还是一个新生事物。

维纳在写书之时,最早并没有选择 cybernetics 这个词。他当时更多地把这一领域看成是消息的理论,因此他认为最好的书名是用表示传递消息的信使的希腊文,但是唯一的希腊词是 angelos,翻译成英文就变成了天使(angel),也就是上帝的信使。他不愿意用这个词,这才选上了 cybernetics。而且他认为拉丁文 governor 一词是从这个希腊词转译而来。他选用这词是为了纪念麦克斯韦(James Clerk Maxwell)在 1868 年发表的关于调速器的论文,该论文中第一次提到了反馈机制。用这个词显然与他的初衷不完全符合。另外,对 cybernetics 这个词的词源,他似乎也没有深入地探讨。而在《控制论》出版之后,才有不少历史的研究。

在现存的典籍中,最早使用 cybernetics 一词的是柏拉图(Plato)。在他现存的 35 篇对话中,公认有 23 篇出自他本人。在 10 篇早期作品中,有一篇《高尔吉亚》(*Gorgias*)。高尔吉亚约是公元前 483 年到公元前 375 年的希腊哲人,属于智者派。智者派,一译辩士派或诡辩派,他们主要是传授辩论术、语法、修辞术的人。他们生活在公元前 5 世纪前后,是柏拉图哲学思想来源的一个方面。柏拉图的对话中,有好几篇如《智者》《普罗泰哥拉》《高尔吉亚》就是针对他们的。由于他们的职业关系,他们更实用主义一些,重视修辞术、辩论术等实务,而对哲学持怀疑态度。当然这与柏拉图的观点大相径庭。在《高尔吉亚》中,柏拉图用 cybernetics 的意思就是航行技术和修辞技术。在这两种活动中,目的都是“控制”,而技术的关键问题都是“信息反馈”。在航行中要有海浪对船的冲击,在辩论中要看听众的鼓掌、喝彩。不过也不能说柏拉图就是控制论的先驱,因为他并没有说过消息的传出传入的闭路是航行与修辞的共有特征。不管怎么说,cybernetics 及其衍生词是个老词,在荷马史诗及希腊先哲的著作中常用到——从具体的驾船以及驾车(柏拉图《泰阿热篇》)一直到隐喻意义上的引导、控制与统治。这样看来控制论的先驱不少,他们强调了其不同方面。在研究其历史的过程中,许多名不见经传的人及著作也被挖掘出来。一位罗马尼亚的军医奥多伯莱亚(Stefan Odobleja)1938 年曾写过一本书《协调论心理学》(*Psychologie Consonantiste*),力图把心理学建立在协调概念的基础上,而这些协调靠不断反馈来保持。他用“可回归性”这词来表示反馈,他强调反馈或闭回路的重要性,这是他的独创之处。不过他不了解工程上的反馈,而且把反馈耦合解释为能量传递过程而不是信息过程,这使他的贡献大打折扣。

因此只有到维纳《控制论》一书出版以后,控制论一词才把过去不同的要素联系在一起,并且用哲学而不是专门技术的观点来概括,从而使一门新领域正式诞生。

——操纵和控制的技术(瓦特)

——控制、管理、统治的技术(安培)

——反馈回路(奥多伯莱亚)

——消息、信息(维纳和香农)

正是维纳把互不相关领域的要素统一起来上升到一个新高度。不仅如此,他还明确提出控制论的四个原则:

(1)普遍性原则。任何自治系统都存在相类似的控制模式,这就是普遍的机械化及自动化观点。

（2）智能性原则。认识到不仅在人类社会而且在其他生物群体乃至无生命物体世界中，仍有信息及通信问题。

（3）非决定性原则。大宇宙、小宇宙的不完全的秩序产生出目的论及自由。

（4）黑箱方法。对于控制系统，不管其组成如何，均可通过黑箱方法进行研究。

同控制论的概念一样，这些原则也有或长或短的历史。换句话说，在整个文明史中，特别是近代文明史中，控制论的思想都或多或少、或明或暗地表现出来，只有维纳才能以大哲的广博知识和深刻思想把它们纳入一个蓬勃发展的领域。

《行为、目的和目的论》一文可以说是控制论的一个纲，这篇论文的目的有两个：一是强调目的概念的重要性，一是定义行为主义的研究方法，实际上这就是所谓黑箱方法。

维纳等人是把行为主义方法作为功能主义方法的对立面来提出的。功能主义方法主要研究一个对象的内在结构或内在组织，研究其种种属性，而对象与环境之关系则处于次要地位。而行为主义的方法恰好相反，主要强调对象与环境之间的关系，而不考虑其内在结构与组织究竟如何，以及它们是如何完成一系列任务的。由此可见，它们一个着眼于内在性质，一个着眼于外在变化，着眼点是根本不同的。行为主义的方法也是与传统研究自然对象的方法很不一样的。

这里我们需要更确切地讲一下这种不同寻常的方法。实际上我们研究一个对象和它与环境的关系，首先要把对象从环境中分离出来，也就是要明确什么是对象，什么是它的环境。对象与环境之间有两种作用：一种是输入，一种是输出。输入是环境以某种方式使对象变化，而输出则是对象以某种方式使环境发生某种变化。行为主义方法的研究重点就是研究对象的各种可能的输出，特别是这种输出与输入的种种关系。而所谓"行为"就是我们的对象相对于它的环境做出的任何变化。这种变化或许是因某种输入而引起的，因此一个对象可以从外部探知的任何改变都可以称之为"行为"。这篇论文的主要篇幅用来对"行为"进行分类，它大致可以概括在下面的表中：

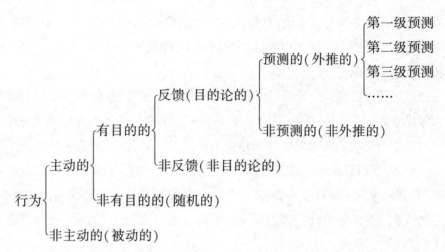

除此之外,还可以有基于其他标准的分类,如线性与非线性,连续与离散,按行为的自由度来分类,等等。

从方法论上来看,维纳把两类迥然不同的对象——机器与有机体——放在同一概念体系下来考虑,这是他在思想上的最重要的变革。"目前,对于这两类对象所用的研究方法是类似的,它们是否应该永远相同,要看是否有一个或一个以上本质上不同的、独一无二的特征出现在这一类而不出现在另一类之中。这类质的区别迄今尚未发现。"不过,这只是说,从行为主义的分析中找不到区别,而从结构功能主义分析中,机器与有机体显然大相径庭。近半个世纪以来,我们对有机体的结构已经知道得细致入微,不过,还是不能彻底驳倒维纳的主张:存在能学习的机器、自复制的机器等。

虽然维纳在 1948 年才出版他的名著《控制论》,可是消息、噪声、反馈、通信、信息、控制、稳态以及目的论等概念早已在这位杰出思想家的头脑中成熟并统一起来,直到最终完成了"控制论"(cybernetics)这个点睛之笔。

由于汉语翻译的原因,我们常常把控制论与大约同时出现的一个技术科学领域——控制理论(control theory)混淆起来。控制理论来源于比较具体而实际的问题,从蒸汽机的自动调节、温度的自动控制到导弹的自动制导等,在这些问题的基础上建立起物理和数学模型,进一步发展成为现代控制理论。其中许多问题,如防空火炮的平滑、滤波预测问题,维纳也研究过,但这些只不过是他控制论的思想来源之一。

与控制理论相比,控制论更应视为跨学科的学科群。与其说控制论是一门学科,倒不如说它是一种科学的哲学理论或从一种新的角度来观察世界的系统观点和方法。从某种意义上讲,它与经典物理学的机械决定论是完全对立的,但是这种对立也不同于物理学内部的一些对立面,如量子力学、统计力学,甚至现在流行的混沌理论。

毋庸置疑,现代物理、化学以及它们促成的技术极大地影响了我们的生产、生活和思维方式。但是,尽管经过许多人的努力,生命科学和心理科学还是难以纳入物理学和化学的框架之中。从结构上来讲,我们的确已到达生物的分子层次——核酸、蛋白质及其组成部分,可是我们还不能理解"生命是什么""智能是什么"。我们虽然可以合成多肽、多核苷酸甚至简单的蛋白质和核酸,可是我们还不能合成一个活细胞,也不能"设计一个脑",至少眼下还不能造一个"智能机器人"。

维纳正是从这些问题出发来创立控制论的。他深刻地认识到,仅用物理和化学的概念来阐释生命现象及心理现象是不够的,他需要一套全新的概念,这就是信息、通信、控制和反馈。

对于生命体或有机体,维纳打了一个比方:有机体是消息,有机体与混乱、瓦解、死亡相对立,正如消息同噪声相对立一样。对于有机体,机械论的观点是把它们一步一步分解到最后,把它们每个局部搞清楚,有机体无非就是局部的总和。但是控制论的观点则力求回答整体问题,即揭示其模式。有机体越成为真正的有机体,它的组织水平越不断增加,因此它成为熵不断增加、混乱不断增加、差别不断消失这个总潮流的过程,就称为稳态。

以人体来说,作为一个活的有机体,我们不断进行新陈代谢,组织器官都在不断地变化。换句话说,构成我们躯体的物质并不是不变的,不变的只是模式,这才是生命的本质。

模式就是消息,它也可以作为消息来传递,这一点已经被后来的生物学充分证实。在维纳所处的时代,还只处于科学的思辨阶段,而现在则有更多的证据。历史上人们对于遗传的本质认识不清,总把精子和卵子看成小的胚胎。到摩尔根(Thomas Hunt Morgan)时代,则认为遗传是化合物的传递。一直到 1953 年"DNA 的双螺旋结构"被揭示以后,才明确由亲代传递给子代的是信息,而信息是在基因上编码,由不同的核苷酸来体现,好像由 4 个字母写成的大书。果蝇的全部密码已经被解读出来了,现在学界正全力以赴解开人的这些密码。第一步工作只是得出几十卷"百科全书"式的电报密码,下一步还要把它解读出来,这就是语义学问题。从某种意义上来说,一个有机体的全部信息都在这个密码本上记录着。人的一生无非是这个密码按照一定的规则表达出来而已。看来维纳的控制论的确抓住了生物学研究的大方向。生物体的各种过程差不多都是为了达到稳态的调节与控制过程,这在维纳的《控制论》中有充分的论述。

从本质上讲,控制论就是通信的理论,因此,维纳控制论的第二个来源是通信理论就不足为奇了。通信问题中包含理论问题和技术问题,由于通信无非是传送消息,而传送消息一是要准,二是要快,但二者往往是鱼与熊掌不可兼得,因此通信理论自然就围绕这两个问题开展。

通信过程中的准确或者不失真是头等重要的大事,但是消息在传送过程中不断有噪声干扰,使原来发送的信号失真,因此首要的问题就是要尽可能滤掉噪声,还原消息的本来面目,这就是所谓滤波问题。维纳在解决这个问题的过程中运用了统计方法,从而导致信息量的统计理论的产生。

维纳控制论思想的另外两个来源是神经生理学和电子计算机。现在很少人知道,维纳也是电子计算机的先驱之一。从这些研究中,他深刻地理解输入、输出和反馈的概念,这些构成了控制论的基本概念。

控制论的四个来源很早就被许多科学家分别研究过,而只有维纳最后将它们概括成为一个思想体系。他的哲学基础则是目的论,而这在科学界的人看来纯粹是异端。

在专家之中,这位有着百科全书般的知识以及思想博大精深的学者常常得不到应有的理解和承认。但有趣的是,他的一些观点颇有预见性。

(1)维纳在70年前,首先提出"自动化"的概念。目前,现代产业自动化已经随着电子计算机的普及有相当程度的实现,可是在当时,第一代计算机才刚刚问世,其功能也很原始,应用领域极为有限。大多数国家,特别是发展中国家还远远没有解决工业化、机械化、电气化等问题,这些还都是建立在"物质"与"能"的概念基础上。这时维纳已经清楚预见到建立在"信息""通信""控制""反馈"等概念和技术上的"自动化",这远远超出了当时人们的认识水平。而这70年的发展则证实了维纳的先见之明。

(2)维纳的控制论开创了研究生命科学、心理科学乃至社会科学的新思维,建立了诸如生物控制论、脑控制论、经济控制论等新领域,并取得了一系列成就。

(3)从20世纪五六十年代起,维纳进一步预见了"后控制论"时期的科学和技术课题,其中有些课题最近才成为热门。1960年维纳访问苏联时,对于控制论面临的重要问题,他提出"首先是研究自组织系统、非线性系统以及同'生命是什么'有关的那些问题",并提到这三者是一回事。维纳作为一位大数学家对于线性系统有许多贡献,而且清醒认识到非线性系统的重要性以及技术上的困难。维纳本人也进行了许多研究,其中之一就是他在 1938 年首先发表的以"混沌"(chaos)为题的论文,虽然他的"混沌"与现在的概念还不太一样,但他多少把"混沌"作为科研课题提上了日程。

(4) 维纳的最终目标是实现所谓"智能机"问题。虽说现在许多领域和技术均贴以"智能"的标签,但现有的机器同最简单的"智能机"仍有一道鸿沟。维纳指出,智能的首要问题是"学习",而这是现在机器还无法办到而且许多科学家或哲学家认为根本无法办到的。维纳持乐观的态度,他指出"真正惊人的、活跃的生命和学习现象仅在有机体达到一定复杂性的临界度时才开始实现,虽然这种复杂性也许可以由不太困难的纯粹机械手段来取得,然而复杂性使这些手段自身受到极大的限制"。现在的手段已同当时不可同日而语,而更重要的是,他预见了"复杂性理论",它从 20 世纪 80 年代起已成为一门新科学。

控制论的传播和影响

维纳的《控制论》出版之后,迅速出现一个传播热潮,这首先表现在西方各国出现有关控制论的出版物在 1948 年到 1970 年间大致是按指数增长的。主要的普及性书籍包括维纳自己的《人有人的用处》(1950)以及英国学者阿什比(Ashby)的《控制论导论》(1956)等。而更为重要的是,控制论的思想和方法向各个学科领域渗透,产生出一系列冠以控制论之名的交叉学科。

第一,支持各学科交流的梅西基金会从 1944 年起召开了 10 次会议,1948 年前后各有 5 次,参加会议的学者遍及许多学术领域,不仅有神经科学、脑科学、生态学、生理学、医学神经病学、心理学、电子工程、地球物理学,而且有社会科学、语言学、人类学、社会心理学及文学批评等。其中不少是各领域的著名专家。通过他们的交流和传播,形成了一些独具特色的研究方向,特别是生物控制论、经济控制论、社会控制论等。

第二,以控制论为核心形成了不同于原先自然科学体系(物理学、化学、天文学、地学、生物学等)的全新科学领域,它们同控制论一样,具有综合哲学、数学、具体科学和工程的特点,而且具有强烈的数学色彩,可以称之为广义数学或大数学。这些领域实际上推动了信息社会的建立与发展,特别是也诞生于 1948 年的信息论。另一个方向是控制理论,维纳也是这个理论的先驱之一。

第三,当时在冷战和军备竞赛条件下,控制理论对制导武器的发展有直接的推动作用。特别是 1960 年以卡尔曼(Rudolf Kalman)为首的数学家,完全突破经典控制理论,建立现代控制理论。他提出状态空间、能控性、可观测性、卡尔曼滤波等全新概念,逐步形成系统辨识、最优控制条件领域,为控制理论走向非线性、随机系统的控制打下基础。

控制论也推动了人工智能和机器人学的建立及发展。

冷战时期诞生与发展的控制论,在苏联、东欧的传播也颇具戏剧性。苏联是个政治挂帅、意识形态控制极为严酷的国家。到 1948 年时,斯大林的哲学不仅全面控制哲学、社会科学、人文科学、文学艺术领域,而且迅速侵入数学与自然科学领域,其代表人物就是把孟德尔-摩尔根的遗传学说成是"反动的""唯心主义的""形而上学的""资产阶级的"的李森科。正在这时,维纳的控制论诞生并传到苏联,立即遭到攻击,这从一些文章的标题就可以看出,如"什么控制论——一种美国的伪科学""现代奴隶主的科学"。1954 年出版的《简明哲学辞典》第四版(有中译本)列入"控制论"一条,称控制论是一种反动的伪科学,"一种现代形式的机械论""控制论鲜明地表现出资产阶级世界观的一个基本特征——毫无人性,力图把劳动人民变成机械的附属品,变成生产工具和战争工具"。平心而论,维纳在《控制论》中所推崇的伯格森和莱布尼兹以及目的论观点和人机理论的哲学倾向是一目了然的。

但是,冷战时期苏联与美国斗争还要靠科学与技术,特别是与武器、控制和计算机有关的高技术。空洞的哲学批判毕竟不能代表军方的实力。1955 年三位顶尖的苏联科学家开始扭转这种风气,开始肯定控制论的积极作用。不久,控制论在苏联成为一大热门。这表现在 1958 年,维纳的《控制论》和《人有人的用处》的俄译本出版,以及连续出版物《控制论问题》开始出版。1959 年,苏联科学院主席团决定成立控制论学术委员会,下有数学、计算机等 8 个分会,1967 年增至15 个分会,并协调达 500 个研究所。

1961 年,控制论进一步受到官方支持,提出了"控制论为共产主义服务"的口号,并且正式写入苏共党纲。

苏联的控制论热潮一直持续到 20 世纪 80 年代初,其高潮是 1974 年编著的两大卷《控制论百科全书》出版,这在全世界也是独一无二的。控制论在苏联的传播在数学和技术方面取得重大的成功,但在其他方面并不尽如人意。生物控制论虽未能取得实质性的进展,却歪打正着地把伪科学大师李森科赶下台。在控制论的影响下,经济控制论与数理经济学也得到蓬勃发展,不过由于它们的设想威胁到中央集权和计划经济,未能实行。

显然控制论只是带有普遍性的科学哲学思考,运用到复杂系统上也有极多的技术性困难,不能用来包打天下。苏联从一个极端到另一个极端,使得控制论开始降温,按照一个领域的本来面目来发展。

20 世纪 70 年代末,控制论在西方开始衰落。但维纳的智慧及预见并没有消失,而是成为信息社会的有机组成部分。控制论可涉及的各个学科领域独立地发展成为较小的专门的分支,控制论成为它们共同的基础。

正是在这个时期,以计算机和互联网为技术基础的信息社会开始崛起,并逐步扩散到全球各个角落。这时,控制论似乎被人遗忘,但有意思的是,控制论的词汇却得到普及。以 Cyber 为字头的新词日益增长,而其含义无一例外地都同信息时代的两大标志——计算机和网络有关,如 Cyberspace、Cyberspeak、Cyberpunk 等不下百余个。

控制论至今已发展成为庞大的学科群,其中每个学科都运用控制论的共同思想和方法,并沿着各自的路线发展,这些都可在维纳的《控制论》中初见端倪。至于控制论本身,也有一些发展,例如 20 世纪 70 年代中期二阶控制论的提出,以及散布在一般系统论和信息论、控制理论等独立学科中的理论。以控制论为名的专业期刊现有十余种,它们都在传播控制论思想中起重大作用。维纳和他的《控制论》仍是后人取之不尽的思想源泉。

第二版序言

· Preface to the Second Edition ·

反馈在工程设计和生物学中的地位已经牢固地确立。对工程师、生理学家、心理学家以及社会学家而言,信息的应用与测量和传输信息的技术构成了一个完整的学科科目。

大约十三年前，在我写《控制论》第一版的时候，条件颇为不利，不幸导致一些排版上的错误和内容上的瑕疵。现在，我相信重新考虑控制论的时机已经到来，它已经不只是未来某个时期才能实现的计划，而是一门现存的科学了。因此，我利用这个机会，根据读者的要求，对其作了必要的修正。同时，根据这个学科的现状和第一版问世以来出现的有关新思维模式对其作了扩充。

如果一门新的科学学科真正具有生命力，其中引起人们兴趣的中心就必须而且应当随岁月的变迁而转移。在刚开始写作《控制论》的时候，我发现建立自己观点的主要障碍在于，统计信息和控制理论的概念对当时公认的看法来说是新奇的，甚至是一种冲击。现在，它们已经成为通信工程师和自动控制设计者们十分熟悉的一种工具，而我必须提防的主要危险则是这本书可能已经陈旧过时了。反馈在工程设计和生物学中的地位已经牢固地确立。对工程师、生理学家、心理学家以及社会学家而言，信息的应用与测量和传输信息的技术构成了一个完整的学科科目。在本书第一版中还仅仅是预言的自动机已经问世，而我在这本书中，也在它的通俗版《人有人的用处》①中提出预警的相关社会风险，已经初现端倪。

因此，控制论专家理应转向新的领域，把注意力转向近十年发展过程中出现的观念。对简单线性反馈的研究，在唤起科学家关注控制论研究的作用时曾经那么重要，可现在看起来远不像当初那样简单、那样线性了。的确，在早期的电路理论中，系统处理线路网络的数学方法还没有超过电阻、电容和电感的线性并置。这就是说，整个主题只要用所传输消息的调和分析，用消息从中通过的线路的阻抗、导纳和电压比等就足以描述了。

早在《控制论》付梓之前，人们就已经认识到非线性线路的研究（诸如我们在许多放大器、限压器、整流器等元件中所发现的）并不容易纳入上述框架。不管怎样，出于对更好的方法论的需求，人们做了很多努力，很好地扩展了旧电工学的线性概念，使它们能够被用来自然顺畅地表达新型装置。

◀ 维纳在讨论 1961 年刚刚出版的《控制论》（第二版）

① N. Wiener. *The Human Use of Human Beings：Cybernetics and Society*. Boston：Houghton Mifflin Company, 1950.

　　大约在 1920 年前后,我来到麻省理工学院,当时解决有关非线性装置问题的通常模式是寻找直接扩展阻抗概念的方法,使之既能涵盖线性系统也能涵盖非线性系统。结果,非线性电工学的研究陷入一种堪比于晚期托勒密天文学体系的状态,其中本轮压着本轮,修正叠加修正,直到结构臃肿内容庞杂,最后不堪自身重负而轰然倒塌。

　　哥白尼体系从顾此失彼的托勒密体系的残骸上崛起,用简洁而自然的日心说取代复杂而含混不清的托勒密地心说来描述天体的运动,非线性结构和系统的研究也正是这样,不论是电子或机械的,自然的或人工的,都需要一个新的、自主的出发点。在《随机理论的非线性问题》①一书中,我曾经尝试开辟一条新的途径。结果表明,在处理线性现象时极为重要的三角分析,在考虑非线性现象时却无足轻重。对此在数学上有一个十分确切的理由。与许多其他物理现象一样,电路现象可以用某种相对于时间原点移动的不变性来表征。一个物理实验,如果我们正午开始,将会在 2 点钟到达某个阶段,而如果我们在 12 点 15 分开始,它将会在 2 点 15 分到达相同的阶段。因此,物理定律涉及的是时间平移群的不变性。

　　对于相同的平移群,三角函数 $\sin nt$ 和 $\cos nt$ 显示出某些重要的不变性。一般函数

$$e^{i\omega t}$$

将会变成在 t 加 τ 所得的平移条件下同形的函数

$$e^{i\omega(t+\tau)} = e^{i\omega\tau}e^{i\omega t}$$

因此

$$a\cos n(t+\tau) + b\sin n(t+\tau)$$
$$= (a\cos n\tau + b\sin n\tau)\cos nt + (b\cos n\tau - a\sin n\tau)\sin nt$$
$$= a_1\cos nt + b_1\sin nt$$

换句话说,函数族

$$Ae^{i\omega t}$$

和

$$A\cos\omega t + B\sin\omega t$$

---

① N. Wiener. *Nonlinear Problem in Random Theory*. New York：The Technology Press of M. I. T. and John Wiley & Sons,Inc. ,1958.

在平移条件下是不变的。

还有另外一些在平移条件下不变的函数族。仔细考虑一下所谓的随机游走，一个粒子在任何时间间隔内的运动都有一种只依赖于时间间隔长度的分布，而与它的初始条件无关，随机游走的系综在时间平移的条件下也将会成为其自身。

也就是说，三角曲线的纯平移不变性也是其他函数集所具有的一种性质。

三角函数的特征加上这些不变式的性质是

$$Ae^{i\omega t} + Be^{i\omega t} = (A+B)e^{i\omega t}$$

由此，这些函数构成一个极其简单的线性集。应该注意的是，这种性质涉及直线性；就是说，我们能够把一个给定频率的所有振动还原为两个振动的线性组合。正是这种特殊性质，使调和分析在处理电路的线性性质时有了价值。函数

$$e^{i\omega t}$$

是这个平移群的特征，并得出这个群的线性表示。

然而，当我们不是用常系数相加来处理函数组合时——例如当我们把两个函数相乘时——简单的三角函数不再显示出这种基本的群性质。另一方面，如随机游走中出现的随机函数的确具有某些非常适合讨论它们的非线性组合的性质。

我很不愿意在这里深入讨论这项工作的细节，因为在数学上相当复杂，而且我在《随机理论的非线性问题》一书中已经讨论过了。书中的材料在对特殊的非线性问题的讨论中已经发挥了很大的作用，但要执行书中制订的计划还有很多工作要做。在实践中，对非线性系统的研究而言，适当的测试输入，与其说是一个三角函数集，倒不如说是布朗运动的特征标。电路中的布朗运动函数，可以用物理方法借助散粒效应来产生。这种散粒效应是电流的一种不规则现象，它是由下面的事实所引起的：这样的流动不是电的某种连续流，而是一个不可分割的、相等的电子序列。因此，电流服从于统计的无规则性，即它们自身具有某种一致性，而且可以被放大以致形成某种可察觉的随机噪声。

正如我在第九章中所表明的，这种随机噪声的理论可以用作实际的用途，不仅用来分析电路和其他非线性过程，而且可以用于它们的综合。[①] 它可以用作一种手段，把具有随机输入的非线性设备的输出还原为某种严格定义的标准正交函数系列，它们与厄米多项式（Hermite polynomials）密切相关。非线性线路分析

---

① 我在这里使用术语"非线性系统"不是要排除线性系统，而是要包括很大一类系统。用随机噪声方法对非线性系统的分析同样也适用于线性系统，而且已经这样做了。——作者注

的问题,在于用某些输入参数的平均来确定这些多项式的系数。

描述这个过程相当简单。在代表一个尚未被分析的非线性系统的黑箱之外,还有某些我会称之为白箱的结构已知的物体,用以代表所求展开式的不同项。① 我把相同的随机噪声输入黑箱和一个给定白箱。在黑箱的展开式中,白箱的系数给定为它们的输出的乘积的一个平均值。这个平均值是对散粒效应输入的全系综的平均值,有一条定理允许我们在所有情况下用一个对时间的平均值来替代这个平均值,但在概率为0的情况下不可以。要得到这个平均值,我们只需用一个乘法器,用它能够得到黑箱和白箱的输出的乘积,也可以用一个平均器,这我们可以基于下述事实:经过一个电容器的电压与该电容器中的电量是成比例的,因此,与通过它的电流的时间积分也是成比例的。

构成黑箱的等价表达式的附加部分的每个白箱的系数不仅可以逐个确定,而且可以同时确定。甚至还可以利用适当的反馈装置,使每一个白箱自动调整到与其在黑箱展开式的系数相一致的水平。用这种方法,我们就能够制造出一个并联的白箱,当它与一个黑箱适当连接并接受相同的输入时,它就会自动使自己成为该黑箱的一个运算等价体,尽管它们的内部结构可能有很大的差异。

这些分析、综合,以及白箱自动调整为黑箱相似物的操作还可以用其他方法来完成,这就是阿马尔·博斯(Amar Bose)教授②和加博(Gabor)教授③描述过的方法。在所有这些方法中,有一种工作或学习的处理方法,即为黑箱和白箱挑选合适的输入并对其进行比较,在这些处理方法中,包括加博教授的方法,乘法装置发挥了重要作用。虽然用电子方式将两个函数相乘有多种方法,但在技术上完成这个任务并不容易。一方面,一台好乘法器必须在一个很大的振幅范围内工作;另一方面,它的运算必须近乎瞬间完成,以实现高频条件下的准确性。加博要求他的乘法器频率变化范围接近 1000 赫兹。在出任伦敦大学科学与技术皇家学院电机系教授的就职演讲中,加博既没有明确表明他的乘法方法所适用的振

---

① 术语"黑箱"和"白箱"是一种方便而且形象的表达,但并不十分确切。我将通过一个黑箱来理解一种装置,如具有两个输入端和两个输出端的四终端网络,它对输入电压的现在和过去状态执行某种确定的操作,但我们并不需要知道这个操作是通过什么结构来完成的。在另一方面,白箱将会是一个类似的网络,在其中我们固定了某个先前决定的输入—输出关系,用明确的结构方案在输入电压和输出电压之间建立了联系。——作者注

② A. G. Bose. "Nonlinear System Characterization and Optimization". *IRE Transactions on Information Theory*, 1959, IT-5: 30-40 (Special supplement to IRE Transactions).

③ D. Gabor. "Electronic Inventions and Their Impact on Civilization". Inaugural lecture, March 3, Imperial College of Science and Technology, University of London, England.

幅范围,也没有说出它能够达到的准确度。我十分急切地期盼着对这些性质的明确说明,这样我们就可以对设备其他部分不可或缺的乘法器做出较好的评估。

在基于过去经验而假定具有某种特殊结构或功能的设备中,所有这些设计在工程学和生物学中都派生出一种十分有趣的新看法。在工程学中,同样特点的设计不仅可以用于玩游戏和执行其他目的性行为,而且在这样做的时候可以基于过去经验对其执行情况不断进行改善。在本书第九章中,我将讨论这方面的一些可能性。在生物学方面,情况至少与所谓的生命核心现象有几分类似。遗传之所以可能,细胞之所以繁殖,细胞携带遗传物质的部分——所谓基因——必须能够根据自己的形象建造另一个同样的携带遗传物质的结构。因此,我们心潮澎湃,能够拥有一种方法,通过它使工程结构能够生产出另一种与自己功能相似的结构来。我将用第十章专门来讨论这个问题,特别是要讨论一个给定频率的振荡系统是如何把其他振荡系统降至相同频率的。

人们常说,按现存的分子形象生产任何特定种类的分子,与工程学中使用样板的方法类似,我们可以把一部机器的某个功能元件用作模板来制造另一个相同的元件。样板的形象是静态的,而且一个基因分子制造另一个基因分子必须有一个过程。我给出的尝试性建议是,频率(比如说分子谱线的频率)可以是模板元件,它携带着相同的生物物质;基因的自组织可以是频率的自组织的一种表现,频率的自组织问题我将在后面讨论。

我已经在大体上说过学习机了。我将专门用一章来更详细地讨论这些机器和可能性,以及应用上的一些问题。在这里我想做一点一般性的评论。

如将在第一章中看到的,学习机的概念与控制论本身是同时出现的。在我描述的防空预测器中,用于任何给定时间的预测器的线性特征,取决于对我们要预测的时间序列系综的统计的长期了解。当关于这些特征的知识能够按照我在文中给出的原则用数学表达出来时,就完全有可能设计出一台计算机,它将计算出这些统计结果,并在同一台机器用来预测时已经观察到的经验基础上形成该预测器的短时特征,而且是自动计算出来的。这可能远远超出了单纯的线性预测器的范围。在卡利安普尔(Kallianpur)[1]、马萨尼(Masani)、阿库托维奇(Aku-

---

[1] 高皮纳特·卡利安普尔(G. Kallianpur, 1925—2015),印度裔美国数学家和统计学家。本书中关于人物生平简介的脚注均为译者所加。

towicz)和我本人[1]的各种论文中,已经发展出一种非线性预测理论,它至少可以令人信服地以相同方式实现机器化,即利用长期观察来为短时预测提供统计基础。

线性预测和非线性预测的理论都涉及一些预测吻合度的判断标准。最简单的标准就是使误差的均方值最小化,虽然这不是唯一能用的标准。这被用来以一种特殊形式与布朗运动的泛函相联系,我用布朗运动的泛函来建造非线性设备,只要我的展开式的各项具有某些正交性。这些正交性确保这些项的有限数目的部分和是对要模仿的设备的最佳模拟。如果误差的均方值标准能够保持,利用这些项就能够制造这个设备。加博的工作也是基于误差的均方值标准,不过他是以一种更为普遍的方式,将之应用于由经验得到的时间序列上。

学习机的概念可以大大扩展,远远超出它在预测器、滤波器和其他类似设备中的应用。它对研究和建造能玩象棋这样的竞争性游戏的机器尤为重要。在这一方面,塞缪尔[2]和渡边(Watanabe)[3]在国际商用机器公司的实验室里已经做出了至关重要的工作。就像滤波器和预测器那样,时间序列的某些函数根据一大类能够展开的函数而展开。这些函数能够从数值上衡量游戏取胜所依赖的有意义的量。例如,它们包括双方棋子的数量,这些棋子的总体控制力,它们的机动性,等等。在最初应用机器时,这些不同的考虑被赋予试探性的权重,机器选择具有最大值的总权重所允许的走法。至此,机器按严格的程序工作,还不是一部学习机。

然而,机器有时承担一个不同的任务。它试着展开那个函数,即用 1 表示游戏获胜、0 表示游戏失败,也许 $\frac{1}{2}$ 表示平局的函数,按照机器能够识别的想法展开为不同的函数表达。这样,它重新确定这些因素的权重,以便能够玩一个更为复杂的游戏。我将在第九章中讨论这些机器的某些性质,但在这里必须要指出的是,它们已经很成功地让机器在经过 10 到 20 小时的学习和工作之后,能够打败

① N. Wiener, and P. Masani. "The Prediction Theory of Multivariate Stochastic Processes". Part 1, *Acta Mathematics*, 1957, 98: 111-150; Part 2, *ibid.*, 1958, 99: 93-137. Also N. Wiener, and E. J. Akutowicz. "The Definition and Ergodic Properties of the Stochastic Adjoint of a Unitary Transformation". *Rendiconti del Circolo Matematico di Palermo*, 1957, Ser. 2, 6: 205-217.

② A. L. Samuel. "Some Studies in Machine Learning, Using the Game of Checkers". *IBM Journal of Research and Development*, 1959, 3: 210-229.

③ S. Watanabe. "Information Theoretical Analysis of Multivariate Correlation". *IBM Journal of Research and Development*, 1960, 4: 66-82.

自己的程序设计者。我还想在那一章里提到在类似机器上已经完成的一些工作，它们被设计用来证明几何定理和在有限的程度上模拟归纳逻辑。

所有这类工作都是程序编制的理论和实践的一部分，它们在麻省理工学院电子系统实验室得到了广泛研究。现在已经发现，除非使用某种这样的学习装置，否则一部严格模仿的机器的编程本身就是一项非常困难的任务，而且迫切需要编制这种程序的设备。

现在学习机的概念既可以用在我们自己制造的那些机器上，也与那些我们称之为动物的生物机器有关，因此我们可能为生物控制论带来新的光明。在这里，我想从许多新近的研究工作中挑出斯坦利–琼斯（Stanley-Jones）论生命系统的控制论[*Kybernetics*（注意拼法）*of living system*]①的一本书。在这本书中，他们不仅对那些维持神经系统工作水平的反馈，而且对回应特定刺激的其他反馈给予了极大关注。由于系统水平与特定回应之间的组合在相当大的程度上是乘性的，因而它也是非线性的，并涉及我们已经提出的那种类的考虑。这个活动领域现在十分活跃，我希望它在不久的将来变得更加活跃。

到目前为止我给出的记忆机和自复制机的方法，虽然不全是，但大部分都要依赖高度专门化的设备，或者要靠我所称的蓝图设备。相同过程的生理学方面必定更符合生物体的特有技能，其中蓝图被一个不太专门化、但由系统自组织的过程所取代。本书第十章专门用来讨论自组织过程的一个实例，也就是说，经由这个过程在脑电波中形成狭窄的、高度专门化的频率。因此，它大体上是对前一章的生理学的对应，在那一章中我在更倾向蓝图的基础上讨论了相同的过程。脑电波中锐频的存在和我用来解释它们如何产生的理论，它们能起什么作用，以及它们可以有什么医疗用途，在我看来都是生理学上一个重要的和全新的突破。类似的想法可以用在生理学的许多其他领域，可能对生命现象的基础研究做出真正的贡献。在这个领域里，我所给出的更像是一个计划，而不是已经完成的工作，但它是我寄予很大希望的一个计划。

无论是在第一版还是本版中，我都不想让这本书成为控制论已有工作的一个纲要。那既不是我的兴趣所在，亦非我能力所逮。我的意图是要表达和强化我关于这个学科的思想，要呈现起初引导我进入这个领域，以及让我持续对它的发展怀有兴趣的一些理念和哲学上的思考。因此这是一本有强烈个人色彩的

---

① D. Stanley-Jones, and K. Stanley-Jones. *Kybernetics of Natural Systems, A Study in Patterns of Control*. London: Pergamon Press, 1960.

书,书中对我本人一直感兴趣的那些进展叙述很多,而对我自己没有研究过的东西几乎没有涉猎。

在修订本书时我得到了来自很多方面的有益帮助。我必须要特别鸣谢麻省理工学院出版社的鲍埃德(Constance D. Boyd)小姐、东京技术研究院的池原止戈夫(Shikao Ikehara)博士、麻省理工学院电机系的李郁荣(Yuk-Wing Lee)博士,以及贝尔电话实验室的高尔顿·瑞斯贝克(Gordon Raisbeck)博士。还有,在新增章节的写作过程中,尤其是第十章的计算,其中我考虑到在脑电波图研究中呈现出来的自组织系统的情况,我想提及我的学生科泰利(John C. Kotelly)和罗宾逊(Charles E. Robinson)提供的帮助,特别是麻省中心医院巴洛(John S. Barlow)博士的贡献。索引部分是詹姆斯·戴维斯(James W. Davis)完成的。

没有所有这些无微不至的关心和奉献,我既没有勇气也没有准确性来完成一个新的修订版。

诺伯特·维纳

1961 年 3 月

麻省坎布里奇

第一部分　初　版(1948)

· Part Ⅰ Original Edition · 1948 ·

牛顿时间与伯格森时间

群与统计力学

时间序列、信息与通信

反馈与振荡

计算机与神经系统

完形与全称命题

控制论与心理病理学

信息、语言与社会

维纳接受 **CBS**（哥伦比亚广播公司）的采访（**1954**）。

导　言

· *Introduction* ·

> 我们推动了一门新科学的发轫，这门新科学蕴含着技术的发展，向善和向恶都有着巨大的可能性。我们只能把它交给我们生存于其中的世界……我们甚至没有机会阻止这些新技术的发展。它们属于这个时代。……我们最多只能指望广大公众理解目前这项工作的趋势和意义，并把我们个人的工作限制在这样一些领域，如生理学和心理学，远离战争和剥削。

这本书是十多年来我和阿多罗·罗森勃吕特（Arturo Rosenblueth）①博士共同承担的一个研究计划的成果，他起初在哈佛医学院，现在在墨西哥国家心脏学研究所。那时，罗森勃吕特博士是已故的沃尔特·坎农（Walter B. Cannon）②博士的同事和合作者，每个月会主持一次关于科学方法论的系列讨论会。参加者大都是哈佛医学院的青年科学家，我们会在范德堡大厅一起围着圆桌吃饭。席间的交谈生动有趣，无拘无束。这不是一个鼓励什么人或给他机会显摆的地方。饭后，由我们中的一个人或是一位请来的嘉宾来宣读一篇有关某个科学主题的论文，通常首先考虑的是关于方法论问题的论文，至少也是主要考虑的。论文的宣读者必须经受一番言辞犀利的严酷挑战，批评是善意的，但丝毫不留情面。这对那些不成熟的想法、不充分的自我批评、过度自信和妄自尊大是一次完美的净化。有些承受不了的人一去不返了，但对这些会议的常客来说，我们不止一人感到这些会议对我们科学事业的发展有着重要而持久的贡献。

来参加会议的人并不都是医生或医学科学家。我们中间有一位坚定分子，对讨论的帮助很大，他就是曼努埃尔·桑多瓦尔·瓦拉尔塔（Manuel Sandoval Vallarta）③博士。与罗森勃吕特博士一样，他也是墨西哥人，是麻省理工学院的物理学教授，是我在第一次世界大战后来到麻省理工学院时早期的学生之一。瓦拉尔塔博士常常会带些麻省理工学院的同事一起来参加讨论会。就是在一次会上，我第一次遇见了罗森勃吕特博士。很长时间以来，我一直对科学方法有兴趣，事实上我曾经参加过约西亚·罗伊斯（Josiah Royce）④在 1911 年至 1913 年间主持的有关该主题的哈佛研讨班。此外，他们觉得，让一个能够批判地审视数学问题的人加入是很有必要的。就这样，在 1944 年罗森勃吕特博士请我去墨西哥之前，我一直是这个群体中的积极分子，直到战时的全面混乱状态终止了这一系列讨论会。

◀ 维纳和家人在一起。

① 阿多罗·罗森勃吕特（Arturo Rosenblueth，1900—1970），墨西哥物理学家和生理学家，早期控制论先驱之一。

② 沃尔特·坎农（Walter B. Cannon，1871—1945），美国 20 世纪贡献最大的生理心理学家之一，将 X 射线用于生理学研究的第一人，钡餐设计者，提出生物体"自稳态"理论。坎农对情绪的研究十分著名，他的情绪理论被称为坎农-巴德学说。

③ 曼努埃尔·桑多瓦尔·瓦拉尔塔（Manuel Sandoval Vallarta，1899—1977），墨西哥物理学家，麻省理工学院和墨西哥国立自治大学教授。

④ 约西亚·罗伊斯（Josiah Royce，1855—1916），美国哲学家。

多年以来，罗森勃吕特博士和我都相信，科学发展的最富有成果的区域是各个已经确立的领域之间那些被忽视的无人地带。自莱布尼兹之后，似乎再没有哪个人能够全面掌握他所处时代的全部知识活动了。从那时起，科学日益成为专家们的任务，其领域呈现出越来越窄的发展趋势。一个世纪前，可能没有莱布尼兹那样的人，但是还有一个高斯，一个法拉第，一个达尔文。如今，没有哪个学者能够不加任何限定地自称是数学家、物理学家或生物学家。某人可能是一个拓扑学家，或一个声学家，或者甲虫学家。他会满口讲着他那个领域的行话，知道那个领域的所有文献和全部分支，但往往会认为相邻的主题属于走廊那头的某个同事，而且会认为自己对它的任何兴趣都是对个人生活的一种无理冒犯。

这些专门化的领域不断扩大，并扩张到新的疆域。结果就像美国的开拓者、英国人、墨西哥人以及俄国人同时进入俄勒冈地区时所发生的情形一样，各种开发、命名和法律错综复杂，难解难分。有一些科学领域，正如我们将在本书正文中看到的那样，被人们从纯数学、统计学、电子工程和神经生理学等不同侧面来加以探讨，其中每一个简单概念都从不同群体那里得到一个独立的名称，重要的工作被重复了三四次，另一些重要工作在某个领域里由于没有结果而迟迟得不到发展，但在相邻领域却可能已经成为经典。

正是这些科学的边缘地带，为合格的研究者提供了最为充分的机会。同时，它们也是惯常的人海战术和专业分工最难降服的部分。如果一个生理学问题的困难实质上是数学方面的，那么十个不懂数学的生理学家所能得到的，不会比一个不懂数学的生理学家更多。如果一个不懂数学的生理学家和一个不懂生理学的数学家一起工作，那么一个人不能用另一个人能够理解的术语来陈述他的问题，而后者也不能用前者能够理解的形式来回答。罗森勃吕特博士一贯坚持认为，对科学地图上这些空白地带做适当的探索只能由一个科学家团队来完成，这个团队里的每一个人都是他自身领域的专家，而且对邻近领域具有相当全面的、训练有素的知识；大家习惯于一起工作，知道彼此的思想风格，在同事的新提议还没有完全正式表达之前就理解它的意义。数学家不需要具备指导生理学实验的技能，但他必须要有理解、审查它和对其提出建议的能力。生理学家不需要能证明某个数学定理，但他必须能够理解它的生理学意义，并能告诉数学家应该寻找什么。多年来，我们梦想能有一个独立科学家的研究机构，在科学的某块蛮荒之地一起耕耘，不是作为某些大官员的下属，而是出于愿望，出于真正的精神需要，把这片区域理解为一个整体，并且彼此贡献出这种理解的力量。

在选择共同的研究领域以及彼此分工之前,我们早已就这些事情达成了共识。迈出这新的一步的决定性因素是战争。很久以来我就明白,一旦国家遭遇紧急状况,我在其中的作用主要取决于两件事情:我与范内瓦尔·布什(Vannevar Bush)①博士研发的计算机项目的密切关系,以及我自己与李郁荣博士合作进行的电网络设计。事实证明这两件事情都十分重要。1940 年夏天,为求解偏微分方程,我把大部分注意力转向了计算机研发。我对这些事情的兴趣由来已久,而且相信,与布什博士用微分分析机已经处理得很好的常微分方程不同,偏微分方程的主要问题是多变量函数的表示问题。我还相信,电视所用的扫描过程给出了这个问题的答案,事实上,由于引入了这种新技术,电视对工程技术的作用注定要比作为一个独立的产业更大。

显然,与常微分方程问题的数据量相比,任何扫描过程必定会极大地增加所要处理的数据量。要在适当的时间内获得合理的结果,必须使基本运算过程的速度最大化,并且要避免用那些本质上缓慢的步骤来打断这些过程的连续性。还有,必须以很高的精确度来运行单个过程,以免由于基本运算过程的大量重复使误差累积过大,从而破坏了整个过程的精确性。因此,提出下列要求:

1. 计算机的核心加法和乘法器应该像普通加法机里的一样,是数字式的,而不是像布什微分分析机那样是基于测量的。

2. 为了保证更快的运行,这些实质上是开关器件的装置应该依靠电子管,而不是齿轮或机械继电器。

3. 根据贝尔电话实验室一些现有装置所采用的策略,加法和乘法器采用二进制可能比十进制更为经济实惠。

4. 整个运算序列由机器自己做出,从数据被置入机器时起直到最终结果出来,应该没有人的干预。为此所需的所有逻辑决定必须被内置于机器中。

5. 这个机器包含一个存储数据的装置,它应该能够快速地记录数据,在清除前牢牢地保存数据,快速地读取数据,快速地清除数据,并能立即用来存储新的资料。

这些提议,连同实现它们的初步建议,都送交给了布什博士,以备在战争中可能派上用场。在战争准备阶段,它们似乎还不配获得那种立刻上马研究的优

---

① 范内瓦尔·布什(Vannevar Bush,1890—1974),美国工程师、发明家。第二次世界大战期间美国科学研究与发展办公室负责人,领导了第二次世界大战期间美国军方的重要科技研发工作,包括雷达的开发和曼哈顿计划。

先待遇。尽管如此，它们还是完全体现了包含在现代高速计算机里的那些理念。这些概念就存在于那个时代思想的精神之中，我从不敢奢望，要声称自己在引入它们时有独到的贡献。不管怎样，这些提议被证明是有用的，我所希望的就是让我的备忘录在工程技术界普及这些概念时发挥一定的作用。不管怎么说，就像我们将在本书正文中所看到的那样，它们都是与神经系统研究有关联的有趣的想法。

这项工作就这样提上了议事日程，虽然还不确定是不是徒劳无功，但罗森勃吕特博士和我本人还是没有立即着手。我们的实际合作来自于另外一个计划，该计划同样也是为了上次战争而开展的。在战争初期，德国的空中优势和英国的防御地位把许多科学家的注意力转向了防空武器的改进。甚至在战前，人们就已经很清楚，飞机的速度使所有传统的火力瞄准方法都显得陈旧过时了，必须给火控装置装上必需的全部计算。与以前遇到的所有目标不同，一架飞机的速度与用来击落它的炮弹的速度相差无几，这给瞄准造成了巨大困难。因此，非常重要的是，炮弹不是射向目标，而是要使炮弹与目标在未来某一时刻在空中可能相遇。所以我们必须找到一些预测飞机未来位置的方法。

最简单的方法是沿一条直线来推算飞机当时的航线。推荐这个方法有很多理由。飞机在飞行中迂回和转弯越多，它的有效速度就越小，它用来完成飞行任务的时间就越少，而留在危险区域的时间就越长。同样，如果其他条件不变，飞机将会尽可能地沿直线飞行。然而，从第一声炮击响起，其他条件**不**相等了，飞行员可能会曲折前进，施展各种特技，或者用别的方式进行避让。

如果这种动作完全由飞行员随意支配，并且飞行员能像一个优秀扑克牌手那样高明地利用他的运气，那他就有太多机会在炮弹到达之前修正他所预期抵达的位置，这样我们就无法估算出击中他的最佳时机，除非使用耗费巨大的密集火力。另一方面，飞行员确实**没有**完全按照自己意愿操纵飞机的自由。首先，他是在一架超高速飞行的飞机中，任何急剧偏离航线的动作都会产生一个加速度，使他失去知觉或使飞机解体。其次，他只能通过转动操控盘来控制飞机，而新设立的飞行指令需要一点点时间来执行。即便指令得到完全执行，也只能改变飞机的加速度，加速度的这种变化要产生最终效果，必须先被转换成速度的变化，然后再变成位置的变化。最后，飞行员在高度紧张的战斗状态下，很少会有心情做出那些非常复杂的、自如的动作，他一般会按照训练好的行动模式来做。

所有这些都使飞行的曲线预测问题值得研究，无论其结果对实际应用某种包含这种曲线预测的控制装置是否有利。预测一条曲线的未来趋势就是对它的过去进行某种运算。真正的预测算子是不可能通过任何可构成的装置来实现的,但某些算子与它们有一定的相似性,确切地说,可以通过我们制造的装置来实现。我向麻省理工学院的塞缪尔·凯德威尔(Samuel Caldwell)教授提议,认为这些算子值得一试,他立即建议我们用布什博士的微分分析机来试试,把它当作我们所需要的火控装置的现成模型来用。我们这么做了,其结果将在这本书的正文中探讨。不管怎样,我自己已经参与到一个战争项目中了,朱利安·毕格罗先生和我合作,共同研究预测理论以及体现这些理论的装置的构造。

可以看出,这是我第二次参加设计某种替代特有的人类功能的机械−电子系统的研究了——第一次是实现复杂模式的计算,第二次是预测未来。在第二项研究中,我们不应该回避对某些人类功能的运行的讨论。在一些火控装置中,瞄准的最初脉冲的确是由雷达发出的,但更常见的情况是,有一个火炮瞄准手或调度手,或者两个人耦合进这个火控系统,行动起来就像是它的一个必不可少的组成部分。为了从数学上把他们并入他们所控制的机器,了解他们的特征是十分必要的。此外,他们的目标——飞机——也是由人控制的,它的动作特点也是我们希望了解的。

毕格罗先生和我得出结论:自发性活动(voluntary activity)中一个极其重要的因素就是控制工程师们所谓的**反馈**。我将在适当的章节里详细地讨论这个问题。在这里只需说一下,当我们希望一个动作按照某个给定模式来进行时,给定模式与实际完成的动作之间的差异,被用来作为一个新的输入,以调整动作出现差异的地方,使之更接近于给定模式。例如,有一种船舶舵机,它传送舵轮对舵柄的偏移读数,以此来调节舵机的阀门,使舵柄朝着关闭这些阀门的方向转动。这样,舵柄转动使偏离正舵的调节阀门转向另一端,以这种方式把舵轮的角位置记为舵柄的角位置。显然,任何妨碍舵柄动作的摩擦力或其他阻力都会增加从某一端进入阀门的蒸汽量,并减少另一端的量,这样就加大了使舵柄到达所需位置的扭矩。因此,反馈系统有助于使舵机的运行相对独立于其负荷。

另一方面,在某些延迟状态下,一个过于鲁莽的反馈会使船舵过冲,随之会有一个来自另一方向的反馈,使船舵过冲更甚,直到舵机发生剧烈振荡或**摆动**,直至完全损坏。在麦科尔(L. A. MacColl)所写的书[①]中,我们可以找到有关反馈

---

① L. A. MacColl. *Fundamental Theory of Servomechanisms*. New York: Van Nostrand, 1946.

的非常精确的讨论,在何种条件下有利,在何种条件下起破坏作用。我们从定量的视角对反馈这种现象已经了解得非常透彻了。

现在,假设我捡起了一支铅笔。为了去捡,我必须运动某些肌肉。可是,除了少数解剖学家之外,对我们大家来说,并不知道这是哪些肌肉;即使在解剖学家中,也未必有人能够通过有意识地连续收缩每一块有关的肌肉来完成这个动作。与之相反,我们所希望的就是**捡起铅笔**。一旦我们对此做出了决定,我们的动作就这样连续进行下去,这种方式可以粗略地表述为,每个阶段铅笔还没有被捡起的量都在减少。这部分动作并不是完全有意识的。

要以这样的方式来完成一个动作,必须将每一时刻我们尚未捡起铅笔的量报告给神经系统,不论是有意识的还是无意识的。如果我们的眼睛盯着铅笔,这个报告可能是视觉的,至少部分是视觉的,但一般而言它更多的是肌肉运动知觉的,或者用现在时髦的术语来说,是本体感受的。如果本体感受的知觉不足,而我们又不能用视觉或其他知觉来替代,那我们就不可能完成捡起铅笔的动作,并发现我们自己处在所谓的**运动失调**状态。这种类型的运动共济失调症在被称为脊髓痨的中枢神经系统梅毒病中十分常见,在这种病症中,由脊髓神经传导的运动感觉多多少少受到了损伤。

不过,过度反馈和有缺陷的反馈一样,都有可能对有组织的活动造成严重障碍。考虑到这种可能性,毕格罗先生和我向罗森勃吕特博士提出了一个非常具体的问题。有没有什么病理学问题,导致病人在试图进行像捡起铅笔这样的自发性活动时做得过度,发生一种不能控制的抖动?罗森勃吕特博士立刻回答我们说,有这样一种常见的疾病,被称为目的震颤,通常与小脑损伤有关。

这样,对我们关于某些自发性活动的性质的假说,我们找到了一个极其重要的确证。值得注意的是,我们的观点比当时神经生理学家中流行的观点要高明很多。中枢神经系统不再是一个自给自足的器官,从感官接收输入并发送给肌肉。相反,它最具特色的那些活动只能在循环过程中才可以说明,从神经系统出来进入肌肉,并经过一些感觉器官重新进入神经系统,不论是本体感受器还是特定的感觉器官。在我们看来,这标志着神经生理学这方面的研究迈出了新的一步,不仅仅涉及神经和突触的基本过程,还包括神经系统作为一个统一整体的活动。

我们三人都觉得这个新观点值得写成论文，我们写了并且发表了。①罗森勃吕特博士和我预见到，这篇论文可能只是一个庞大的实验工作计划的宣言。我们决定，只要我们建立一个跨学科研究机构的计划能够实现，这个题目将会成为我们研究活动的一个近乎完美的中心议题。

在通信工程层面，毕格罗先生和我都很清楚，控制工程和通信工程的问题是分不开的，它们不是以电子工程技术为中心，而是以更为基础的消息概念为中心，不论这个消息是以电子的、机器的，还是以神经的方式来传输。消息是按时间分布的可量度事件的离散或连续序列——确切地说，就是统计学家所说的时间序列。预测一个消息的未来，就是通过某种类型的算子来计算它的过去，不论这个算子是通过一个数学计算的公式，还是通过一个机械装置或电子装置来实现的。关于这一点，我们发现，我们最初考虑的理想的预测机制受到两类具有对抗性质的误差的困扰。尽管我们最初设计的预测装置能够在任何想要的近似度上预测一条非常平滑的曲线，但是性能的这种完善总是以不断增加机器的灵敏度为代价。这种装置越适用于平滑波形，它就越容易由于对平滑的小小偏离而振荡，且这种振荡消失所需的时间就越长。因此，相比于粗糙曲线的最优可能预测，平滑波形的准确预测似乎对装置的精密度和灵敏度要求更高，而且在特定情况下对特定装置的选择取决于需要预测的现象的统计性质。这一对相互影响的误差，看起来就像海森堡测不准原理所描述的那样，与量子力学中测量位置和动量的矛盾问题有某些共同之处。

一旦我们清楚地意识到，最优预测问题的解决只能求诸需要预测的时间序列的统计性质，那么，把预测理论中起初看起来是困难的东西变成实际解决预测问题的一个有效工具也就不难了。假设已知一个时间序列的统计性质，就有可能通过一定的技巧推导出预测的均方差的显式表达式和给定的超前量。有了这个，我们就能把最优预测问题转变成确定一个特定算子的问题，这个算子要把依赖于它的一个特定正量降至最小值。这类最小化问题属于一个公认的数学分支，即变分法，这个分支有一种得到认可的技巧。借助这个技巧，我们就能够获得对某个给定其统计性质的时间序列的未来预测问题的显式最优解，再进一步，通过一种可以制造的装置从物理上来实现这个解。

只要我们做到这一点，至少工程设计的一个问题就会呈现出崭新的面貌。

① A. Rosenblueth, N. Wiener & J. Bigelow. "Behavior, Purpose & Teleology". *Philosophy of Science*, 1943, Vol. 10：18-24.

一般而言,工程设计与其说是一门科学,还不如说是一门艺术。通过把这类问题归结为最小化原理,我们把这个主题建立在了更为科学的基础上。我们意识到,这不是一个孤立的案例,在工程工作的整个领域中,类似的设计问题都可以借助变分法来解决。

运用同样的方法,我们向其他类似问题发起攻击并解决了它们。滤波器的设计问题便是其中之一。我们常常发现一条消息被叫作**背景噪声**的外来干扰所污染。于是,我们就面临一个问题,需要借助一个作用于被破坏消息的算子来恢复原始消息,或者根据给定的超前量或滞后量来调整消息。这个算子的最优设计以及用来实现它的装置的最优设计,依赖于消息和噪声分别的和联合的统计性质。因此,我们更改了滤波器的设计过程,由原先经验性的、相当随意的过程改变为彻底的科学判断的过程。

这样一来,我们就把通信工程设计转变成统计科学的一个分支,一个统计力学的分支。一个多世纪以来,统计力学的确延伸到了科学的每一个分支。我们将会看到,统计力学在现代物理学里的这种优势地位对解释时间本质具有至关重要的意义。不过,就通信工程而言,统计因素的意义是显而易见的。信息传输不可能另存为某种选择性的传输。如果只有一个偶然事件需要传输,那么最有效的和麻烦最少的传递方式就是不传递任何消息。电报和电话只有在所传输的消息以不完全决定于其过去的方式连续变化的情况下才能发挥作用,也只有在这些消息的变化符合某种统计规律的情况下才能被有效地设计出来。

为了涵盖通信工程这个领域,我们必须发展出一个关于**信息量**(amount of information)的统计理论,其中的单位信息量就是在同等可能的选择之间作为单一决定所传输的那个量。这个想法差不多在同一时间由好几个人提了出来,其中包括统计学家罗纳德·费希尔(R. A. Fisher)[①]、贝尔电话实验室的香农博士和我本人。费希尔研究这个主题的动机来自于古典统计学理论;香农的动机来自信息编码问题;而我的动机则来自电子滤波器中的噪声和消息问题。顺便说一

---

① 罗纳德·费希尔(R. A. Fisher, 1890—1962),英国统计学家、生物进化学家、数学家、遗传学家和优生学家,是现代统计科学的奠基人之一。

句,我在这方面的一些思考与俄国的科尔莫戈罗夫(Kolmogoroff)①的早期工作②有关,尽管我的绝大部分工作是在我注意到俄国学派的工作之前完成的。

信息量的概念本身十分自然地与统计力学中的一个经典概念有关:**熵**。正如一个系统中的信息量是它的组织化程度的度量,一个系统的熵就是它的无组织化程度的度量,这一个量正好是另一个量的负数。这个观点把我们引向对热力学第二定律的一些思考,以及对所谓麦克斯韦妖的可能性的研究。这类问题在酶和其他催化剂的研究中独立地产生,而这些研究对正确理解诸如新陈代谢和繁殖这类生命物质的基本现象十分重要。生命的第三种基本现象,即应激性,则属于通信理论的范畴,并归入我们刚刚正在讨论的那些观点中。③

早在四年以前,在罗森勃吕特博士和我周围的科学家群体就已经知道,以通信、控制和统计力学为中心的一系列问题在本质上具有统一性,无论是在机器中还是在生命组织中。另一方面,我们遇到了严重的阻碍,关于这些问题的文献缺乏统一性,没有任何共同的专业术语,甚至连这个领域的简单名称都没有。考虑再三,我们得出结论:所有现行的术语都有严重的偏见,倾向于一方或另一方,从而不能恰如其分地适应这个领域的未来发展;就像科学家们常常碰到的那种情况,我们不得不去创造一个人为的新希腊语词汇来弥补这个缺陷。我们决定用**控制论**(Cybernetics)来称谓控制和通信理论的整个领域,既在机器中又在动物中,这个词的构成来自希腊语 $κνβερνητηζ$,即**"掌舵人"**(steersman)。在选择这个术语时,我们想要承认,第一篇讨论反馈机制的重要论文是一篇关于调速器的文章,是克拉克·麦克斯韦在 1868 年发表的④,而**调速器**(governor)一词则源自对 $κνβερνητηζ$ 的拉丁文误用。我们还希望指出这个事实,即船舶的舵机确实是反馈机制最早且发展最好的形式之一。

虽然**控制论**这个术语的出现不早于 1947 年夏天,但我们将会发现用它来指称这个领域发展的较早时期并无不当。大约自 1942 年起,这个主题的发展在几条战线上进行。首先,毕格罗、罗森勃吕特和维纳合作的论文中的思想被罗森勃

---

① 科尔莫戈罗夫(A. N. Kolmogoroff, 1903—1987),苏联数学家,他的研究范围涉及基础数学、数理逻辑、实变函数论、微分方程、概率论、数理统计、信息论、泛函分析力学、拓扑学……以及数学在物理、化学、生物、地质、冶金、结晶学、人工神经网络中的广泛应用。他创建了一些新的数学分支,如信息算法论、概率算法论和语言统计学等。

② A. N. Kolmogoroff. "Interpolation und Extrapolation von stationären Zufälligen Folgen". *Bull. Acad. Sci. U. S. S. R.*, 1941, Ser. Math. 5: 3-14.

③ Erwin Schrödinger. *What is Life?*. Cambridge: Cambridge University Press, 1945.

④ J. C. Maxwell. *Proc. Roy. Soc.* (London), 1868, 16: 270-283.

吕特博士在 1942 年纽约会议上广为传播,这个会议由约西亚·梅西基金会(the Josiah Macy Foundation)赞助,旨在讨论神经系统的中枢抑制问题。出席会议的人中有伊利诺伊大学医学院的沃伦·麦卡洛克(Warren McCulloch)①博士,他与罗森勃吕特博士和我已经有过接触,对大脑皮质组织的研究很有兴趣。

此时,一个在控制论历史上反复出现的因素介入了,即数理逻辑的影响。如果要在科学史上为控制论选择一位守护神的话,我会选择莱布尼兹。莱布尼兹的哲学聚焦在两个关系紧密的概念上——普遍符号论的概念和推理演算的概念。今天的数学记号和符号逻辑即由此而来。正如算术的演算自身经历了从算盘和台式计算机到如今高速计算机的机器化过程,莱布尼兹的**推理演算机**也包含着**机器演算**或推理机的萌芽。诚然,莱布尼兹本人与他的前辈帕斯卡一样,对用金属制造计算机很有兴趣。丝毫不必惊讶,推动数理逻辑发展的同一种智力冲动,同时也推动了思想过程的理想的或现实的机器化。

我们能够理解的一个数学证明,是可以用数量有限的符号写出来的证明。事实上,这些符号可以求诸于无限的概念,而这种要求可以用有限的步骤加和得到,就像数学归纳法那样,我们证明一个依赖于参数 n 的定理当 $n=0$ 时正确,又证明 $n+1$ 的情况可以从 n 的情况中推导出来,于是就证明了对于 n 的所有正值,定理是成立的。此外,我们的推理机制的运算规则必须在数量上是有限的,即使它们看起来并不是这样,但通过引用其自身可以用有限项表达的无限概念来做到这一点。简而言之,对希尔伯特那样的唯名论者和外尔(Weyl)②那样的直觉主义者来说都十分清楚,数理逻辑理论发展所受到的限制与那些束缚计算机性能的限制一样。正如我们后面将看到的,用这种方式甚至有可能解释康托尔(Cantor)③和罗素的悖论。

我本人以前曾是罗素的学生,受他的影响很大。香农博士在麻省理工学院的博士论文,主题是把古典布尔代数中类方法应用于电子工程开关系统的研究。图灵(Turing)也许是第一个把机器的逻辑可能性作为一种智力实验来研究的人,他在战争期间作为一名电子学家为英国政府服务,现在在德丁顿国家物理实验室负责开发现代新型计算机的计划。

---

① 沃伦·麦卡洛克(Warren McCulloch,1898—1969),美国神经生理学家,早期的控制论学者之一。
② 赫尔曼·外尔(H. Weyl,1885—1955),德国数学家,20 世纪上半叶最重要的数学家之一。
③ 格奥尔格·康托尔(Georg Cantor,1845—1918),德国数学家,集合论的创始人。

　　另一位从数理逻辑领域转入控制论的年轻人是沃尔特·皮兹（Walter Pitts）①。他曾经是卡尔纳普（Carnap）在芝加哥大学的学生，也曾与拉舍夫斯基（Rashevsky）②教授及其生物物理学派有过接触。顺便提一下，这个学派在引导具有数学头脑的人把注意力转向生物科学的可能性方面贡献良多，尽管在我们中的一些人看来，他们因为受经典物理学的方法，以及能和势问题的影响太深，以至于无法在像神经系统这样的系统研究中做得更好，这些系统远远不是仅从能量方面就能够说明的。

　　皮兹先生非常幸运地受到麦卡洛克的影响，他们俩很早就开始研究有关由突触把神经纤维联合为具有全部特性系统的问题。他们没有与香农合作，而是独立地运用数理逻辑方法来讨论那些最终归结为开关问题的问题。他们加入了在香农的早期研究中还不显著的元素，而且一定受到了图灵思想的某些启发：把时间用作一个参数，考虑包含循环的网络，考虑到与突触有关的延迟和其他延迟。③

　　1943 年夏天，我遇见了波士顿市立医院的杰罗米·雷特文（J. Lettvin）④博士，他对与神经机制有关的问题非常感兴趣。作为皮兹先生的好友，他让我了解了皮兹先生的研究⑤，并把皮兹先生引荐到波士顿与罗森勃吕特博士和我认识。我们欢迎他加入我们的团队。为了与我一起工作，也为了强化研究新控制论科学的数学背景，皮兹先生于 1943 年秋来到麻省理工学院，那个时候控制论这门新科学差不多已经诞生了，只是还没有接受洗礼。

　　那时，皮兹先生对数理逻辑和神经生理学已经烂熟于心，只是接触工程技术的机会不多，尤其是对香农博士的工作知之甚少，对电子学的可能性还缺乏经验。当我向他展示一些现代真空管的样品，并解释说这些正是实现他用金属来替代神经元线路和系统的理想方法时，他兴趣盎然。从那时起，我们清楚地认识到，像这样依靠不间断开关装置的高速计算机，必定代表着神经系统问题的近乎

---

　　①　沃尔特·皮兹（Walter Pitts, 1923—1969），美国逻辑学家，在计算神经科学研究方面有突出贡献。
　　②　尼古拉斯·拉舍夫斯基（N. Rashevsky, 1899—1972），美国理论物理学家，是数学生物学的先驱之一，被誉为数学生物物理学和理论生物学之父。
　　③　A. M. Turing. "On Computable Numbers, with an Application to the Entscheidungsproblem". *Proceedings of the London Mathematical Society*, 1936, Ser. 2, 42：230-265.
　　④　杰罗米·雷特文（J. Lettvin, 1920—2011），美国认知科学家，麻省理工学院电子生物工程和通信生理学教授。
　　⑤　W. S. McCulloch, W. Pitts. "A Logical Calculus of the Ideas Immanent in Nervous Activity". *Bull. Math. Biophys*, 1943, 5：115-133.

理想的模型。神经元放电的全或无的特点，完全类似于二进制中决定一个数字时的单一选择，我们中不止一人设想过，二进制是计算机设计的最恰当的基础。突触无非是这样一种机制，它决定是否对来自其他选定神经元的某些输出组合做出反应，以刺激下一个神经元放电，在计算机中必须准确地对之进行模拟。解释动物记忆的性质和变化的问题，与为机器建立人工记忆的问题十分相似。

超乎布什博士最初的构想，当时，制造计算机显然对战事更为重要，好几个中心都在忙于制造计算机的工作，其研究基本上是沿着我在前面报告中所指明的路径展开的。哈佛、阿伯丁试验场和宾夕法尼亚大学已经在制造计算机，普林斯顿高级研究所和麻省理工学院也很快进入这个领域。这是一个逐步进步的过程，从机械组装到电子器件组装，从十进制到二进制，从机械继电器到电子继电器，从人工指导运算到机器自动运算。简言之，每一台新机器都比上一台更加符合我交给布什博士的备忘录。对这些领域感兴趣的人们来来往往，我们有幸能与同行们交流思想，特别是哈佛的艾肯(Aiken)[①]博士，高级研究所的冯·诺伊曼博士，还有宾夕法尼亚大学研究 Eniac[②] 和 Edvac[③] 计算机的戈德斯坦(Goldstine)[④]博士。只要聚在一起，我们就敞开心扉交谈，工程师的词汇中很快就掺进了神经生理学家和心理学家的专用术语。

进展到这个阶段，冯·诺伊曼博士和我都觉得有必要召开一次联合会议，所有对我们现在称之为控制论的科学有兴趣的人都要参加。1943 年和 1944 年之交的那个冬天，会议在普林斯顿大学召开。工程师、生理学家以及数学家都有代表出席。罗森勃吕特博士没能来参加，因为他刚刚接受邀请去主持墨西哥国家心脏学研究所的生理学实验室，麦卡洛克博士和洛克菲勒研究所的洛伦特(Lorente de Nó)[⑤]博士是生理学家的代表。艾肯博士不能出席，不过，戈德斯坦博士是几个计算机设计小组的参会代表之一，而冯·诺伊曼博士、皮兹先生和我本人是数学家。生理学家从他们的视角就控制论问题做了联合报告。同样，计

---

① 霍华德·哈撒韦·艾肯(H. H. Aiken，1900—1973)，美国物理学家，计算机领域的先驱。

② Eniac，全称为 Electronic numerical integrator and computer，即电子数字积分计算机，是世界上最早的现代电子数字计算机之一，1946 年 2 月 14 日诞生于美国宾夕法尼亚大学。该机占地面积约 170 平方米，造价约 48 万美元。它的计算速度是每秒 5000 次加法或 400 次乘法。——译者注

③ Edvac，全称为 Electronic discrete variable automatic computer，即离散变量自动电子计算机，是美国继 Eniac 之后研制的早期电子计算机。它占地面积约 45.5 平方米，造价约 50 万美元。它采用二进制，是第一台现代意义上的通用计算机。——译者注

④ 赫尔曼·戈德斯坦(H. H. Goldstine，1913—2004)，美国数学家和计算机科学家。

⑤ 拉法尔·洛伦特(R. Lorente de Nó，1902—1990)，西班牙神经科学家。

算机的设计者提出了他们的方法和目标。会议结束时，所有人都明白，在不同领域的工作者之间基本上存在着一个共同的思想基础，每个小组中的成员都已经能够使用由其他人发展成熟的概念，应该尝试建立一个共同的词汇表了。

早在这次会议之前，由瓦伦·威佛尔（Warren Weaver）[1]博士领导的一个战争研究小组公布了一份文件。这份文件起初是机密的，后来半公开了，文件包含了毕格罗先生和我有关预测器和滤波器的工作。虽然防空火力的现状并没有证明曲线预测的专用装置在设计上的合理性，但它的原理被证明是可靠而实用的，并且已经被政府运用于平滑化目的，以及相关工作的一些领域。特别地，由变分法化简出来的积分方程类型已经在波导问题和应用数学的一些问题中显现出来了。不管怎样，到战争结束时，美国和英国大部分统计学家和通信工程师对预测理论的观念和通信工程的统计学研究已经相当熟悉了。我那份已经绝版的政府文件，以及勒文森（Levinson）[2]、沃尔曼（Wallman）、丹尼尔（Daniell）、菲利普（Phillips）[3]和其他一些人撰写的大量填补空白的学术论文，对这些问题也已经阐述得很明白了。几年来我本人一直着手在写一篇较长的数学方面的解释性论文，以此来给我已经完成的工作做一个永久性记录，但由于一些我不能完全掌控的原因，该论文没能及时发表。后来，美国数学学会和数理统计研究所 1947 年春在纽约召开了一次联合会议，旨在从与控制论关系紧密的观点来研究随机过程。会后我把已经完成的手稿交给了伊利诺伊大学的杜伯（Doob）[4]教授，用他的符号系统来表述，并根据他的意见列为美国数学学会的《数学综述》丛书之一。1945 年夏天，在麻省理工学院数学系的系列讲座中，我书中的部分思想已经形成。那时，我过去的学生和合作者李郁荣博士已经从中国返回了。[5] 1947 年秋天，他正在麻省理工学院电机系讲授一门有关滤波器及类似装置设计的新方法的课程，并打算把这些讲座的材料编成一本书。与此同时，我那份绝版的政府文

---

① 瓦伦·威佛尔（Warren Weaver, 1894—1978），美国数学家，机器翻译的早期研究者之一，是美国许多科学研究的推动者。

② N. Levinson. *J. Math. and Physics*, 1947: 25, 261-278; 26, 110-119.

③ 诺尔曼·勒文森（N. Levinson, 1912—1975），美国数学家，以"勒文森递归式"和"勒文森不等式"而著称。亨利·沃尔曼（H. Wallman, 1915—1992），美国数学家，主要研究点阵理论、拓扑学、电路设计等。珀西·约翰·丹尼尔（P. J. Daniell, 1889—1946），英国数学家和理论物理学家，因"丹尼尔积分"而著名。拉尔夫·绍尔·菲利普（R. S. Phillips, 1913—1998），美国数学家，斯坦福大学数学教授，在函数分析、散射理论和伺服机制等方面有突出贡献。

④ 约瑟夫·利欧·杜伯（J. L. Doob, 1910—2004），美国数学家，主要研究分析和概率理论，鞅理论的提出者。

⑤ Y. W. Lee. *J. Math. and Physic*, 1932, 11: 261-278.

件正要重印。[①]

如前所述,罗森勃吕特博士大约在 1944 年初返回了墨西哥。1945 年春天,我接到来自墨西哥数学学会的邀请,请我参加当年 7 月在瓜达拉加拉(Guadala-jala)举行的一次会议。这次邀请也得到了科学研究鼓励和协调委员会(the Comision Instigadora y Coordinadora de la Investigacion Cientifica)的支持,这个委员会的负责人就是我前面说过的曼努埃尔·桑多瓦尔·瓦拉尔塔博士。罗森勃吕特博士邀请我与他共同开展一些科学研究,伊格纳奇奥·查韦斯(Ignacio Chávez)博士所领导的墨西哥国家心脏学研究所盛情地接待了我。

那一次我在墨西哥大约逗留了十个星期。罗森勃吕特博士和我决定,继续开展我们曾经与沃尔特·坎农博士讨论过的工作,坎农博士也在一次访问中与罗森勃吕特博士讨论过,很不幸那是他的最后一次访问。这项工作必须处理两个方面之间的关系:一方面,是癫痫症中的强直、阵挛和时相收缩;另一方面是心脏的强直痉挛、搏动和纤维性颤动。我们觉得心脏肌肉代表一种应激性组织,它与神经组织一样,对研究传导机制很有用处。不仅如此,与神经突触问题相比,心肌纤维的吻合和交叉是一种更为简单的现象。我们还要对查韦斯博士的慷慨好客表示深深的谢意,研究所对罗森勃吕特博士的心脏研究从没有制度上的限制,我们非常高兴能有机会为它的基本目标贡献一份力量。

我们的研究有两个方向:对二维或多维均匀传导介质的传导性和潜在态的现象研究,对传导纤维的随机网络的传导性能的统计学研究。前者把我们引向了心脏扑动的初级原理,后者则使我们对纤维性颤动有了某些可能的理解。这两个方向的工作在我们发表的一篇论文中得到了探讨[②],尽管我们这两项研究的早期成果还需要大量修正和补充。关于扑动的研究得到了麻省理工学院奥利弗·塞尔福里奇(Oliver G. Selfridge)先生的修正,而心肌网络研究中所用的统计方法被沃尔特·皮兹先生拓展到神经元网络的治疗当中,现在他是约翰·西蒙·古根海姆基金会的董事。实验方面的工作正由罗森勃吕特博士在做,他的助手是来自墨西哥国家心脏学研究所和墨西哥陆军医学院的加西亚·拉莫斯(F. Garcia Ramos)博士。

---

① N. Wiener. *Extrapolation, Interpolation, and Smoothing of Stationary Time Series*. New York: Technology Press and Wiley, 1949.

② N. Wiener, A. Rosenblueth. "The Mathematical Formulation of the Problem of Conduction of Impulses in a Network of Connected Excitable Elements, Specifically in Cardiac Muscle". *Arch. Inst. Cardiol. Mex.* 1946, 16: 205-265.

在墨西哥数学学会主办的瓜达拉加拉会议上，罗森勃吕特博士和我展示了一些研究成果。我们已经得出结论，表明先前的合作计划是切实可行的。很荣幸能有这个机会把我们的研究成果呈现给更多的听众。1946 年春天，麦卡洛克博士会同约书亚·梅西基金会在纽约安排了系列会议中的第一场会议，专门用来讨论反馈问题。这些会议按传统的梅西方式进行。在代表基金会的弗兰克·弗里蒙特-史密斯（Frank Fremont-Smith）博士的组织下，会议的效率非常高。来自各相关领域的研究者被集中在规模适度的小组中，人数不超过二十人，连续两天聚在一起，从早到晚交流非正式的论文，讨论，并聚餐，直到他们都有机会充分研讨各自的不同意见，并沿着相同的思路取得进展。我们会议的核心圈是 1944 年在普林斯顿聚会的那些人，不过麦卡洛克博士和弗里蒙特-史密斯博士看到了这个主题的心理学和社会学意义，于是选择了一群顶尖心理学家、社会学家和人类学家来加入这个小组。吸纳心理学家的需要其实从一开始就很明显。研究神经系统的人不可能忘记心智，而研究心智的人也不可能忘记神经系统。过去大多数心理学实际上不过是特殊感觉器官的生理学，而控制论正在引入心理学的整体观念，都是与这些特殊感觉器官有关联的高度专门化的脑皮质区域的生理学和解剖学。从一开始，我们就已经预见到，**格式塔**知觉的问题，或者普遍性知觉的形成，将会被证明就是这种性质的。我们把一个正方形认作是正方形，而不考虑它的位置、大小和方向，其机制是什么？在我们这些人中，在这类问题上给我们提供帮助并告诉心理学家我们的概念能有什么用处的，是芝加哥大学的克鲁维尔（Klüver）[1]教授，麻省理工学院已故的科特·勒文（Kurt Lewin）[2]博士，以及纽约的埃里克森（M. Ericsson）博士。

在社会学和人类学方面，信息和通信作为组织机制的重要性明显地超越进入组织团体的个体。如果对蚂蚁的通信方式没有深入研究，我们完全不可能理解它们那样的社会共同体。我们很幸运，在这件事情上得到了施内尔拉（Schneirla）[3]博士的帮助。关于类似的人类组织问题，我们从人类学家巴特森

---

① 海因里希·克鲁维尔（H. Klüver, 1897—1979），德裔美国心理学家，是 20 世纪四五十年代参加梅西会议的控制论先驱之一。

② 科特·勒文（Kurt Lewin, 1890—1947），德裔美国心理学家，是美国社会心理学、组织心理学和应用心理学的先驱。

③ 西奥多·克里斯蒂安·施内尔拉（T. C. Schneirla, 1902—1968），美国动物心理学家。

(Bateson)[①]和玛格丽特·米德(Margaret Mead)博士那里得到了帮助,而高级研究所的摩根斯坦(Morgenstern)[②]博士则是我们在属于经济学理论的社会组织这个重要领域中的顾问。顺便说一句,他与冯·诺伊曼博士合著的关于博弈论的重要著作是对社会组织很有意思的研究,尽管二者有所不同,但其观点与控制论的主题十分接近。勒文博士等人代表了有关舆论抽样理论和舆论形成实践的新研究,而劳德鲁普(F. C. S. Northrop)[③]博士则对阐明我们工作的哲学意义颇有兴趣。

这还不是我们这个团队的完整名单。我们又进一步扩大了团队,吸纳了更多工程师和数学家,如毕格罗和萨维奇(Savage)[④],更多神经解剖学家和神经生理学家,如冯·鲍宁(von Bonin)和劳埃德(Lloyd),等等。1946年春天我们召开了第一次会议,会议的大部分时间都用来讨论我们中参加过普林斯顿会议的人的论文,所有与会者对这个领域的重要意义都做了总体评价。会议给人的感觉是,控制论所包含的思想对与会者来说相当重要和意味深长,大家承诺以后每隔六个月召开一次会议,在下一次全体会议之前,我们应该为那些缺少数学训练的人开一次小会,用尽可能简明的语言向他们解释所涉及的数学概念的性质。

1946年夏天,在洛克菲勒基金会的支持和墨西哥国家心脏学研究所的盛情下,我重回了墨西哥,继续与罗森勃吕特博士之间的合作。这一次我们决定直接从反馈主题中选一个神经问题,看看我们在实验方面到底能做些什么。我们选定猫作为实验动物,把股四头肌选定为研究的肌肉。我们切断了肌附着,把肌肉固定在一个张力已知的杠杆上,记录其等长或等张收缩的情况。我们又用一个示波器来记录肌肉中同时发生的电变化。我们主要用猫来做实验,先是在麻醉状态下切除大脑,然后在胸部进行脊髓横切。在很多情况下,还使用马钱子碱来增强反射反应。我们把肌肉载荷到这样一种程度,一次轻扣就会使它产生周期性收缩,用生理学家的语言来说叫作**阵挛**。我们观察这种收缩模式,注意猫的生理状态,肌肉的载荷,振动的频率,振动的基本能级及其振幅。我们试图像分析一个表现出同一振动模式的力学或电学系统那样来分析这些情况。例如,我们

---

① 格里高利·巴特森(G. Bateson, 1904—1980),英国人类学家、语言学家、视觉人类学家。20世纪40年代,他帮助把系统论、控制论推广到社会和行为科学领域。

② 奥斯卡·摩根斯坦(O. Morgenstern, 1902—1977),德裔美国经济学家,与冯·诺伊曼合作开创了博弈论数学领域并把它用于经济学。

③ 费尔默·斯图尔特·库克·劳德鲁普(F. C. S. Northrop, 1893—1992),美国哲学家。

④ 莱昂纳德·吉米·萨维奇(L. J. Savage, 1917—1971),美国数学家和统计学家。

采用了麦科尔讨论伺服机制的书中的方法。这里不是我们讨论研究成果的全部意义的地方，我们正在重复这些成果并准备把它们写出来付诸出版。不管怎样，下面的陈述或者已经确定或者是非常有可能成立：阵挛性振动的频率对载荷条件的变化，并不像我们所预想的那样敏感，它更像是由（传出神经）——肌肉——（动觉终体）——（传入神经）——（中枢突触）——（传出神经）的封闭弧的常量所决定的。如果我们把传出神经每秒传输的脉冲数作为线性输入，那么，这个回路甚至不能近似于线性算子的回路，但如果我们用其对数来替换脉冲数的话，计算结果似乎要接近得多。这个结果与事实一致，传出神经刺激包络线的形状不近似于正弦曲线，但其对数则更接近于正弦曲线；而在一个具有恒定能级的线性振动系统中，除了概率为零的情况，刺激曲线的形状必须完全是正弦曲线。再说，促进和抑制的概念在性质上更近似于乘法而不是加法。例如，一个完全的抑制意味着乘以零，部分抑制意味着乘以一个较小值。这些就是一直用于讨论反射弧的抑制和促进的概念。① 此外，突触是一个同时记录器，传出纤维只有在输入脉冲的次数在一定时间内超过某一临界点时才会受到刺激。如果这个临界点与输入突触总数相比足够低，那么突触机制就会起乘以一个概率的作用，而且只在对数系统中才有可能近似等于一个线性连接。突触机制的这种近似对数性一定与韦伯-费希纳（Weber-Fechner）感觉强度定律的近似对数性有联系，尽管这个定律只是一级近似的。

最重要的点在于，以这个对数为底，根据从经过神经肌肉弧各单元的单次脉冲的传导所获得的数据，运用伺服工程师开发出来的测定失灵反馈系统中的振荡摆动频率的方法，就能够得到阵挛振动的实际周期的非常近似的值。我们得到的理论振动值约为每秒 13.9 次，而观察到的振动频率在 7 和 30 之间，总体上保持在一个范围之内，变化大约在 12 和 17 之间。在这种情况下，这样的一致是非常不错的。

阵挛的频率不是我们可以观察到的唯一的重要现象：还有相对较慢的基础张力的变化，以及更慢的振幅变化。这些现象当然决不是线性的。然而，如果一个线性振动系统的常数变化足够慢，那么它们可以被当作第一近似值来对待，就好像它们无限地慢，在系统振动的每一段时间里，似乎可以把系统的运动看作是参数不变的线性振动系统。这就是在其他物理学分支里被称作久期微扰的方

---

① 来自墨西哥国家心脏学研究所关于阵挛的未发表论文。

法。这个方法可以被用来研究阵挛的基础能级和振幅问题。尽管这项工作现在还没有完成，但显然它是可行的和有前途的。我们强烈建议，虽然阵挛主弧的时间节点被证明是一个二神经元的弧，但这个弧的脉冲的增强在一点，也许在更多点上是有变化的，这种增强的某些部分可能会受到缓慢的、多神经元过程的影响，这个过程发生在中枢神经系统中，比在脊髓连锁中对阵挛的时间节点的影响更大。这种变量的增强可能是受到中枢神经活动的一般水平的影响，也可能是使用马钱子碱或麻醉剂的影响，还有可能是大脑切除术，以及其他一些原因的影响。

这些是罗森勃吕特博士和我在 1946 年秋天的梅西会议上，以及在同时召开的纽约科学院会议上展示的主要成果，后一个会议的目的是向更多的公众传播控制论的概念。尽管我们为自己的成果感到高兴，并坚信这个工作方向的普遍实用性，但我们还是觉得合作的时间过于短暂，我们的工作承受的压力如此巨大，以至于不能在没有得到进一步实验确证的情况下急于发表。1947 年夏天和秋天，我们一直在努力寻求这种确证——当然也可能是一种反驳。

洛克菲勒基金会已经向罗森勃吕特博士承诺，要为国家心脏学研究所的新实验大楼提供设备。我们觉得，现在与物理学系主任瓦伦·威佛尔博士、医学系主任罗伯特·莫利森（Robert Morison）博士等人联合建立一个长期的科学合作基础的时机已经成熟，以便更加从容和稳健地推进我们的研究计划。在这件事情上，我们得到了各自机构的热情支持。在谈判中，科学部主任乔治·哈里森（George Harrison）博士是麻省理工学院的首席代表，伊格纳奇奥·查韦斯博士则代表国家心脏学研究所。谈判期间确定，联合行动的实验中心应当建在心脏学研究所。这不仅是为了避免实验设备的重复，也是为了增进洛克菲勒基金会在拉丁美洲建设科学中心的真正兴趣。最后采纳的计划为期五年，在这五年中我每隔一年要到心脏学研究所工作六个月，而罗森勃吕特博士则要在间隔的年份到麻省理工学院工作六个月。在心脏学研究所工作的时间主要用来获取和阐释有关控制论的实验数据，余下的年份则用于更具理论性的研究，尤其是要为那些愿意进入这个新领域的人设计一个训练大纲，这是个非常困难的问题，一方面要保证他们获得必要的数学、物理学和工程学的背景知识，另一方面他们又要适当地熟悉生物学、心理学和医学的专门技能。

1947 年春，麦卡洛克博士和皮兹先生做了一件对控制论意义非凡的工作。麦卡洛克博士接受了一项任务，设计一种能够使盲人用耳朵来阅读印刷品的装置。通过光电管作用产生音调变化不是一件新鲜事，可以用多种方法来实现。难点在于要使给定文字的样式与声音的样式在实质上保持一致，而不论文字的大小有什么不同。这与形状知觉、格式塔知觉的问题非常类似，这种知觉通过大小和方向的大量变化使我们把方形认作方形。麦卡洛克的设计包括一个针对不同放大倍率的印刷字体的选择诵读器。这种选择诵读可以作为一个扫描过程来自动完成。这种扫描可以在一个图形与另一个固定但大小不同的给定标准图形之间进行比较，这是我在一次梅西会议上提出的设计。这个实现选择诵读的装置图引起了冯·鲍宁博士的注意，他立即问道："这是不是大脑视觉皮层第四层的示意图？"受到这个建议的启发，麦卡洛克博士在皮兹先生的帮助下，提出了一个把视觉皮层的解剖学和生理学联系起来的理论。在这个理论中，对一组变换的扫描操作发挥了重要的作用。1947年春，这个成果在梅西基金会的会议和纽约科学院的一次会议上报告了。最后要说的是，这个扫描过程有某种特定的周期性时间，相当于普通电视中所谓的"扫描时间"。用完成一次循环所必需的连续突触链接的长度来判断这个时间，这个问题有各式各样的解剖学解释。这些解释得出完整运转一周的时间约为十分之一秒，而这是大脑所谓"阿尔法律"的近似周期。最后，根据其他证据，阿尔法律被推测为视觉的来源，在形状知觉的过程中十分重要。

1947年春，我接到去法国南锡参加一个有关调和分析问题的数学会议的邀请。我接受了邀请，在往返途中，在英格兰整整逗留了三周，主要是作为老朋友霍尔丹(J. B. S. Haldane)①教授的客人。我十分幸运地见到了一些研究高速计算机的人，尤其是那些在曼彻斯特和德丁顿国家物理实验室工作的人，尤其重要的是，在德丁顿与图灵先生讨论了控制论的基本思想。我还访问了剑桥的心理学实验室，并得到一个很好的机会与巴特利特(F. C. Bartlett)②教授和他的团队探讨了他们正在研究的问题：涉及人的控制过程中的人类因素。我发现，对控制论方面的兴趣，在英格兰与在美国一样浓厚而广泛，虽然受到经费不足的限制，但在工程方面做得十分出色。我发现人们对控制论在很多领域的可能性有着浓厚

---

① 约翰·博尔顿·桑德森·霍尔丹(J. B. S. Haldane，1892—1964)，出生于英国牛津，1961年加入印度籍。著名的生理学家、生物化学家和群体遗传学家，在统计学和生物统计学方面有开创性贡献。
② 弗里德里希·查尔斯·巴特利特(F. C. Bartlett，1886—1969)，英国心理学家。早年就学于剑桥大学圣约翰学院。1922年任剑桥实验心理室主任；1931年正式成为剑桥大学实验心理学教授；1944年创建属于英国医学研究院的应用心理学研究室。

兴趣和深入了解,霍尔丹、莱维(H. Levy)①和贝尔纳(Bernal)②等教授认为它是科学和科学哲学议程中最为紧迫的问题之一。但是,在统一目标和推动各种研究共同发展方面却没有太大的进展,不像我们在美国国内做到的那样。

在法国南锡关于调和分析的会议上,有不少把统计概念与来自通信工程的概念联系起来的论文,联系的方式与控制论的观点完全一致。在这里我必须要特别提到布朗克-拉皮埃尔(M. Blanc-Lapierre)和列夫(M. Loève)③的名字。我也看到了数学家、生理学家和物理化学家对这个议题的浓厚兴趣,尤其是对其热力学方面,已经触及到了生命自身性质的更为普遍的问题。事实上,在动身之前,我在波士顿与匈牙利生物化学家森特-杰尔基(Szent-Györgyi)④教授讨论过这个议题,并发现他的想法与我是一致的。

在法国逗留期间,有一件事特别值得在这里提一下。我在麻省理工学院的同事德·桑蒂拉纳(G. de Santillana)教授把我介绍给了赫尔曼公司的弗里曼(M. Freymann),他向我要现在这本书。我很高兴地答应了,因为弗里曼是墨西哥人,而这本书的写作以及促成这本书的大部分研究都是在墨西哥完成的。

正如我已经提到过的,在梅西基金会会议上提出的诸多理念中有一个工作方向,即有关社会系统中的通信概念和技术的重要性。毫无疑问,社会系统是一个像个体一样的组织,由通信系统联结在一起,它自有一个动力系统,在其中具有反馈性质的循环过程起着十分重要的作用。在人类学和社会学的一般领域中是这样,在更专门化的经济学领域中也是这样;我们之前提到的冯·诺伊曼和摩根斯坦关于博弈论的重要工作便属于这个思想范畴。在这个基础上,巴特森和玛格丽特·米德博士考虑到现在这个混乱时代里社会学和经济学问题日趋紧迫,催促我用大部分精力去讨论控制论在这个方面的内容。

我很赞同他们对目前形势的紧迫性的看法,也满心希望他们和其他有能力的人继续研究这类问题,我在本书后面的章节中也会讨论此类问题,尽管如此,我还是不能认同他们觉得我应该首先关注这个领域的看法,对这个方向取得的

---

① 亨利·莱维(H. Levy, 1913—2003),美国物理学家和晶体学家,在用结晶材料扫描神经元方面有杰出贡献。

② 约翰·德斯蒙德·贝尔纳(J. D. Bernal, 1901—1971),英国科学家,科学学奠基人,著有《科学的社会功能》等著作。

③ 米歇尔·列夫(M. Loève, 1907—1979),法裔美国数学家和数理统计学家,以“卡胡南-列夫定理”和“卡胡南-列夫变换”而著称。

④ 森特-杰尔基(A. Szent-Györgyi, 1893—1986),匈牙利生物化学家,1937 年诺贝尔生理学或医学奖得主。

足够进展能治愈当前的社会病也不抱太多希望。首先,影响社会的主要的量不只是统计的量,而且统计学赖以运转的基础过于短暂。把贝塞麦炼钢法使用前后的钢铁工业经济学归并在一起没有多大用处,而比较汽车工业蓬勃发展和马来亚人工种植三叶胶前后橡胶产量的统计数据也是如此。把撒尔佛散(salvar-san)①发明前后两个时期的性病案例统计在一张表格里没有什么意义,除非是为了专门研究这种药的疗效。要得到一个好的社会统计,我们需要**在基本稳定的条件下的长期测量**,就像光学的良好分辨率需要大孔径的透镜一样。透镜的有效孔径并不是随着其名义上的孔径增大而增大的,**除非该透镜是由非常均匀的材料制成,以至于光在透镜不同部分的延迟与严格设计的量一致,不超过波长的一小部分**。同样,统计学在多变条件下的长期测量的益处是似是而非的。因此,人文科学决不是数学新技术的一个好试验场,就像气体统计力学不适合用来研究一个分子的大小一样,对它们而言,我们从更大的立场出发而忽略掉的波动恰恰是它们最关心的事情。此外,由于缺少合理可靠的常用数字技术,在确定社会学、人类学和经济学的量的估计值时,专家判断的因素非常大,以至于没有给一个初出茅庐的新人留下任何空间。顺便说一句,小样本理论的现代工具,只要它超出自身特定参数的决定范围并成为对新情况的实证统计推论的方法,就不会再激发我的自信心,除非它是由这样一位统计学家来运用,他要么清楚地知道这种状态的动力学的主要因素,或者隐隐地感觉到它。

我刚刚说到了一个领域,在其中我对控制论的期望肯定有所抑制,因为了解到我们所希望得到的数据的限制。还有两个领域,我最终希望能借助控制论思想做一些有实用价值的事情,但这个愿望的实现还必须等待进一步的发展。其中之一是有关缺失或瘫痪肢体的假体问题。如我们讨论**格式塔**问题时所见,通信工程的概念已经被麦卡洛克用来解决感觉缺失的替代问题,即制造一种能使盲人借助听力来阅读印刷文字的装置。由麦卡洛克提议制造的装置不仅非常明显地接替了眼睛的部分功能,而且还接管了视觉皮层的某些功能。显然,在人造肢体方面做些同样的事情是完全可能的。一段肢体的缺失不仅意味着失去了这段肢体对身体纯粹被动的支持,或是失去了它作为残肢的机械伸展的价值,以及它的肌肉收缩能力,而且还意味着失去了源自这段肢体的皮肤感觉和运动感觉。前两种缺失正是现在的假肢制造者试图弥补的,第三种缺失则远远超出了他的

---

① 撒尔佛散,也称砷凡纳明,俗称"606",是治疗梅毒的特效药,1910 年上市,但因其副作用太大,已被国际禁止使用。——译者注

能力范围。就简单的木制假腿而言,这是不重要的:代替缺失肢体的木棍本身不能做任何自由动作,残体的运动机制足以报告它自身的位置和速度。如果是有带活动膝关节和脚踝的假肢,病人靠残留的肌肉组织带着它前行的话,情况就不同了。他得不到关于肢体位置和动作的足够信息,这就影响了他在不平整路面上脚步的准确性。如果给人造关节和人造脚底装上应力计或压力计,用电或其他方式,比如通过振动器,把结果记录在完好的皮肤上,这些似乎也不是什么不可逾越的困难。现在的人造肢体消除了由截肢引起的瘫痪,但没能解决由运动失调导致的瘫痪。如果使用专门的感受器,这种运动失调大部分也可以消除,病人应该能学会我们大家在开车时用到的那些反射,他也应该能以更准确的步伐行走。我们谈论的有关下肢的一切,对于上肢也都能适用。神经学著作的读者们都熟悉的人体模型表明,单独截除拇指所引起的感觉丧失,甚至比截除体关节所引起的感觉还要大得多。

我已经设法把这些意见报告给了有关当局,但迄今为止我并没能实现多少。我不知道是否有别的来源提出过同样的想法,也不清楚是否有人试验过并发现在技术上不可行。如果他们还没有得到一个完全切实可行的意见,那他们在不久的将来会得到一个。

现在我们来讨论我相信值得关注的另一点。很久以来我就认为,现代高速计算机在原理上就是理想的自动控制装置的中枢神经系统,它的输入和输出并不一定要采取数字或图表的形式,也可以分别是人造感觉器官的读数,诸如光电池或温度计,以及电动机或螺线管的表现。在应力计或类似仪器的帮助下,读取这些电动器官的表现并把它作为一种人造的运动感觉报告、"反馈"到中央控制系统,我们已经能够制造出几乎具有任何精巧性能的人造机器了。早在长崎和公众知道原子弹之前,我就认识到,我们正面临着另一种为善和为恶都空前重要的社会潜力。自动工厂和无人管理的装配线已经在望,就看我们是否愿意像第二次世界大战中开发雷达技术那样,花大力气把它们付诸实践。①

我说过,这种新的发展对于行善和作恶,都蕴含着无穷的可能性。首先,它使塞缪尔·巴特勒(Samuel Butler)②想象出来的隐喻性的机器统治变成当前最现实的问题。它为人类种族提供了一种新的、最有效的机器奴隶集体来从事劳

---

① *Fortune*,1945,32:139-147(October);163-169(November)。

② 塞缪尔·巴特勒(Samuel Butler,1835—1902),英国作家,著有《众生之路》和反乌托邦小说《埃瑞璜》等。

动。这种机器劳动力具有奴隶劳动的大部分经济属性,虽然它与奴隶劳动不同,没有涉及人类直接的残酷虐待的恶劣后果。但是,任何劳动,只要接受了与奴隶劳动竞争的条件,就是接受了奴隶劳动的条件,在本质上就是奴隶劳动。这个命题的关键词是**竞争**。对人类而言,机器使他们免于从事卑微的、令人厌恶的工作,这可能是一件非常好的事情,但也可能不是。我不清楚。用市场来评价,用所节约的金钱来评价这些新潜力可能不太好;准确地说这是开放市场的用语,"第五自由",这已经成为以美国制造商协会和《星期六晚邮报》为代表的部分美国舆论的陈词滥调。我说美国舆论,因为作为一个美国人我对此很了解,但是商人是不承认国界的。

也许我可以澄清一下当前形势的历史背景,如果我说,第一次工业革命是"阴暗的魔鬼磨坊"的革命,人力由于机器的竞争而贬值,如果一个手持镐和铲子的美国掘土工与蒸汽铲车竞争,他的收入将低至无可再低,那么,现代工业革命则一定是人脑的贬值,至少是在比较简单的和日常的决策方面。当然,就像熟练的木匠、熟练的机器工、熟练的裁缝在某种程度上从第一次工业革命中幸存下来一样,第二次工业革命也可能会留下熟练的科学家和熟练的行政人员。尽管如此,假定第二次工业革命已经完成,那么中等学识或以下的普通人类就不值什么钱了。

当然,答案是要有一个以人类价值为基础的社会,而不是以买和卖为基础。要到达这样的社会,我们需要精心谋划,努力奋斗。如果万事如意,那自然合乎理想,否则,谁知道呢?因此,我感到自己有责任把我对局势的资讯和理解告诉那些积极关心劳工境况和未来的人,即劳工联合会。我的确设法与产业工会联合会(C. I. O.)的一两位高层人士接触过,他们深表理解,颇有同感。在个人之外,无论是我还是他们中的任何人都不可能有所作为。在他们看来,正如我先前观察和了解到的,美国和英格兰的劳工联合会和劳工运动都掌握在一群有很大局限性的人手中,他们只专注于工厂管理的专业问题,以及为工资和工作条件讨价还价,根本没有准备考虑更大的政治、技术、社会和经济问题,而这些问题与劳工的生存关系更为密切。造成这种状况的原因显而易见;劳工联合会的行政人员一般都是从艰苦的工人生活走到紧张的行政人员生活的,他们没有机会接受更广泛的培训;而对那些接受过这些培训的人来说,工会职业一般不具有什么吸引力,当然,工会也不接受这样的人。

　　我们这些对控制论这门新科学有所贡献的人于是都站在一个道义立场上，退一步讲，这个位置令人不安。如前所述，我们推动了一门新科学的发轫，这门新科学蕴含着技术的发展，向善和向恶都有着巨大的可能性。我们只能把它交给我们生存于其中的世界，而这也是贝尔森集中营和广岛的世界。我们甚至没有机会阻止这些新技术的发展。它们属于这个时代。我们这些人所能做的，至多是阻止把它的发展交到那些最不负责任和最唯利是图的工程师手中。我们最多只能指望广大公众理解目前这项工作的趋势和意义，并把我们个人的工作限制在这样一些领域，如生理学和心理学，远离战争和剥削。我们已经看到，有这样一些人，他们希望这个新的研究领域对更好地理解人与社会有所裨益，其好处超过我们给权力中心带来的偶然贡献（权力由于其存在的有利条件，总是会集中在最鲁莽的人手中）。我写于1947年，我不得不说，希望渺茫。

　　作者希望表达他对沃尔特·皮兹先生、奥利弗·塞尔福里奇先生、乔治·杜比先生（Georges Dubé）和弗里德里奇·韦伯斯特先生的感谢，感谢他们在校正手稿和准备出版材料方面所给予的帮助。

1947 年 11 月

墨西哥城，国家心脏学研究所

第一章　牛顿时间与伯格森时间

· I *Newtonian and Bergsonian Time* *·*

当今时代的许多自动机器在接收感觉和完成动作方面都与外部世界有联系。它们有感觉器官、效应器，以及一个由此及彼整合信息传递的神经系统的对应物。它们非常适合于用生理学术语来描述。把它们纳入一个具有生理学机制的理论并不是什么奇迹。

这些机制与时间的关系需要认真仔细的研究。

有一首每个德国孩子都耳熟能详的短歌。歌词如下：

"Weisst du, wieviel Sternlein stehen

An dem blauen Himmelszelt?

Weisst du, wieviel Wolken gehen

Weithin über alle Welt?

Gott, der Herr, hat sie gezählet

Dass ihm auch nicht eines fehlet

An der ganzen, grossen Zahl."

用英语说就是："你知道蓝色的天幕上镶嵌着多少颗星星？你知道有多少云朵飘浮过大地？上帝数过，数目虽然庞大，但无一遗漏。"

这首短歌对哲学家和科学史家来说是一个有趣的议题。歌中并举了两门科学，它们的共同点就是都以我们头顶上的天空为研究对象，但是在其他任何方面几乎都截然不同。天文学是最古老的科学，而气象学则是刚刚获得科学资格的最年轻的学科之一。很多世纪以来，人们就能够预测一些比较常见的天文现象，而要准确预测明天的天气一般不那么容易，在很多方面的确非常粗糙。

回头再来看看这首短歌，对第一个问题的回答是这样的，在一定范围内，我们确实知道有多少颗星星。首先，除了一些双星和变星有小小的不确定性之外，每颗星都是一个确定的物体，非常适合计数和编目；如果一张人类星**表**（Durchmusterung）——我们这样称呼这些编目——不把强度低于某些等级的星星省略掉的话，更进一步编制一张神的星**表**的想法对我们而言也不是十分荒诞的。

另一方面，如果你请气象学家给你一张类似的云**表**，他可能会嘲笑你，或者耐心地向你解释，在气象学的所有语汇中，并没有定义为具有准永久特征的作为一朵云的那种东西；即便有，他也不具备清点它们的能力，事实上也没有这个兴趣。一个有拓扑学偏好的气象学家也许会把一朵云定义为空间的某个连通区域，在其中固态或液态水含量的密度超过了一定值，但是这个定义对任何人都没有什么价值，至多表示一种极其短暂的状态。气象学家们真正关注的是这样一

◀ 英国哲学家、数学家和逻辑学家罗素（Bertrand Russell, 1872—1970）。在维纳的科学生涯中，罗素无疑是个极重要的引路人。在剑桥大学，罗素建议维纳进一步加强数学的训练，还鼓励他钻研爱因斯坦的相对论、玻尔的量子理论。

类统计学陈述："波士顿：1950 年 1 月 17 日，天空云量 38%，卷积云"。

在天文学中的确有一个分支，研究那些可以被称作宇宙气象学的对象：研究星系、星云和星团及其统计学，就像钱德拉塞卡（Chandrasekhar）[①]所从事的研究。但这是一个非常年轻的天文学分支，比气象学本身还要年轻，而且并不合乎古典天文学的传统。除了单纯地分类、编制星表之外，这个传统起初关注的是太阳系，而不是恒星世界。它是太阳系的天文学，主要与哥白尼、开普勒、伽利略以及牛顿等人的名字联系在一起，近代物理学是它哺育成长起来的。

这确实是一门完美而简单的科学。在任何胜任的动力学理论出现之前，甚至远溯到巴比伦时代，人们就已经知道，日食或月食在过去和未来一段时间内，以有规则的可预测的周期发生。人们还知道，通过星体沿自身路线的运动，能够比其他任何方式更好地度量时间。太阳系中所有事件的样式都是一个轮子或一系列轮子的运转，无论是托勒密理论的本轮形式还是哥白尼的轨道理论，在类似这样的理论中未来多多少少在重复着过去。天体的音乐是回文式的，天文学著作顺着读和倒着读是一样的。除了初始位置和方向外，向前转动与向后转动的两个太阳仪之间没有什么区别。最后，当这一切被牛顿还原为一套形式化的公设和一门闭合式的力学时，这门力学的基本定律不会因为时间变量 t 变为它的负数而改变。

因此，如果我们把一部行星运动的影片加速，使我们能够察觉到运动的画面，然后把胶片倒过来放映，它仍然是一幅符合牛顿力学的可能的行星画面。可是，如果我们把一部雷暴云中乱云翻滚的运动影像倒转过来放映，那看起来就完全不对了。在我们以为气流上升的地方看到的却是气流下降，云气不是在集结而是在流散，闪电反而出现在云层发生变化之前，还有其他一些说不清楚的怪现象。

天文学和气象学的情况之间有什么不同而导致了所有这些差别？特别是天文学的时间明显可逆，而气象学的时间显然是不可逆的。首先，气象学系统包含着数量庞大的尺寸近乎相等的粒子，其中一些粒子相互间非常紧密地耦合在一起；而太阳系的天文学系统只有相对数量较少且大小悬殊的粒子，粒子间的结合方式相当松散，以至于二阶耦合效应不会改变我们观察到的基本图景，而更高阶的耦合效应则完全可以忽略。行星在有限的几种力的支配下运动，这种孤立的

---

① 苏布拉曼亚·钱德拉塞卡（S. Chandrasekhar, 1910—1995），印度裔美国天体物理学家。1983 年获诺贝尔物理学奖。

条件比我们在实验室中所做的物理实验的条件更甚。相比于它们之间的距离而言,行星乃至太阳差不多就是质点。相比于它们的弹性和可塑性形变而言,行星几乎是刚体,即使不是这样,当我们考察它们中心的相对运动时,它们的内力基本上是没有什么意义的。在其运动的空间中,几乎完全没有什么障碍物;在行星相互吸引时,它们的质量可以看作是集中于其中心且保持不变的。万有引力定律和平方反比定律之间的变差微不足道。太阳系各个星体的位置、速度和质量在任何时候都十分清楚,计算它们未来和过去的位置,尽管在细节上有些困难,但原则上是容易的和准确的。然而,就气象学而言,其所涉及的粒子数量如此巨大,以至于准确记录它们的初始位置和速度完全是不可能的;如果真的有这个记录以及对它们未来位置和速度的计算,那我们得到的无非只是一大堆无法理解的数字,要想使它们对我们有用处,必须从根本上重新加以解释。"云""温度""乱流"等术语,都不是指某种个别的物理状态,而是可能状态的某种分布,其中只有一种情况会成为现实。即便同时获取地球上所有气象站的全部数据,它们还是不能从牛顿的观点给出说明大气真实状态所需数据的亿万分之一。它只能提供与不同大气的无穷变化相一致的某些常数,至多能够与某些**先验的**假定一起,作为一种概率分布,给出一系列可能的大气测度。运用牛顿定律,或其他任何因果律体系,我们对未来某一时刻所能做的全部预测只是系统常数的某种概率分布,即使是这种预测,也会随着时间的增长而黯然失色。

现在,即使在时间完全可逆的牛顿体系中,对概率和预测问题的回答依然导致过去和未来之间的不对称,因为答案本身是不对称的。如果我来安排一个物理实验,把一个我正在考虑的系统以这样一种方式从过去带入现在,即固定某些量,并有理由假定已知其他一些量的概率分布,然后我在一段给定时间之后观察结果的概率分布。这不是一个我能够逆转的过程。为了这么做,就必须选出系统的一个适当分布,如果没有来自我方的干涉,它将会在某些统计限界内结束,并且必须找出过去某个给定时间之前的先决条件。但是,一个始于未知位置并结束在任何严格限定的统计范围内的系统是非常罕见的,我们可以把它看作是一个奇迹,而我们不能把实验技术建立在等待和计算奇迹的基础之上。简言之,我们在时间中被定向,而我们与未来的关系不同于我们与过去的关系。我们的一切问题都是以这种不对称为条件的,而对这些问题的所有回答同样受到这种约束。

一个有关时间方向的非常有趣的天文学问题出自与天体物理学时间的关

联,在天体物理学中,我们以一次简单的观察来观测遥远的天体,我们的实验就其性质而言似乎也不是单向性的。那么以地球上的实验观测为基础而建立的单向的热力学为什么在天体物理学方面对我们有这么大的用处?答案颇有趣味,但不太好理解。我们对星体的观测是通过光、射线或粒子等介质来完成的,它们由被观测的物体发出,并为我们所感知。我们能够感知射入的光但无法感知射出的光,至少对射出光的感知不能像射入光那样通过一个简单而直接的实验来实现。在射入光的感知过程中,我们用眼睛或照相底片来完成接收。我们接收影像的条件是使眼睛或底片处于与过去某一时刻的隔绝状态。我们使眼睛处于黑暗中以避免余像,用黑纸包裹底片来防止光晕。很显然,只有这样的眼睛和这样的底片才能为我们所用:如果只得到之前的图像,我们也可能什么都看不见;如果我们在使用之后把底片包在黑纸里,或在使用之前冲洗它们,那摄影将会是一门十分困难的艺术。正是因为这样,我们才能看见星星向着我们和全世界闪烁;如果有些星星向着相反的方向演化,它们将从整个天空吸引辐射,这种吸引,即使是吸引地球的辐射,丝毫也不会被我们察觉,这样我们知道的只能是我们的过去而不是未来。因此,只要涉及辐射的散发,我们所看到的部分宇宙必定有它的过去—未来关系,与我们自己的过去—未来关系相一致。我们看见星星这个事实意味着它的热力学与我们的热力学是相似的。

的确,想象有一个智能生物,它的时间方向与我们的相反,这是一个非常有趣的智力实验。这个生物和我们之间的一切通信都是不可能的。它发出的任何信号到达我们这里是另一种逻辑顺序,在它看来是后项的部分在我们看来却是在先的。这些先在的部分应该已经在我们的经验中,我们很自然地用它们来解释它的信号,而不用预先假定一个发送它们的智能生物。如果它给我们画一个正方形,我们一定会把这个图形的剩余部分看作是前面的几笔,这个图形似乎是这些剩余部分的奇怪的结晶——总是可以解释清楚的。它的意义就好像我们在理解崇山峻岭时偶然加进了人脸。这个正方形的画法对我们来说就像是一场灾变——正方形不在了——这的确很突然,但还是可以用自然法则来解释的。我们的对方对我们一定也会有完全相似的想法。**在任何能够与我们通信的世界之中,时间的方向是一致的。**

再来比较一下牛顿天文学和气象学:很多科学处在中间地带,但大部分更接近于气象学而不是天文学。即便是天文学本身,正如我们所看到的,也包含一门宇宙气象学。它还包括乔治·达尔文（George Darwin）[①]爵士所研究的一个极其有趣的领域，即所谓潮汐进化论。我们说过，我们可以把太阳和行星的相对运动看作刚体运动，但实际情况并不完全是这样。比如，地球几乎被海洋所包围。比地球中心更接近月球的那部分水，比地球的固体部分受到月球的吸引更为强烈，而另一面的水受到的吸引则相对较弱。这种相对轻微的效应使水形成两个波峰，一个正对月球，一个背对月球。在一个完美的液态球体中，这两个波峰会随着月球绕地球运动，不会有很大的能量逸散，结果会基本精确地保持正对月球和背对月球的位置。因此，它们会对月球形成一种拉力，这种拉力对月球在天空中的角位置不会产生太大的影响。然而，它们在地球上产生的潮汐在海岸上，以及在白令海和爱尔兰海这样的浅海中纠缠、延迟，结果滞后于月球的位置，而导致这种现象的力是杂乱的、耗散的，其性质很像气象学里遇到的力，需要用一种统计学的方式来处理。的确，海洋学可以被称作水圈的气象学，而不是大气的气象学。

这些摩擦力阻碍了月球的绕地运动，并加速了地球的自转。这些力倾向于使一个月的长度和一天的长度彼此越来越接近。事实上，月球的一天就是地球的一个月，而月球总是以近乎同一面朝向地球。有人猜测这是远古潮汐进化的结果，那时的月球包含着一些能够被地球所吸引的液体或气体或塑性体，在吸引的过程中散逸出大量能量。这种潮汐进化现象不仅仅限于地球和月球，在所有引力系统中几乎都可以观察到一些。在以往的年代里，潮汐进化深刻地改变了太阳系的面貌，但就漫长的历史时期而言，这种变化与太阳系行星的"刚体"运动相比是微不足道的。

由此可见，即使引力天文学也涉及逐渐衰减的摩擦过程。没有哪一门科学完全符合严格的牛顿模式。生物科学研究的当然全都是单向的现象。出生不是死亡的精确反转，同化（组织的生成）也不是异化（组织的分解）的精确反演。细胞的分裂不是以时间上对称的样式来进行的，种细胞结合而形成受精卵的过程也不是这样。个体是一支穿过时间的单向飞矢，种族同样也是从过去走向未来。

古生物学的记录显示了一个确定的从简单到复杂的长期趋势，尽管其中可能会有中断和交错。到 19 世纪中叶，对所有诚实开明的科学家来说，这种趋势已经十分明朗了，发现这个机制的问题由两个几乎同时在研究的人——查尔

---

① 乔治·霍华德·达尔文（G. H. Darwin, 1845—1912），查尔斯·达尔文的次子，英国律师和天文学家。

斯·达尔文和阿尔弗雷德·华莱士——向前推进了同样伟大的一步,这并不是偶然的。这一步就是领悟到:无论是从个体或是从种族的观点来看,由于各种变异具有不同程度的生存能力,种群中某个个体仅有的一次纯粹偶然的变异,也有可能对该物种沿着一个方向或几个方向进化产生或多或少的影响。一条没有腿的突变异种狗一定会饿死,而一条瘦长的、在肋部长出爬行结构的蜥蜴,如果它有简洁光滑的外形,同时又没有妨碍行进的突出肢体的话,可能就会有更多的生存机会。一个水生动物,无论是鱼、蜥蜴,还是哺乳动物,如果有流线型的形体、强壮的肌肉,以及后面可以击水的附肢,它就会游得更好;如果它要依靠迅速游动来捕食的话,那它生存的机会可能就要依赖于假定的这种形状。

达尔文进化论是这样一种机制,一种多少有点偶然的变异由此结合成一种相对固定的模式。达尔文的原理今天依然有效,虽然我们对这个原理所依据的机制已经有了更多更好的了解。孟德尔的研究给我们提供了一个远比达尔文更为精确的和不连续的遗传观念,而自德弗里斯(de Vries)[①]的时代起,基因突变的观念已经完全改变了我们关于突变的统计基础的概念。我们研究了染色体的细微解剖构造,并确定了基因在染色体上的位置。现代遗传学家人才济济,而且才华出众。其中像霍尔丹这样的一些人已经把孟德尔遗传学的统计研究变成了一种研究进化论的有效工具。

我们已经谈过达尔文的儿子,乔治·达尔文爵士的潮汐进化论。无论是儿子和父亲思想之间的联系,还是共同选择"进化"这个术语,都不是偶然的。在潮汐进化论中,与物种起源一样,都有一种机制,按照这个机制,海中潮汐波和水分子的随机运动这种偶然变化通过某种动力学过程转换成朝着某个方向发展的模式。毫无疑问,潮汐进化论是老达尔文的思想在天文学中的应用。

达尔文家族的第三代,查尔斯爵士[②],是现代量子力学的权威之一。这件事可能有些偶然,但依然可以表明统计观念对牛顿观念的进一步入侵。麦克斯韦——玻尔兹曼——吉布斯这一连串名字表明热力学在逐步还原为统计力学:也就是说,有关热和温度的现象被还原为这样一些现象,即我们用牛顿力学去处理的不是单一的动力学系统,而是许多动力学系统的统计分布;我们的结论也不针对所有这类系统,而是针对其中的绝大多数。1900 年前后,人们已经知道在热

---

① 雨果·德弗里斯(H. de Vries,1848—1935),荷兰植物学家和遗传学家。
② 查尔斯·高尔顿·达尔文(Charles G. Darwin,1887—1962),乔治·霍华德·达尔文之子,查尔斯·达尔文之孙,英国物理学家。曾任英国国家物理实验室主任。

力学中存在着某些严重的错误,尤其是在辐射方面。正如普朗克定理所显示的,以太吸收高频辐射的能力远远小于当时存在的任何机械论辐射理论所允许的范围。普朗克提出一个辐射的准原子理论——量子理论,这个理论圆满地解释了这些现象,但却与整个物理学的其余部分相抵触;尼尔斯·玻尔(Niels Bohr)[①]紧随其后,提出了一个类似的**专门的**原子理论。这样,牛顿和普朗克-玻尔分别构成了黑格尔二律背反的正命题与反命题。海森堡在 1925 年发现的统计理论是二者的综合命题,在其中,吉布斯的统计的牛顿动力学被一个新的统计理论所替代,它与牛顿和吉布斯关于宏观现象的统计理论十分相似,但是,在海森堡的统计理论中,现在和过去数据的完全集合并不足以比统计更好地预测未来。因此,不过分地说,不仅是牛顿天文学,即使是牛顿物理学也变成了某种统计状态的平均结果的描绘,因而也是对一种演化过程的说明。

这种从牛顿的可逆时间向吉布斯的不可逆时间的转变有其哲学上的共鸣。伯格森曾经强调过物理学时间与进化论和生物学时间之间的区别,前者是可逆的,没有什么新事物出现,而后者是不可逆的,其中总是会出现一些新事物。认为牛顿物理学不是生物学的合适框架,这种见解也许就是活力论与机械论之间古老争论的中心论点,虽然这场争论被一个愿望弄得复杂化了,这个愿望就是想以这种或那种方式把灵魂和上帝保留下来以抵抗唯物论的侵袭。结果如我们所见,活力论者做得太过分了。他们不是在生命的诉求与物理学的诉求之间建一堵墙,而是建立了一座把物质和生命都包括在其中的围城。的确,新物理学的物质不同于牛顿物理学的物质,但它们与活力论者的拟人论想法相距甚远。量子理论家的概率不是奥古斯丁主义者的道德自由,堤喀(Tyche)是与阿南刻(Ananke)[②]一样冷酷无情的女神。

每个时代的思想都反映在那个时代的技术中。古代的民间工程师是土地测量者、天文学家和航海家;17 世纪和 18 世纪初的工程师是钟表匠和磨制透镜的工匠。与古代一样,工匠们根据星空的意象来制造他们的工具。一座钟表无非就是一台袖珍太阳系仪,它像天球一样由必然性推动;如果摩擦力和能量耗散在其中能起作用的话,也一定是被克服了,所以指针最终的运动尽可能是周期性和

---

① 尼尔斯·玻尔(Niels Bohr,1885—1962),丹麦物理学家,量子理论的代表人物,1922 年获诺贝尔物理学奖。
② 堤喀(Tyche),希腊神话中的命运女神;阿南刻(Ananke)是希腊神话中控制一切命运、宿命、定数、天数的超神,她的意志是绝对的,无法违抗。

有规律的。在惠更斯和牛顿模式之后工程学的主要技术成果是航海时代的出现,其时人们第一次能够以相当精确的方式计算经度,并且使大洋贸易从一件碰运气和冒险的事情变成了一项正常合理的事业。这是重商主义者的工程学。

紧随商人之后出现的是制造商,在计时器之后出现的则是蒸汽机。从纽可门蒸汽机①差不多到现在,工程学的中心领域一直是原动机的研究。热被转变成可用于转动和平移的能量,牛顿物理学得到了伦福德(Rumford)、卡诺(Carnot)和焦耳等人的补充。热力学出现了,这是一门时间显然不可逆的科学,虽然它早期阶段的思想似乎与牛顿动力学毫不相干,但是,能量守恒理论和之后对卡诺原理、热力学第二定律或能量衰减原理的统计学解释——该原理指出蒸汽机所能获得的最大效率取决于气缸和冷凝器的工作温度——所有这些都使得热力学和牛顿动力学融合成为同一科学的统计学和非统计学两个方面了。

如果说17世纪和18世纪初是钟表的时代,18世纪晚期和19世纪是蒸汽机的时代,那么现在就是通信和控制的时代。电工学领域曾经有过一次分裂,德国人称之为强电流技术和弱电流技术之间的分裂,我们知道这就是动力工程学和通信工程学的分野。正是这次分裂把我们现在生活的时代与过去区分开来。诚然,通信工程学能够处理任何强度的电流,其机器的运转力足以转动笨重的炮塔;通信工程学与动力工程学的区别在于它的主要目的不是节约能源,而是一个信号的准确再现。这个信号可能是按键的叩击,在另一端的电报接收器上再现出来;也可能是通过电话装置传输和接收的一个声音;或者是驾驶盘的转动,被接收为船舵的角度位置。于是,通信工程学始于高斯、惠斯通(Wheatstone)和第一批发报员。在19世纪中叶首次横穿大西洋的海底电缆失败之后,开尔文爵士第一次给出了合理的科学论述;从19世纪80年代开始,也许主要是赫维赛德(Heaviside)②的工作使它具有了现代的形态。第二次世界大战期间,雷达的发明及其应用,以及控制防空火力的迫切需求,把大批训练有素的数学家和物理学家带进了这个领域。自动计算机的奇思妙想也同样属于这个思想领域,当然,过去对这个领域的探究从来没有像现在这么活跃。

自代达罗斯(Daedalus)或亚历山大的希罗(Hero of Alexandria)以来,在技术

---

① 纽可门(Newcomen, 1663—1729),英国工程师,蒸汽机发明人之一。1705年取得"冷凝进入活塞下部的蒸汽和把活塞与连杆连接以产生可变运动"的专利权,并于1712年首次制成可供实用的大气式蒸汽机,被称为纽可门蒸汽机。

② 奥利弗·赫维赛德(O. Heaviside, 1850—1925),英国自学成才的电气工程师、数学家和物理学家。

发展的每一个阶段,人们对能工巧匠模拟生物制造一个机器的才能始终兴趣盎然。这种制造和研究自动机器的愿望总是以那个时代的通用技术表现出来。在魔法时代,我们就有勾勒姆(Golem)①这个奇特而邪恶的想法,布拉格的犹太拉比用亵渎上帝圣名的咒语为这个泥塑形象注入了生命。在牛顿时代,自动机器变成了有发条装置的音乐盒,顶上装着踮着脚尖生硬旋转的小人。在 19 世纪,自动机器就是一台声名远播的热力机,易燃的燃料代替了人类肌肉中的糖原。最后,现代的自动机器用光电管来打开大门,让枪炮瞄准雷达光束捕捉到飞机的地方,或者计算出微分方程的解。

　　无论是古希腊还是魔法时代的自动机器,它们都与现代机器发展的主要方向不同,似乎对严肃的哲学思想也没有产生多大影响。而发条装置的自动机器则与它们大相径庭。这种思想在现代哲学的早期历史中发挥了至关重要的作用,尽管我们常常会忽略这一点。

　　首先,笛卡儿把低等动物看作是自动机器。这么做是为了避免对正统基督徒的看法表示质疑,因为他们认为动物没有可以拯救和诅咒的灵魂。至于这些有生命的自动机器是如何活动的,据我所知,笛卡儿没有讨论过。但是,与此有关的一个重要问题,即人类灵魂在感觉和意志两个方面与物质环境的关联方式,却是笛卡儿真正讲过的,尽管其方式并不十分令人满意。他把这种关联的位置定位在他所知道的大脑的中央部位——松果体。至于这种关联的本质——不论是表现为心对物还是物对心的直接作用——他不是十分清楚。可能他真的把这种关联的本质看作是双方的直接作用,但是,他把作用于外部世界时人类经验的正确性归因于上帝的善良和正直。

　　在这件事上归因于上帝的作用是不可靠的。假如上帝是完全被动的,在这种情况下很难看出笛卡儿的解释真正说明了什么;假如上帝是主动的参与者,那么,上帝的正直所提供的保证除了主动参与感觉活动之外,很难看出还有什么意义。因此,物质现象的因果链是与源自上帝作用的一条因果链平行的,上帝通过这种方式在我们心中产生与某个给定的物质状况相对应的经验。这个假定一旦成立,那就很自然地要把我们的意志与其在外部世界产生的结果之间的一致性归因于同样的神的干涉了。这就是偶因论者海林克斯(Geulincx)②、马勒伯朗士

---

① 勾勒姆是希伯来传说中用黏土、石头或青铜制成的无生命的巨人,注入魔力后可行动,但没有思考能力。——译者注

② 阿诺德·海林克斯(A. Geulincx,1624—1669),荷兰笛卡儿派唯心主义哲学家,偶因论者。

（Malebranche）①所追随的道路。斯宾诺莎在很多方面继承了这个学派，偶因论的信条在他那里呈现出更为合理的形式，他主张心物之间的一致性就是上帝的两个独立属性的对应；但是，斯宾诺莎没有动力学的思想，对这种对应的机制他很少关注，甚至没有考虑。

这就是莱布尼兹开始研究时的状况，但是莱布尼兹具备动力学的思想，就像斯宾诺莎具备几何学的思想一样。首先，他用一个对应元素的连续统——单子——替代了心与物这一双对应的元素。虽然这些单子是依照灵魂的样式来设想的，但它们中有许多单子没有上升到完整灵魂的自我意识程度，它们构成了被笛卡儿归为物质的那个世界的一部分。每个单子都以一条从创世或负无穷大的时间到无限遥远的未来的完整因果链存在于自我的封闭宇宙中；不过，虽然是封闭的，但它们由于上帝预定的和谐而彼此对应。莱布尼兹把它们比作钟表，被上紧发条是为了从创世起永远始终保持时间的协调。与人造的钟表不同，单子不会在不知不觉中产生快慢的差别；而这要归功于造物主的巧夺天工。

因此，作为惠更斯的信徒，莱布尼兹很自然地按照发条装置的模式来思考和构筑自动机器的世界。虽然单子相互反射，但这种反射并不在于因果链之间的相互转移。事实上，它们像音乐盒顶上被动跳舞的小人一样自我独立，甚至有过之而无不及。它们对外部世界没有真正的影响，也不被外部世界所影响。正如莱布尼兹所说，它们没有窗口。我们所看到的貌似有组织的世界只是介于虚构和奇迹之间的某种东西。单子乃是牛顿太阳系的一个缩影。

在 19 世纪，人造的自动机器和其他那些自然界的自动机器——唯物论者的动物和植物——是从一个非常不同的角度来研究的。能量的守恒和衰减是那个时代的主要原理。生物首先是一台热力机，燃烧葡萄糖/糖原/淀粉、脂肪和蛋白质，生成二氧化碳、水和尿素。新陈代谢的平衡是人们关注的焦点；如果有人注意到动物肌肉的低工作温度与一台效率相同的热力机的高工作温度有矛盾的话，这个事实会被扔在一边，并且信口开河地用生物的化学能与热力机的热能之间的差异来解释。所有基础的概念都与能量有关，主要是与势能概念有关。身体的工程学是动力工程学的一个分支。即便在今天，这种观点在思想比较古典的、保守的生理学家中仍占据着主导地位；像拉舍夫斯基这样的生物物理学家及其学派的整个思想倾向便是这种观点持续影响的证明。

---

① 尼古拉斯·马勒伯朗士（N. D. Malebranche，1638—1715），法国哲学家，法兰西科学院院士，著名神学家和哲学家，17 世纪笛卡儿学派的代表人物。

今天，我们逐渐认识到，身体远不是一个守恒系统，它的各个组成部分在这样一个环境中工作，其中可能获得的动力比我们曾经以为的要多得多。电子管向我们展示了一个有着外部能源的系统，尽管这些能源几乎全部都被浪费了，但这样一个系统在完成规定动作方面可以是一个非常有效的工具，特别是在低能量级下工作的时候。我们开始注意到，像我们体内神经系统的原子——神经元——这么重要的元件，与真空管的情况极其类似，靠着由血液循环提供的来自外部的微小动力进行工作，而描述神经元功能的最重要的簿记并不是能量的簿记。简而言之，对自动机器的新研究，不论是金属制成的还是肉身的，都是通信工程学的一个分支，它的基本概念就是那些关于消息、干扰量或"噪声"（一个从电话工程师那里得到的术语）、信息量、编码技术等等的概念。

在这样的理论中，我们涉及自动机器与外部世界的有效联系，不仅仅是通过它们的能量流动和新陈代谢，而且通过感觉的流动、输入消息的流动，以及输出消息的动作流。接收感觉的元件相当于人和动物的感觉器官。它们由光电管和其他光接收器组成：接收自己发出的短波的雷达系统；可称为味觉器官的氢离子势记录仪；温度计；各种类型的压力计；麦克风；等等。效应器可以是电动机、螺线管、热线圈或其他一些不同种类的工具。在接收器或感官与效应器之间有一系列中介元件，它们的作用是把输入的感觉重新组合起来，以便在效应器中产生预期的反应类型。传入这个中枢控制系统的信息通常会包含有关效应器自身功能的信息。这些元件相当于人体系统的运动感觉器官和其他本体感受器，因为我们也有记录关节位置或肌肉收缩率等的器官。此外，自动机器接收的信息并不一定要立即使用，可以被搁置或储存起来以供将来之需。这是对记忆的模拟。最后，只要自动机器在运行，它的操作规则就是在过去通过接收器传来的数据基础上发生某些改变，这就像是学习的过程。

我们现在正在谈论的机器不是唯觉论者的梦想，也不是未来某个时候的希望。它们已经实现了。恒温器、自动回转罗盘船舶驾驶系统、自动推进导弹——特别是自己寻找目标的导弹、防空火炮控制系统、自动控制的石油热裂蒸馏器、高速计算机等都是。它们在战争以前很早就开始使用了——诚然，古老的蒸汽机调速器也榜上有名——但第二次世界大战的大规模机械化才促使它们有了今天的样子，掌握极端危险的原子能的需要将会把它们推向更高的发展阶段。不到一个月就有一本关于所谓控制机械或伺服机械的新书面世，当今时代的确是伺服机械的时代，就像19世纪是蒸汽机时代，而18世纪是钟表时代一样。

总结一下：当今时代的许多自动机器在接收感觉和完成动作方面都与外部世界有联系。它们有感觉器官、效应器，以及一个由此及彼整合信息传递的神经系统的对应物。它们非常适合于用生理学术语来描述。把它们纳入一个具有生理学机制的理论并不是什么奇迹。

这些机制与时间的关系需要认真仔细的研究。当然，输入—输出关系在时间上是一种连续关系，并且具有确定的过去—未来次序，这是明确的。尚未清楚的地方也许是，有感觉的自动机器的理论是一种统计学意义上的理论。我们对通信工程机器单凭一次输入所做出的动作基本没有兴趣。这种机器如果要充分发挥作用的话，必须对全部输入都给出令人满意的动作，这也就意味着，对统计上预期收到的全部输入都有统计上令人满意的表现。因此，它的理论与其说属于古典牛顿力学，倒不如说是属于吉布斯统计力学。这个问题我们将在专门讨论通信理论的章节中作更为详细的研究。

这样，现代的自动机器与生命有机体一样，都存在于伯格森的时间中。因此，在伯格森看来，没有理由认为生命有机体活动的基本方式与这类自动机器有什么不同。就机械论与活力论的时间—结构相符合而言，活力论赢了；但正如我们说过的，这种胜利是一场彻头彻尾的失败，因为如果不从与道德或宗教相关的任何观点来看，新力学完全和旧力学一样机械。我们是否应该把这种新观点叫作唯物论观点，主要是一个说法的问题；19 世纪的物理学中，物质这个概念远比今天占有优势；"唯物论"一词几乎已经成为"机械论"并不严格的同义语了。事实上，活力论者与机械论者的全部争论已经沦为装腔作势的鸡肋问题了。

第二章　群与统计力学

· II *Groups and Statistical Mechanics* ·

　　任何一门科学的存在，都必须以非孤立现象的存在为条件。如果世界是由一个非理性上帝心血来潮制造的一连串奇迹所支配的，那么我们只能迷惑不解地被动等待每一场新灾难的到来。

　　游戏的有效规则或物理学的有用定律的本质就是它们是事先可以陈述的，而且可以应用到不止一个场合。

　　大约在 20 世纪初，有两位科学家，一位在美国，另一位在法国，他们在进行着看起来彼此毫不相干的研究工作，即使他们中有人依稀知道对方的存在。在纽黑文，威拉德·吉布斯发展出了他在统计力学方面的新观点。在巴黎，亨利·勒贝格（Henri Lebesgue）[①]由于发现了一个经过修改而更加有效的用于研究三角级数的积分理论，而与他的导师埃米尔·波瑞尔（Emile Borel）齐名。这两位发现者有一点相像，即他们都是理论研究者而不是实验工作者，除此之外，他们对科学的整个态度却大相径庭。

　　吉布斯虽然是一个数学家，但他始终认为数学是物理学的附庸。勒贝格是一个最纯粹的分析家，是有能力代表数学精确性的极其严格的现代标准的楷模，据我所知，在他的著作中，没有一个个例是直接来自物理学的某个问题或方法的。尽管如此，他们两人的工作形成了一个整体，在其中，吉布斯所提出的问题有了答案，不仅在他本人的著作中，而且在勒贝格的著作中。

　　吉布斯的主要思想是这样的：按照牛顿动力学的最初形式，我们处理的是一个单独系统，该系统具有已知的初始速度和初始动量，在一定的力系作用下，按照把力和加速度联系在一起的牛顿定律而变化。然而，在绝大多数的实际情况里，我们很难知道所有的初始速度和初始动量。如果假定这个系统的不完全知道的位置和动量具有一定的初始分布，那么，我们就完全可以用牛顿的方式来决定未来某个时刻该系统动量和位置的分布。然后就有可能对这些分布进行表述，一部分表述将具有断言的性质，即将来这个系统出现某些特征的概率为 1，或者出现另外一些特征的概率为 0。

　　概率 1 和 0 这两个概念指的是完全确定和完全不可能，但还有更多的意义。假如我用一颗具有点面积的子弹射击一个靶子，我击中靶上任何一个特定点的机会通常会是零，虽然不是完全不可能；的确，在每一次射击时，事实上我一定会

◀ 英国数学家哈代（Godfrey Harold Hardy，1877—1947）。维纳在剑桥大学得到了哈代的直接指导。维纳认为，在获得博士学位以后，哈代是对他一生的数学研究影响最大的人："我从未见过像哈代这样思路清晰、兴趣强烈、智力超群的人。如果让我选一个人作为数理思维的导师，我一定会选哈代。"

---

　　① 亨利·勒贝格（Henri Lebesgue，1875—1941），法国数学家，因积分理论而著名。

击中某个特定的点,而这是一个概率为 0 的事件。因此,我会击中某一点这个概率为 1 的事件,可以是由许多概率为 0 的事件集合所构成的。

然而,吉布斯统计力学方法中处理问题的办法之一,这或许是隐含使用的,他本人从来没有清楚地意识到,那就是把一个复杂的偶然事件分解成一个由许多更具体的偶然事件构成的无限序列——第一个、第二个、第三个,等等——它们中的每一个都有一个已知的概率;这个较大的偶然事件的概率表达为更具体的偶然事件的概率之和,它们构成一个无限序列。因此,我们**不可能**通过加和所有情况的概率来求得整个事件的概率——因为任意个 0 的和仍然为 0——但如果第一个数、第二个数、第三个数,等等,构成一个偶然事件的序列,且其中每一项都有一个由正整数标示的确定位置,则我们**能够**求它们的和。

这两种情形之间的区别,包含对实例集合之性质的相当精细的思考,尽管吉布斯是一个能力很强的数学家,但还不够细致。有没有可能有一种无限集,它和另一个无限集,如正整数集,在根的重数(multiplicity)上有着本质的差别呢?这个问题在临近 19 世纪末时被格奥尔格·康托尔解决了,答案是"有"。如果考虑位于 0 到 1 之间的所有不同的小数,有穷的或是无穷的,我们已经知道它们不能按 1、2、3 的顺序来排列——但非常奇怪的是,所有的**有穷**小数能够这样排列。因此,吉布斯统计力学对这种区别的要求从表面上看并不是不可能的。勒贝格对吉布斯理论的贡献在于,他证明了统计力学关于概率为 0 的偶然事件和偶然事件概率求和的内在要求事实上是能够满足的,并且他还证明了吉布斯理论并不包含矛盾。

然而,勒贝格的工作并不是直接基于统计力学的需要,而是基于一个看起来非常不同的理论的需要,即三角级数理论。这个理论要回溯到 18 世纪波和振动的物理学,回溯到当时一个悬而未决的问题,即一个线性系统的运动的集合的普遍性能够由该系统的简单振动综合而成——换句话说,是出自这样的振动,其所经历的时间不过就是它偏离平衡状态的值乘上一个只与时间有关而与位置无关的或正或负的量。这样,一个函数就表示为一个级数和。在这些级数中,各个系数则表示为这个函数与一个已知的权函数的乘积的平均值。整个理论依赖于,级数平均值的性质可以用单个项的平均值来表示。请注意,一个在 0 到 A 的区间中为 1、而在 A 到 1 的区间中为 0 的量的平均值为 A,可以被看作已知落在 0 到 1 之间的不定点应当落在 0 到 A 区间中的概率。换言之,级数平均所需要的理论,与充分讨论一个事件的无限序列的复合概率所需要的理论十分接近。这就是为什么勒贝格在解决自己问题的同时也解决了吉布斯问题的原因。

吉布斯所讨论的特殊分布有其自身的动力学解释。假设考虑某个具有自由度 N 的最一般的保守动力学系统，我们发现它的位置和速度坐标可以被还原为一个 $2N$ 坐标的特定集合，其中一个 N 被称为广义位置坐标，另一个 N 是广义动量。这些坐标决定了一个定义 $2N$ 维体积的 $2N$ 维空间；如果取这个空间中的任意区域，让点随时间推移而流动，把每一个 $2N$ 集合坐标改变为依赖于经过时间的新集合，区域边界的连续变化并不改变它的 $2N$ 维体积。总而言之，对那些不是简单定义为这些区域的集合来说，体积概念引出一个勒贝格式的测度体系。在这个测度体系中，以及在为了保持这种测度不变而以这种方式变换的保守动力学系统中，还有另一个可以用数值计算并同样保持不变的实体：能量。如果系统中的所有物体只是彼此相互作用，在空间中对固定位置和固定方向没有附加的力，那么还有另外两个也保持不变的表示。这两个就是矢量：动量，以及系统作为一个整体的动量矩。要消除它们并不太困难，该系统可以被一个自由度更少的系统所替代。

在高度细化的系统中，可能存在另一些不被能量、动量和动量矩所决定的量，它们不随系统的发展而改变。然而，如我们所知，从十分精确的意义上说，存在其他不变量，它们既依赖于动力学系统的初始坐标和动量，又足以有规则地服从基于勒贝格测度的积分系统，这样的系统事实上是十分罕见的。[①]在没有其他不变量的系统中，我们可以把相应于能量、动量和总动量矩的坐标固定下来，而在其余坐标的空间中，由位置和动量坐标决定的测度本身又决定了某种子测度，就像空间的测度将会决定二维曲面族中的某个二维曲面的面积一样。例如，如果有一个同心球体族，当两个相邻的同心球之间区域的总体积被规则化为 1 时，那么，就可以得出一个球体表面面积的测度的极限。

然后，我们把对区域的这种新测度带入能量、总动量和总动量矩已定的相空间，并假定系统中没有其他可测的不变量。令这个有限区域的总测度为常数，或者适当改变比例使其为 1。由于我们这个测度是由对时间不变的测度得到的，得到的方法也是对时间不变的，所以它本身也是不变的。我们把这种测度称为**相测度**（phase measure），对它的平均值则称为**相平均**（phase averages）。

---

① J. C. Oxtoby, S. M. Ulam. "Measure-Preserving Homeomorphisms and Metrical Transitivity". *Ann. of Math.*, 1941, Ser. 2, 42: 874-920.

不过,任何随时间变化的量可能还有一个**时间平均**(time average)。例如,若 $f(t)$ 依赖于 t,那么它对过去时间的平均为

$$\lim_{T \to \infty} \frac{1}{T} \int_{-T}^{0} f(t) \, \mathrm{d}t \tag{2.01}$$

对未来的时间平均为

$$\lim_{T \to \infty} \frac{1}{T} \int_{0}^{T} f(t) \, \mathrm{d}t \tag{2.02}$$

在吉布斯统计力学中,时间平均和空间平均都存在。吉布斯试图表示这两种类型的平均在一定意义上是相同的,这个想法令人赞叹。就这两种类型的平均有关联的观念来说,吉布斯完全正确;但就他尝试显示这种关联的方法而言,吉布斯则是彻头彻尾地错了。但他并没有因此受到责备。直到他去世,勒贝格积分的名声才刚刚传入美国。过了十五年之后,它成了一件博物馆中的古董,唯一的用处是向年轻的数学家们展示严谨的必要性和可能性。像奥斯古德(W. F. Osgood)[1]这样出色的数学家至死也不会用它做些什么。[2]直到大约 1930 年,一群数学家——库普曼(B. O Koopman)、冯·诺伊曼、伯克霍夫(Birkhoff)[3]—— 最终建立了吉布斯统计力学的真正基础。[4]稍后在探讨遍历理论时,我们将看到这些真正的基础是什么。

吉布斯本人认为,在一个所有不变量都被当作多余坐标而消去的系统中,相空间中所有各点的运动路径几乎都是这个空间中的全部坐标。他称这个假说为**遍历假说**(ergodic hypothesis),取自希腊文的"ἔργον"(工作)和"ὁδόs"(路径)。既然如此,问题首先是由普朗切尔(Plancherel)[5]和其他一些人指出的,没有任何有意义的案例能证明这个假说成立。没有可微分的路径能够覆盖平面上的一个面积,即使它无限长。吉布斯的追随者,也许后来也包括他本人,都隐约地看到了这一点,并且用**准遍历假说**(quasi-ergodic hypothesis)来替代这个假说,准遍历假说只是主张,在时间的进程中,系统通常不确定地经过由已知不变量决定的相空间区域中的每一个点。要证明这个假说并没有什么逻辑上的困难:只不过对

---

① 威廉·福戈·奥斯古德(W. F. Osgood, 1864—1943),美国数学家。1904—1905 年任美国数学学会主席。

② 尽管如此,奥斯古德早期的某些工作表现出指向勒贝格积分的重要一步。——作者注

③ 乔治·大卫·伯克霍夫(G. D. Birkhoff, 1884—1944),美国数学家,曾任美国数学学会主席。

④ E. Hopf. "Ergodentheorie". *Ergeb. Math.* 1937, 5, No. 2, Springer, Berlin.

⑤ 米歇尔·普朗切尔(M. Plancherel, 1885—1967),瑞士数学家,以调和分析的"普朗切尔定理"而著称。

吉布斯基于它得出的结论而言不够充分而已。它完全没有提及该系统在每一点近旁所花费的相对时间。

除了**平均和测度**——对一个被测集合为 1 而其余集合为 0 的函数的全域平均——这两个吉布斯理论得以成立的最为必要的概念之外，为了更好地理解遍历理论的真实意义，我们还需要更准确地分析**不变量**（invariant）和**变换群**（transformation group）概念。从吉布斯的矢量分析研究可以看出，他对这些概念肯定是了然于心的。然而，可以这样说，吉布斯没有充分估计到它们的哲学价值。和他的同代人赫维赛德一样，吉布斯是一个物理—数学方面的洞察力常常优于逻辑方面的科学家，一般而言他们是正确的，但他们往往不能解释为什么正确以及如何正确。

任何一门科学的存在，都必须以非孤立现象的存在为条件。如果世界是由一个非理性上帝心血来潮制造的一连串奇迹所支配的，那么我们只能迷惑不解地被动等待每一场新灾难的到来。《爱丽丝漫游奇境》的槌球游戏就为我们描绘了一个这样的世界，在那里，球棍是火烈鸟，球是刺猬，悄无声息地展开并自顾自地爬动，拱门是扑克牌里的士兵，同样自行其是地乱跑；而规则是喜怒无常、难以预料的红桃皇后的命令。

游戏的有效规则或物理学的有用定律的本质就是它们是事先可以陈述的，而且可以应用到不止一个场合。理想地说，它应该反映所讨论的系统在特定环境变化的条件下仍然保持同一的那种性质。在最简单的情况下，它就是系统所服从的对**变换**集合的**不变量**的性质。这样，就把我们引向了**变换、变换群**和**不变量**的概念。

系统的变换是一种改变，其中每一个元都变成另外一个。太阳系在时间 t_1 与时间 t_2 之间发生的变更是行星坐标集合的变换。当我们移动坐标原点或旋转坐标轴时，它们的坐标发生的类似改变也是一种变换。当我们在显微镜放大作用下检查制剂时所发生的比例变化同样也是一种变换。

变换 A 之后接着变换 B 的结果是另一种变换，被称为**乘积**或**结式** BA。注意，它们通常取决于 A 和 B 的次序。因此，如果 A 是将坐标 x 变为坐标 y、将 y 变为 $-x$ 且 z 不变的变换；B 是将 x 变为 z、z 变为 $-x$ 且 y 不变的变换；那么，BA 将会把 x 变为 y、y 变为 $-z$、z 变为 $-x$，而 AB 则会把 x 变为 z、y 变为 $-x$，且 z 变为 $-y$。如果 AB 和 BA 相同，我们就会说 A 和 B 是**可交换的**（permutable）。

有时，虽然并不总是这样，变换 A 不仅把系统的每一个元变为某一个元，而且具有这种性质,即每一个元都是某个元转换的结果。在这种情况下,存在一个唯一的变换 A^{-1},使得 AA^{-1} 和 $A^{-1}A$ 成为两个非常特殊的变换,我们称之为 I,即**恒等变换**(identity transformation),它把每一个元转换为它自身。因此,我们把 A^{-1} 叫作 A 的**逆变换**(inverse)。显然,A^{-1} 是 A 的逆变换,I 是它自身的逆变换,而 AB 的逆变换是 $B^{-1}A^{-1}$。

有一些变换集,属于这个集的每个变换都有一个逆变换,而且其逆变换也属于这个集;属于这个集的任意两个变换的结式本身也属于这个集。这些集合被称为**变换群**(transformation groups)。所有沿直线、平面或三维空间平移的集合都是一个变换群;甚至是一个特殊类型的变换群叫作**阿贝尔群**(Abelian groups),这个群中任意两个变换都是可交换的。绕一点旋转的集合,以及刚体在空间中所有运动的集合,都是非阿贝尔群。

假定我们有一些属于由一个变换群所变换的所有元的量。如果这个量在每一个元被该群的相同变换所改变时保持不变,无论这个变换是什么,它都被叫作一个**群不变量**(invariant of the group)。这样的群不变量有许多类型,其中有两种对我们的研究目标特别重要。

第一种就是所谓的**线性不变量**(linear invariants)。令一个阿贝尔群所变换的各元用 X 来表示,令 $f(x)$ 是这些元的多值函数,且具有适当的连续性或可积性,那么若 Tx 表示变换 T 对 x 作用后得到的元,且 $f(x)$ 是一个绝对值为 1 的函数,则

$$f(Tx) = \alpha(T)f(x) \qquad (2.03)$$

式中的 $\alpha(T)$ 是绝对值为 1 的只依赖于 T 的数,我们就说 $f(x)$ 是群的一个特征标(character)。在稍微广义的意义上说,它是一个群不变量。如果 $f(x)$ 和 $g(x)$ 都是群特征标,那么 $f(x)g(x)$ 显然与 $[f(x)]^{-1}$ 一样也是。如果任意一个定义在群上的函数 $h(x)$ 能表示成群特征标的线性组合,即它能写成

$$h(x) = \sum A_k f_k(x) \qquad (2.04)$$

式中 $f_k(x)$ 是群的特征标,$\alpha_k(T)$ 对 $f_k(x)$ 的关系与等式(2.03)中 $\alpha(T)$ 对 $f(T)$ 的关系相同,那么,

$$h(Tx) = \sum A_k \alpha_k(T) f_k(x) \qquad (2.05)$$

这就是说,如果 $h(x)$ 能用群特征标的集合来表示,则对所有的 $T, h(x)$ 都能用这些特征标展开。

前面已经看到,群特征标的积和反演产生了另外一些特征标;同样可以看

到，常数 1 是群的一个特征标。因此，乘以一个群特征标产生群特征标自身的一个变换群，这被称为原群的**特征标群**(character group)。

如果原群是无限长直线上的平移群，即运算子 T 使 x 变为 $x+T$，则等式(2.03)变成为

$$f(x + T) = \alpha(T)f(x) \tag{2.06}$$

这个等式在 $f(x) = \mathrm{e}^{\mathrm{i}\lambda x}$，$\alpha(T) = \mathrm{e}^{\mathrm{i}\lambda T}$ 时成立。这时特征标是函数 $\mathrm{e}^{\mathrm{i}\lambda x}$，特征标群则是 λ 变为 $\lambda + \tau$ 的平移群，于是与原群同构。但当原群是由围绕一个圆的转动所构成时，则不存在这种情况。此时，运算子 T 使 x 变为 0 到 2π 之间的一个数，这个数与 $x+T$ 相差 2π 的整数倍，如果要使等式(2.06)成立，则必须附加条件，即

$$\alpha(T + 2\pi) = \alpha(T) \tag{2.07}$$

如果仍像之前那样令 $f(x) = \mathrm{e}^{\mathrm{i}\lambda x}$，我们就得到

$$\mathrm{e}^{\mathrm{i}2\pi\lambda} = 1 \tag{2.08}$$

这就是说，λ 必须是一个实数，正数、负数或零。这样，特征标群就相当于实数的平移。另一方面，如果原群是整数的平移，那么等式(2.05)中的 x 和 T 只限于整数值，而 $\mathrm{e}^{\mathrm{i}\lambda x}$ 只包括从 0 到 2π 间与 λ 相差 2π 整数倍的数。因此，这时的特征标群本质上是一个绕圆转动的群。

在任何一个特征标群中，对于一个给定的特征标 f，$\alpha(T)$ 的值是以这种方式分布的：对群中的任意元 S，当所有的 $\alpha(T)$ 都乘以 $\alpha(S)$ 时，它们的值的分布不变。也就是说，如果有一个取这些值的平均数的合理依据，不受每个变换群与某个固定变换的乘积的群变换影响，那么，要么 $\alpha(T)$ 恒为 1，要么这个平均值乘上一个不等于 1 的数保持不变，而且必须为 0。由此可以得出结论，任一特征标与其共轭(也是一个特征标)的乘积的平均值为 1，而任一特征标与另一个特征标的共轭的乘积的平均值为 0。换句话说，如果 $h(x)$ 能表示成等式(2.04)，我们就有

$$A_k = \mathrm{average}\big[h(x)\overline{f_k(x)}\big] \tag{2.09}$$

对绕圆的转动群，我们可以直接得出，若

$$f(x) = \sum a_n \mathrm{e}^{\mathrm{i}nx} \tag{2.10}$$

那么

$$a_n = \frac{1}{2\pi}\int_0^{2\pi} f(x)\ \mathrm{e}^{-\mathrm{i}nx}\mathrm{d}x \tag{2.11}$$

沿无限长直线平移的结果,与下列事实密切相关,若在适当条件下有

$$f(x) = \int_{-\infty}^{\infty} a(\lambda) e^{i\lambda x} d\lambda \tag{2.12}$$

则在一定条件下有

$$a(\lambda) = \frac{1}{2\pi} \int_{-\infty}^{\infty} f(x) e^{-i\lambda x} dx \tag{2.13}$$

这里只是十分粗略地叙述了这些结果,并没有详细说明它们有效的条件。关于这个理论的更详细说明,读者可参阅下面的参考书。[①]

除了群的线性不变量理论,还有它的度量不变量的一般理论。这就是勒贝格测度系统,它们在群变换的对象被群算子置换时不发生改变。关于这一点,我们应当引用有趣的群测度理论,这要归功于哈尔(Haar)[②]。正如我们所看到的,每一个群本身都是由群自身的乘法运算所置换的对象的集合。因此,它应当有一个不变测度。哈尔曾经证明,相当多的群的确具有一个唯一确定的不变测度,可以用群自身的结构来定义。

变换群的度量不变量理论的最重要应用,是在证明相平均和时间平均的可互换性方面,这我们已经看到了,吉布斯在这方面的尝试徒劳无功。这得以完成的基础是遍历理论。

普通的遍历定理以一个系综 E 开始,我们可以得到测度1,通过保测变换 T 或保测变换群 T^λ 变换为自身,这里 $-\infty < \lambda < \infty$ 且

$$T^\lambda \cdot T^\mu = T^{\lambda+\mu} \tag{2.14}$$

遍历理论本身与 E 的元 x 的复值函数 $f(x)$ 有关。在所有场合,$f(x)$ 对 x 是可测的,如果我们考虑到一个连续变换群,$f(T^\lambda x)$ 同时对 x 和 λ 是可测的。

在库普曼和冯·诺伊曼的平均遍历定理中,$f(x)$ 被当作是 L^2 类的函数,即

$$\int_E |f(x)|^2 dx < \infty \tag{2.15}$$

该定理表明了

$$f_N(x) = \frac{1}{N+1} \sum_{n=0}^{N} f(T^n x) \tag{2.16}$$

或

① N. Wiener. *The Fourier Integral and Certain of Its Applications*. Cambridge：Cambridge University Press, 1933; New York：Dover Publications, Inc. ,1933.

② H. Haar. "Der Massbegriff in der Theorie der Kontinuierlichen Gruppen". *Ann. of Math.*, 1933, Ser. 2, 34：147-169.

$$f_A(x) = \frac{1}{A} \int_0^A f(T^\lambda x) \, \mathrm{d}\lambda \tag{2.17}$$

根据情况,当 $N \to \infty$ 或 $A \to \infty$ 时,它们分别收敛于极限函数 $f^*(x)$,即

$$\lim_{N \to \infty} \int_E |f^*(x) - f_N(x)|^2 \mathrm{d}x = 0 \tag{2.18}$$

$$\lim_{A \to \infty} \int_E |f^*(x) - f_A(x)|^2 \mathrm{d}x = 0 \tag{2.19}$$

在伯克霍夫的"几乎无处不在"的遍历定理中,$f(x)$ 被当作 L 类的函数,意思是

$$\int_E |f(x)| \, \mathrm{d}x < \infty \tag{2.20}$$

函数 $f_N(x)$ 和 $f_A(x)$ 被定义为与式(2.16)和(2.17)相等。然后,该定理表明,除了测度为 0 的 x 的数值集外,存在

$$f^*(x) = \lim_{N \to \infty} f_N(x) \tag{2.21}$$

和

$$f^*(x) = \lim_{A \to \infty} f_A(x) \tag{2.22}$$

一种非常有趣的情况是所谓**遍历的或度量可递的**(ergodic or metrically transitive)变换,其中变换 T 或变换集 T^λ 只在 x 点集测度为 0 或 1 的情况下保持不变。在这种情形下,f^* 在一定数值范围内所取的数值集(对任何遍历定理而言)几乎恒为 1 或恒为 0。这是不可能的,除非 $f^*(x)$ 几乎恒为常数。然后假定 $f^*(x)$ 的值几乎恒为

$$\int_0^1 f(x) \, \mathrm{d}x \tag{2.23}$$

那就是说,在库普曼的定理中,我们有平均极限

$$\underset{N \to \infty}{\mathrm{l.\,i.\,m.}} \frac{1}{N+1} \sum_{n=0}^N f(T^n x) = \int_0^1 f(x) \, \mathrm{d}x \tag{2.24}$$

而在伯克霍夫的定理中,除了对测度为 0 或概率为 0 的 x 的数值集外,我们有

$$\lim_{N \to \infty} \frac{1}{N+1} \sum_{n=0}^N f(T^n x) = \int_0^1 f(x) \, \mathrm{d}x \tag{2.25}$$

在连续的情况下得到的结果相同。这是对吉布斯的相平均与时间平均互换的一个充分证明。

在变换 T 或变换群 T^λ 不是遍历的情况下,冯·诺伊曼在很普遍的条件下表明,它们可以被还原为遍历的组分。就是说,除了测度为 0 的 x 的数值集外,E 可以被分解成有限的或可数的类集 E_n 和类 $E(y)$ 的连续统,这样对每个 E_n 和 $E(y)$

都有一个在 T 或 T^A 情况下保持不变的测度。这些变换都是遍历的,如果 $S(y)$ 是 S 与 $E(y)$ 和 S_n 与 E_n 的相交部分,那么

$$\underset{E}{\text{measure}}(S) = \int_{E(y)} \text{measure}\big[\,S(y)\,\big]\mathrm{d}y + \sum \underset{E_n}{\text{measure}}(S_n) \qquad (2.26)$$

换句话说,整个保测变换理论可以被还原为遍历变换理论。

顺便说一下,整个遍历理论可以被应用于比那些与直线上平移群同构的变换群更为普遍的变换群。特别是,它们可以应用于 n 维的平移群。三维的情形在物理学里是重要的。时间平衡的空间对应是空间均匀性,这样的理论就像均匀气体、均匀流体或均匀固体的理论一样,都基于三维遍历理论的应用。有时,三维的非遍历平移变换群看起来像是不同状态的混合平移集,即在一个给定时间只存在一种或另一种状态,而不是二者混合。

统计力学最基本的概念之一是**熵**的概念,这也是经典热力学所使用的概念。它主要是相空间的一种区域性质,并表达为它们概率测度的对数。例如,一个瓶子里有 n 个粒子,被分为 A 和 B 两个部分,让我们考虑一下它们的动力学。如果 A 部分有 m 个粒子,而 B 部分的粒子为 $n - m$ 个,则我们描述了相空间中的某个区域,且它将有某一概率测度。其对数为下面分布的熵:A 中有 m 个粒子,B 中有 $n - m$ 个。这个系统在大部分时间里将处于接近最大熵的状态,也就是说,在大部分时间里,近 m_1 个粒子将在 A 中,近 $n - m_1$ 个粒子在 B 中,此时 m_1 在 A 中、$n - m_1$ 在 B 中的组合概率为最大值。对具有大量粒子且状态在实际辨别范围内的系统而言,这意味着,如果我们取一种熵不是最大的状态并观察会发生什么,则熵几乎总是在增加。

在热机的普通热力学问题中,我们处理的条件是,像气缸那样大部分区域中大致达到一种热平衡。我们所研究的熵的状态,包括某一给定温度和体积的最大熵,在体积和温度给定的情况下少数区域的最大熵。即便是对热机的更精细的讨论,特别是像涡轮机那样的,其中气体的膨胀方式比气缸更为复杂,但上述条件也没有发生什么根本性的改变。我们仍然可以以一种非常公平的近似方式来谈论局部温度,尽管除了在一种平衡状态并且借助涉及这种平衡的方法之外,温度从未被准确地确定过。然而,在生命物质中,我们几乎连这种粗略的均匀性也找不到。电子显微镜显示的蛋白组织结构非常确定和精细,它的生理学当然是同样的精致。这种精细度远远超过时间—空间尺度的温度计的精细程度,因此普通温度计在生命组织中读出的温度只是平均的概数,而不是真正热力学意义上的温度。吉布斯统计力学可以作为身体内情况的相当充分的模型,而普通

热机提供的图景肯定不是那么回事。肌肉活动的热效率几乎完全没有意义，而且肯定与表面所显示的意义不同。

统计力学中一个非常重要的观念是麦克斯韦妖。让我们设想一种气体，其中的粒子在某一给定温度下以统计平衡的速度分布来运动。对于理想气体而言，这是麦克斯韦分布。把这种气体装在密闭容器内，有一道隔断横穿其中，壁上开口处有一扇由守门人操控的小门，守门人可以是一个类人小妖，也可以是一个微小的机械装置。当来自 A 区的一个粒子以大于平均速度的速度或者一个来自 B 区的粒子以低于平均速度的速度接近小门时，守门人开门，粒子通过；而当来自 A 区的粒子速度低于平均速度或来自 B 区的粒子速度大于平均速度，小门关闭。按照这种方式，高速粒子在 B 区集聚增加而在 A 区减少。这显然导致熵的减少；因此如果现在用一台热机把这两个部分联结起来，我们似乎就得到了一台第二类永动机。

反对麦克斯韦妖提出的问题比回答它更简单一些。否认这种东西或结构的可能性再容易不过了。事实上我们将会发现，在一个处于平衡态的系统中，最严格意义上的麦克斯韦妖不可能存在，但如果我们从一开始就接受这种观点的话，我们将会错过了解关于熵，关于可能的物理、化学和生物系统的大好时机。

麦克斯韦妖想要有所行动的话，必须接收到来自靠近的粒子的信息，有关它们的速度和它们撞在壁上的点。无论这些碰撞是否涉及能量转移，但它们必须涉及麦克斯韦妖与气体的耦合。由于熵增法适用于完全孤立的系统，而不适用于这种系统的非孤立部分。因此我们所要关注的熵只是气—麦克斯韦妖系统的熵，不是气体的熵。气体的熵是这个更大系统的总熵的一部分。我们能不能找到与麦克斯韦妖有关的那部分熵以及它对总熵的贡献呢？

几乎可以肯定，我们能。麦克斯韦妖只能根据接收到的信息行动，而这些信息，正如我们在下一章将会看到的，代表了一种负熵。信息必须经由某些物理过程来传递，比如说某种辐射形式。这些信息很可能在很低的能量下传递，而且在一定时间内，粒子与麦克斯韦妖之间的能量转移远远不如信息传递有意义。然而，根据量子力学，如果没有对所检测粒子的能量的正效应，低于检测所需光频率的最小值，要得到有关一个粒子的位置或动量的信息是不可能的，更不用说同时得到二者。因此，所有耦合严格说来都是有关能量的一种耦合，而一个统计平衡的系统就是有关熵的物质和有关能量的物质二者的平衡。归根到底，麦克斯韦妖本身受制于与其环境温度相对应的随机运动，就像莱布尼兹说的那些单子

（monads）一样，它接受到大量细微的影响，直到陷入"某种眩晕"（a certain vertigo）而不能清晰感知。事实上，它停止了作为一个麦克斯韦妖的行动。

尽管如此，在麦克斯韦妖失去反应之前可能有一段相当可观的时间间隔，而且这段时间可能会被拉长，以至于我们可以说麦克斯韦妖的活动期是亚稳的。没有理由认为亚稳的麦克斯韦妖事实上并不存在；的确，酶很有可能就是亚稳的麦克斯韦妖，熵的减少也许不是通过快粒子与慢粒子之间的分离，而是经由某些其他等效的过程。我们完全可以从这个角度来看待生命体，诸如人类自身。酶和生命体当然都是亚稳的：酶的稳定状态是失去反应，而生命体的稳定状态是死亡。所有的催化剂最终都会败坏：它们改变反应速度但不是真正的平衡。虽然如此，催化剂和人类一样，都有足够确定的亚稳定状态，应当认为这些状态具有相对持久性。

在结束本章之前，我想指出的是，遍历理论是一个比上述讨论更为广泛的议题。目前，遍历理论获得了一些进展，对变换集保持不变的测度可以通过该变换集本身来定义，而不用事先假定。我特别要提到克里洛夫（Kryloff）和伯戈廖波夫（Bogoliouboff）的研究，以及赫维茨（Hurewicz）[1]和日本学派的一些工作。

下一章专门讨论时间序列的统计力学。这是另外一个领域，其条件与热机统计力学的条件有非常大的不同，因此十分适合用来作为生命体发展过程的一个模型。

---

① 维托尔德·赫维茨（W. Hurewicz, 1904—1956），波兰数学家，麻省理工学院教授。

第三章　时间序列、信息与通信

· Ⅲ *Time Series, Information, and Communication* ·

必须承认，这是一个将要在未来完成的研究计划，而不是可以认为已经完成了的一项工作。不管怎样，在我看来，这个计划为合理、一致地处理那些与非线性预测、非线性滤波、非线性条件下信息传输的评估，以及与高密度气体和湍流理论等相关的许多问题，提供了最美好的希望。这些问题也许是通信工程面临的最为迫切的问题。

有一大类现象,在其中所观测到的往往是按时间分布的一个数量,或一系列数量。连续记录的温度计记录下来的温度,某只股票在股票交易市场每日的收盘价,气象局逐日公布的全部气象数据的集合,这些都是时间序列,连续或离散,简单或复合。这些时间序列变化相对较慢,非常适合用手工计算或用普通计算工具如计算尺和计算机等来处理,这类研究属于统计理论的传统部分。

通常没有被意识到的,是电话线、电视线路或雷达装置部件中迅速变化着的电压序列,它们才真正是统计学和时间序列的研究范围,虽然组合和改变它们的装置一般必须动作非常迅速,而且事实上必须能够使输出的结果与高速变化的输入**保持同步**。这些设备——电话接收器、滤波器、贝尔电话研究所的 Vocoder 那样的声波自动编码装置、调频网络和它的对应接收器,本质上都是统计实验室的高速运动的计算装置,相当于全部计算机、计算表和计算员。如同防空火控系统中的自动测距仪和自动瞄准器一样,应用这些装置所需的新颖设计事先就制造在里面了,理由是一样的。工作的作业环节速度太快,不容许人去插手。

无论在计算实验室或在电话线路中,时间序列和处理它们的装置都要涉及信息的记录、存储、传递和使用等问题。这里的信息是什么?如何测量它们?最简单最基本的信息形式之一,就是记录在两个可能性相等的简单选项之间所作的选择,这个或那个事件注定会发生。例如,掷硬币时花或字的选择。我们把这种类型的一次选择叫作一次**决定**。那么如果我们要求完全精确地测量已知某个落在 A 和 B 之间的数的信息量,它可能以相同的先验概率落在这个区间中的任意一点,我们将会看到,如果令 $A=0$ 和 $B=1$,并以二进制的无穷二进制数 $.a_1a_2a_3\cdots a_n\cdots$ 代表这个量,这里每个 $a_1,a_2,\cdots$ 的数值或为 0 或为 1,则所作选择的次数和随之产生的信息量是无限的。这里,

$$.a_1a_2a_3\cdots a_n\cdots = \frac{1}{2}a_1 + \frac{1}{2^2}a_2 + \cdots + \frac{1}{2^n}a_n + \cdots \tag{3.01}$$

然而,任何实际进行的测量都不是完全精确的。如果测量具有某一均匀分布的误差,落在长度范围 $.b_1b_2\cdots b_n\cdots$ 内,这里的 b_k 是首位不等于 0 的数字,我们

◀ 德国数学家希尔伯特 (David Hilbert, 1862—1943)。1914 年春,维纳来到哥廷根大学,在这里的一个学期对他未来作为数学家的职业发展起了关键作用。维纳在希尔伯特的指导下研究微分方程。从希尔伯特身上,他不仅学到了必要的数学工具和技巧,更领略到一种博大精深的数学思想。

将会看到,所有从 a_1 到 a_{k-1},而且可能到 a_k 的决定,都是有意义的,而后面所有的决定都没有意义。所做决定的数目当然接近于

$$- \log_2 . b_1 b_2 \cdots b_n \cdots \tag{3.02}$$

我们将取这个量作为信息量的精确公式和它的定义。

我们可以用如下方式来考虑这个定义:**事前**已知某一变量落在 0 和 1 之间,而**事后**得知它落在 $(0,1)$ 中的区间 (a,b) 上。那么我们从事后知识中得到的信息量为

$$- \log_2 \frac{(a,b) \text{ 的测度}}{(0,1) \text{ 的测度}} \tag{3.03}$$

但是,让我们现在来考虑这样一种情形:我们的先验知识是某个量应落在 x 到 $x+dx$ 之间的概率为 $f_1(x) \, dx$,而后验概率为 $f_2(x) \, dx$。我们的后验概率给了我们多少新的信息?

这个问题实质上是给曲线 $y = f_1(x)$ 和 $y = f_2(x)$ 下的区域加上了一个宽度。应当注意,我们在这里要假定该变量具有基本的均匀分布。就是说,如果我们用 x^3 或 x 的任何其他函数来代替 x,结果通常不会相同。由于 $f_1(x)$ 是概率密度函数,所以我们会有

$$\int_{-\infty}^{\infty} f_1(x) \, dx = 1 \tag{3.04}$$

因此,$f_1(x)$ 下该区域宽度的平均对数可以看成是 $f_1(x)$ 倒数之对数的高度的某种平均。因此,与曲线 $f_1(x)$ 有关的信息量的合理测度[①]为

$$\int_{-\infty}^{\infty} \left[\log_2 f_1(x) \right] f_1(x) \, dx \tag{3.05}$$

这里我们定义为信息量的量,是在类似情况下通常定义为熵的那个量的负数。这里给出的定义不是费希尔在研究统计问题时所下的那个定义,尽管它是一个统计学定义,而且能用来代替费希尔在统计学方法中的定义。

特别是,当 $f_1(x)$ 在 (a,b) 上为常数而在其他各处为 0 时,

$$\int_{-\infty}^{\infty} \left[\log_2 f_1(x) \right] f_1(x) \, dx = \frac{b-a}{b-a} \log_2 \frac{1}{b-a} = \log_2 \frac{1}{b-a} \tag{3.06}$$

用上式将位于区域 $(0,1)$ 的点的信息与位于区域 (a,b) 的点的信息相比较,我们就得到差的测度:

---

① 这里作者使用了与冯·诺伊曼的私人通信。——作者注

$$\log_2 \frac{1}{b-a} - \log_2 1 = \log_2 \frac{1}{b-1} \tag{3.07}$$

将变量 x 用一个在二维或多维上变动的变量替代时,我们给出的信息量定义仍然适用。在二维的情况下,函数 $f(x,y)$ 如下

$$\int_{-\infty}^{\infty} \mathrm{d}x \int_{-\infty}^{\infty} \mathrm{d}y f_1(x,y) = 1 \tag{3.08}$$

而信息量则为

$$\int_{-\infty}^{\infty} \mathrm{d}x \int_{-\infty}^{\infty} \mathrm{d}y f_1(x,y) \log_2 f_1(x,y) \tag{3.081}$$

注意,如果 $f_1(x,y)$ 的形式为 $\phi(x)\Psi(y)$,且

$$\int_{-\infty}^{\infty} \phi(x)\,\mathrm{d}x = \int_{-\infty}^{\infty} \Psi(y)\,\mathrm{d}y = 1 \tag{3.082}$$

则

$$\int_{-\infty}^{\infty} \mathrm{d}x \int_{-\infty}^{\infty} \mathrm{d}y \phi(x)\Psi(y) = 1 \tag{3.083}$$

并有

$$\int_{-\infty}^{\infty} \mathrm{d}x \int_{-\infty}^{\infty} \mathrm{d}y f_1(x,y) \log_2 f_1(x,y)$$

$$= \int_{-\infty}^{\infty} \mathrm{d}x \phi(x) \log_2 \phi(x) + \int_{-\infty}^{\infty} \mathrm{d}y \Psi(y) \log_2 \Psi(y) \tag{3.084}$$

而且来自独立信源的信息量是可加的。

通过固定问题中的一个或多个变量来获得确定的信息量,是一个有趣的问题。例如,假定变量 u 落在 x 到 $x+\mathrm{d}x$ 之间的概率为 $\exp(-x^2/2a)\,\mathrm{d}x/\sqrt{2\pi a}$,而变量 v 落在同一范围内的概率为 $\exp(-x^2/2b)\,\mathrm{d}x/\sqrt{2\pi b}$。如果已知 $u+v=w$,我们能获得多少关于 u 的信息? 这里,显然有 $u=w-v$,而 w 的值是固定的。我们假设 u 和 v 的先验分布是独立的。于是,u 的后验分布正比于

$$\exp\left(-\frac{x^2}{2a}\right)\exp\left[-\frac{(w-x)^2}{2b}\right] = c_1 \exp\left[-(x-c_2)^2\left(\frac{a+b}{2ab}\right)\right] \tag{3.09}$$

式中 c_1 和 c_2 都是常数。它们在由 w 固定而增加的信息量的公式中都不出现。

当我们得知 w 的值如前所示时,关于 x 的信息量的增量为

$$\frac{1}{\sqrt{2\pi[ab/(a+b)]}}\int_{-\infty}^{\infty}\left\{\exp\left[-(x-c_2)^2\left(\frac{a+b}{2ab}\right)\right]\right\}$$

$$\times\left[-\frac{1}{2}\log_2 2\pi\left(\frac{ab}{a+b}\right) - (x-c_2)^2\left[\left(\frac{a+b}{2ab}\right)\log_2 e\right]\right]\mathrm{d}x$$

$$- \frac{1}{\sqrt{2\pi a}} \int_{-\infty}^{\infty} \left[\exp\left(-\frac{x^2}{2a} \right) \right] \left(-\frac{1}{2}\log_2 2\pi a - \frac{x^2}{2a}\log_2 e \right) dx$$

$$= \frac{1}{2}\log_2 \left(\frac{a+b}{b} \right) \qquad (3.091)$$

注意,式(3.091)的值是正数,且与 w 无关。它是 u 和 v 的均方和与 v 的均方之比的对数的二分之一。如果 v 只在小范围内变化,则由 $u + v$ 的知识提供给我们的关于 u 的信息量很大,并且,当 b 趋于 0 时,它为无限大。

我们可以从下面的视角来考虑这个结果:我们把 u 当作消息而把 v 当作噪声。那么,无噪声的准确消息带来的信息是无限的。但是,在有噪声的情况下,这个信息量则是有限的,而且随着噪声强度的增加,它快速趋向于 0。

我们说过,作为可以看作是概率的某个量的对数的负数,信息量实质上就是负熵。有意思的是,平均起来,它具有与熵有关的那些性质。

令 $\phi(x)$ 和 $\Psi(y)$ 为两个概率密度;然后 $[\phi(x) + \Psi(y)]/2$ 也是一个概率密度。那么

$$\int_{-\infty}^{\infty} \frac{\phi(x) + \Psi(y)}{2} \log \frac{\phi(x) + \Psi(y)}{2} dx$$

$$\leqslant \int_{-\infty}^{\infty} \frac{\phi(x)}{2}\log\phi(x)\, dx + \int_{-\infty}^{\infty} \frac{\Psi(x)}{2}\log\Psi(x)\, dx \qquad (3.10)$$

这是由下式所导出的,即

$$\frac{a+b}{2}\log\frac{a+b}{2} \leqslant \frac{1}{2}(a\log a + b\log b) \qquad (3.11)$$

换句话说,$\phi(x)$ 和 $\Psi(x)$ 下的区域重叠,使得属于 $\phi(x) + \Psi(x)$ 的最大信息量减少。另一方面,如果 $\phi(x)$ 是一个在 (a,b) 外为零的概率密度,则当在 (a, b) 上 $\phi(x) = 1/(b-a)$ 且在其他地方为 0 时,

$$\int_{-\infty}^{\infty} \phi(x)\log\phi(y)\, dx \qquad (3.12)$$

为最小值。这是根据对数曲线上凸的性质推导出来的。

如我们所期待的,我们会看到信息损失的过程与熵增过程十分相似。这种相似在于原来彼此分开的概率区域的相互融合。例如,如果我们把某个变量的分布用该变量的函数分布来代替,且这函数对该变量的不同值取相同值;或者,如果我们允许一个多变量函数中的某些变量在其自然变域上任意变动,我们就损失信息。对消息不做任何操作可以使平均信息量增加。这里,热力学第二定

律对通信工程完全适用。反过来,对模糊情况的规定越详细,如我们所看到的,平均来说,一般会增加信息量而不是损失它们。

有趣的是,对变量$(x_1,\cdots,x_n)$,我们有一个n重密度为$f(x_1,\cdots,x_n)$的概率分布,同时有m个非独立变量$y_1,\cdots,y_m$。固定这m个变量时我们获得的信息量是多少?首先,把它们固定在极限$y_1^*,y_1^*+\mathrm{d}y_1^*;\cdots;y_m^*,y_m+\mathrm{d}y_m^*$之间,取$x_1,x_2,\cdots,x_{n-m},y_1,y_2,\cdots,y_m$为一新的变量集。那么,对这个新变量集,我们的分布函数将在由$y_1^*\leqslant y_1\leqslant y_1^*+\mathrm{d}y_1^*,\cdots,y_m^*\leqslant y_m\leqslant y_m^*+\mathrm{d}y_m^*$给定的区域$R$上与$f(x_1,\cdots,x_n)$成正比,在$R$外为0。因此,通过规定$y$而得到的信息量将为

$$\frac{\underbrace{\int\mathrm{d}x_1\cdots\int\mathrm{d}x_n f(x_1,\cdots,x_n)\log_2 f(x_1,\cdots,x_n)}_{R}}{\underbrace{\int\mathrm{d}x_1\cdots\int\mathrm{d}x_n f(x_1,\cdots,x_n)}_{R}}$$

$$=\left\{\frac{\begin{array}{c}-\int_{-\infty}^{\infty}\mathrm{d}x_1\cdots\int_{-\infty}^{\infty}\mathrm{d}x_n f(x_1,\cdots,x_n)\log_2 f(x_1,\cdots,x_n)\\ \int_{-\infty}^{\infty}\mathrm{d}x_1\cdots\int_{-\infty}^{\infty}\mathrm{d}x_{n-m}\left|J\left(\begin{array}{c}y_1^*,\cdots,y_m^*\\x_{n-m+1},\cdots,x_n\end{array}\right)\right|^{-1}\\ \times f(x_1,\cdots,x_n)\log_2 f(x_1,\cdots,x_n)\end{array}}{\int_{-\infty}^{\infty}\mathrm{d}x_1\cdots\int_{-\infty}^{\infty}\mathrm{d}x_{n-m}\left|J\left(\begin{array}{c}y_1^*,\cdots,y_m^*\\x_{n-m+1},\cdots,x_n\end{array}\right)\right|^{-1}f(x_1,\cdots,x_n)}\right.$$
$$\left.-\int_{-\infty}^{\infty}\mathrm{d}x_1\cdots\int_{-\infty}^{\infty}\mathrm{d}x_n f(x_1,\cdots,x_n)\log_2 f(x_1,\cdots,x_n)\right\}$$

$$(3.13)$$

与这个问题密切相关的是方程(3.13)的广义问题;在刚刚讨论的情形中,我们有多少只与变量$x_1,\cdots,x_{n-m}$有关的信息?这里,这些变量的**事前**概率密度为

$$\int_{-\infty}^{\infty}\mathrm{d}x_{n-m+1}\cdots\int_{-\infty}^{\infty}\mathrm{d}x_n f(x_1,\cdots,x_n) \tag{3.14}$$

固定y^*后,未规格化的概率密度为

$$\sum\left|J\left(\begin{array}{c}y_1^*,\cdots,y_m^*\\x_{n-m+1},\cdots,x_n\end{array}\right)\right|^{-1}f(x_1,\cdots x_n) \tag{3.141}$$

式中$\sum$表示对应于给定y^*集合的所有点$(x_{n-m+1},\cdots,x_n)$的求和。在这个基础上,我们可以很容易地写出问题的解答,尽管它有点长。如果把集$(x_1,\cdots,x_{n-m})$当作广义消息,把集$(x_{n-m+1},\cdots,x_m)$当作广义噪声,且把y^*当作

广义的被干扰后的消息,则我们知道,我们已经给出了式(3.141)问题的广义解。

　　这样,我们至少得到了前面提到的消息—噪声问题在形式上的广义解。一组观察可以任意依赖于已知其联合分布的一组消息和噪声。我们想要确定,这些观察给我们提供了多少仅仅关于这个消息的信息。这是通信工程的中心问题。它使我们能够评估诸如调幅、调频或调相这样的不同系统,以及它们在信息传递方面的效率。这是个技术问题,不适合在这里作详细讨论,但有些话还是要说一说。首先,可以证明,根据这里给出的信息定义,由于偶然的"静电"在天空中的频率和有关功率的均匀分布,由于消息被限制在一定的频率范围内,且在这个频率范围内的输出功率一定,则任何传递信息的方法都不会比调幅方法效率更高,虽然其他方法也可能达到同样的效率。另一方面,对于最适合用耳朵或任何其他给定接收器接收的信息而言,用这种方法传递就不一定必要了。这里,我们必须建立一个与上述理论极为类似的理论,以考虑耳朵和其他接收器的特殊性质。一般来说,为了有效地使用调幅或任何其他调制形式,必须辅助使用一个适当的译码装置,以便把接收到的信息转换为适合人或机械接收器接收的形式。同样,原来的消息也必须代码化,以便用最高压缩的形式传递出去。这个问题在贝尔电话实验室设计 Vocoder 系统时就已经解决了,至少是部分解决了。有关的一般理论也已由该实验室的香农博士以非常令人满意的形式提出来了。

　　测量信息的定义和方法就是这些。现在让我们来讨论一下以时间均匀的形式呈现信息的方法。请注意,大多数电话和其他通信工具实际上并不依赖于特定的时间原点。的确有一种操作似乎与此矛盾,但实际上并不如此。这就是调制操作。最简单的调制形式是把消息 $f(t)$ 变换为 $f(t)\sin(at+b)$ 的形式之一。然而,如果我们把因子 $\sin(at+b)$ 当作插入装置的一条额外消息,这种情况就可以归入我们的一般理论。我们称之为载波(carrier)的这个额外消息,并不会使系统传送信息的速度有任何增加。它所包含的全部信息在任意短的时间间隔内被传递出去,之后,就没有什么新的信息了。

　　一个时间上均匀的消息,或者如统计学家所言,一个处在统计平衡的**时间序列**,不过是一个简单的时间函数或时间函数集,它成为有着严格定义的概率分布的集合的系综之一,自始至终不会因 t 变为 $t+\tau$ 而改变。也就是说,包括使 $f(t)$ 变为 $f(t+\lambda)$ 的运算子 T^λ 在内的转换群的系综概率保持不变。这个群满足如下性质,即

$$T^\lambda\left[T^\mu f(t)\right] = T^{\mu+\lambda}f(t) \qquad \begin{cases} (-\infty < \lambda < \infty) \\ (-\infty < \mu < \infty) \end{cases} \qquad (3.15)$$

由此可知,如果 $\Phi[f(t)]$ 是 $f(t)$ 的"函数"——即一个依赖于 $f(t)$ 全部历史的数——且如果 $f(t)$ 对整个系综的平均是有限的,则我们就可以引用上一章提到的伯克霍夫遍历定理,并得出结论：除了对概率为 0 的 $f(t)$ 的数值集外, $\Phi[f(t)]$ 的时间平均或信号

$$\lim_{A\to\infty}\frac{1}{A}\int_0^A \Phi(f(t+\tau))\,\mathrm{d}\tau = \lim_{A\to\infty}\frac{1}{A}\int_{-A}^0 \Phi(f(t+\tau))\,\mathrm{d}\tau \qquad (3.16)$$

是存在的。

　　除此之外还有更多内容。我们在上一章讲过另一个遍历特性的定理,是由冯·诺伊曼提出的,这个定理说的是,除了概率为 0 的元集合外,属于像等式(3.15)这样的保测变换群之下变为自身的系统的任意元,都归于在同一变换下变为自身的某一子集(可以是整个集合),该子集具有一个自定义的测度且在上述变换下也保持不变,该子集还有更进一步的性质,即它的具有在变换群下保测的任一部分,既有该子集的最大测度,也有可能测度为 0。如果我们不考虑这类子集之外的所有元,并使用适当的测度,我们将会发现,时间平均(等式 3.16)几乎在所有情况下都是 $\Phi[f(t)]$ 在整个 $f(t)$ 函数空间上的平均,即所谓的**相平均**。因此,对于函数 $f(t)$ 的系综,除了概率为 0 的集合,我们都能推断出系综的任何统计参数的平均值——实际上我们能同时求出系综的这类参数的任一可数集——根据时间序列中任一组成部分的记录,采用时间平均代替相平均的方法。而且,只要知道这类时间序列中的任何一个序列的过去几乎就够了。换句话说,当给定已知属于某一统计平衡系综的一个时间序列至今的全部历史时,我们就能以误差概率为 0 的精度计算出该时间序列所属的统计平衡系综的全部统计参数集。到这里,我们详细阐述了有关简单时间序列的理论;这些理论对复杂时间序列同样正确,只是对它们我们有几个同时变化的量而非一个变量而已。

　　现在我们可以讨论属于时间序列的各种问题了。我们将把注意力限制在如下情况,即只限于那些整个过去都能够用可数的量集来确定的时间序列。例如,对于范围较广的函数类 $f(t)$ $(-\infty < t < \infty)$,当已知量集

$$a_n = \int_{-\infty}^0 \mathrm{e}^t t^n f(t)\,\mathrm{d}t \qquad (n = 0,1,2,\cdots) \qquad (3.17)$$

时,我们就完全确定了 f。现在令 A 作为未来 t 值的某一函数,即要求 A 大于 0。

那么,如果在可能的最狭义上取定 f 集,我们就能根据几乎任意一个时间序列的过去来确定 $(a_0,a_1,\cdots,a_n,A)$ 的同时分布。尤其是,如果 $a_0,\cdots,a_n$ 全部给定,我们就可以确定 A 的分布。这里我们要求助于尼克蒂姆(Nikodym)[①]关于条件概率的著名定理。这个定理将保证,在很普遍的情况下,这种分布将趋向极限 $n\to\infty$,而这个极限将为我们提供关于任一未来量的分布的全部知识。在过去已知的情况下,我们同样可以确定任一未来量集的值的同时分布,或任一依赖于过去和未来两方面的量集。因此,如果我们对任一这些统计参数或统计参数集的"**最优值**"都能给出适当的解释——也许是在平均值、中值或众值的意义上——我们就能由已知的分布把它们计算出来,并得到一个符合所要求的成功预测标准的预测。我们能够用所要求的统计基准——均方误差、最大误差或平均绝对误差等,来计算这个预测的优点。我们能够计算给我们固定过去的关于任一统计参数或统计参数集的信息量。对于由过去知识为我们提供某一点以后的全部未来,我们甚至能计算它的全部信息量。即使这一点是现在,我们通常会由过去知道以后,而且我们关于现在的知识中会包含无限大的信息量。

另一个有趣的情形是多重时间序列,其中,我们精确知道的仅仅是其组分的部分过去。任何超过这些过去的量的分布,可以用与上述方法十分类似的方法来研究。尤其是,我们可能想知道另一个组分的值,或者其他组分的数值集,在过去、现在或未来某些时间点的分布。滤波器的一般问题就属于这一类。我们有一条消息,与噪声以一定方式结合,成为一个被扰乱了的消息,而我们知道它的过去,也知道该消息和噪声作为时间序列的统计联合分布。我们要求这个消息在过去、现在或未来某一时刻的值的分布。然后要求出一个作用于被扰乱消息的过去的运算子,它在一定统计意义上会**最优地**给出这个真实消息。我们可以求出关于这个消息的知识的误差测度的统计估计。最后,我们可以求得我们所掌握的关于这个消息的信息量。

有一种特别简单而重要的时间序列系综,即与布朗运动相关的系综。布朗运动是气体中某个粒子受到其他处于热扰动状态的粒子的无规则碰撞而导致的一种运动。这方面的理论是由许多学者发展起来的,他们中包括爱因斯坦、斯莫

---

① 奥托·尼克蒂姆(O. M. Nikodym, 1887—1974),波兰数学家,以"拉顿-尼克蒂姆定理"而著称。

鲁霍夫斯基(Smoluchowski)[1]、佩兰(Perrin)[2]及作者本人。[3]这种运动呈现出一种奇妙的不可微性，除非我们把时间间隔尺度降得非常小，才使得粒子间的个别碰撞能够被一一分辨出来。在给定时间内，给定方向上运动的平方平均和时间长度成正比，而在相继时间里的运动则彼此完全不相关。这和物理观测十分符合。如果我们把布朗运动的尺度规格化为时间尺度，而且只考虑运动的一个坐标 x，并令 $x(t)$ 在 $t=0$ 时等于 0，则当 $0 \leqslant t_1 \leqslant t_2 \leqslant \cdots \leqslant t_n$ 时，粒子在时间 t_1 落在 x_1 到 $x_1 + \mathrm{d}x_1$ 之间，……，在时间 t_n 落在 $x_n + \mathrm{d}x_n$ 之间的概率为

$$\frac{\exp\left(-\dfrac{x_1^2}{2t_1} - \dfrac{(x_2 - x_1)^2}{2(t_2 - t_1)} - \cdots - \dfrac{(x_n - x_{n-1})^2}{2(t_n - t_{n-1})}\right)}{\sqrt{\left| (2\pi)^n t_1 (t_2 - t_1) \cdots (t_n - t_{n-1}) \right|}} \mathrm{d}x_1 \cdots \mathrm{d}x_n \qquad (3.18)$$

在与此对应的这个有确定值的概率系统的基础上，我们能够得到对应于基于一个介于 0 到 1 之间的参数 α 的各种可能的布朗运动的路径集合，按照这种方式，每一路径表示为一函数 $x(t, \alpha)$，这里，x 取决于时间 t 和分布参数 α，而且某一路径含于某一集 S 的概率等于 S 集中相应路径的 α 值的集合的测度。在这个基础上，几乎所有的路径都是连续的和不可微的。

确定 $x(t_1, \alpha) \cdots x(t_n, \alpha)$ 中关于 α 的平均，是一个非常有趣的问题。在假定 $0 \leqslant t_1 \leqslant \cdots \leqslant t_n$ 的条件下，这个平均将是

$$\int_0^1 \mathrm{d}\alpha\, x(t_1, \alpha)\, x(t_2, \alpha) \cdots x(t_n, \alpha)$$

$$= (2\pi)^{-\frac{n}{2}} \left[t_1 (t_2 - t_1) \cdots (t_n - t_{n-1}) \right]^{-\frac{1}{2}}$$

$$\times \int_{-\infty}^{\infty} \mathrm{d}\xi_1 \cdots \int_{-\infty}^{\infty} \mathrm{d}\xi_n \xi_1 \xi_2 \cdots \xi_n \exp\left[-\frac{\xi_1^2}{2t_1} - \frac{(\xi_2 - \xi_1)^2}{2(t_2 - t_1)} - \cdots \right.$$

$$\left. - \frac{(\xi_n - \xi_{n-1})^2}{2(t_n - t_{n-1})} \right] \qquad (3.19)$$

令

$$\xi_1 \cdots \xi_n = \sum A_k \xi_1^{\lambda_{k,1}} (\xi_2 - \xi_1)^{\lambda_{k,2}} \cdots (\xi_n - \xi_{n-1})^{\lambda_{k,n}} \qquad (3.20)$$

---

① 罗曼·斯莫鲁霍夫斯基(R. Smoluchowski, 1910—1996)，波兰物理学家。1984 年一颗小行星以他的名字命名。

② 让·巴蒂斯特·佩兰(J. B. Perrin, 1870—1942)，法国物理学家，1926 年诺贝尔物理学奖获得者。1948 年去世后入葬巴黎先贤祠。

③ R. E. A. C. Paley, N. Wiener. "Fourier Transforms in the Complex Domain". *Colloquium Publications*, Vol. 19, New York: American Mathematical Society, 1934, Chapter 10.

式中 $\lambda_{k,1} + \lambda_{k,2} + \cdots + \lambda_{k,n} = n$,方程(3.19)的值将变为

$$\sum A_k (2\pi)^{-\frac{n}{2}} \left[t_1^{\lambda_{k,1}} (t_2 - t_1)^{\lambda_{k,2}} \cdots (t_n - t_{n-1})^{\lambda_{k,n}} \right]^{-\frac{1}{2}}$$

$$\times \prod_j \int_{-\infty}^{\infty} \mathrm{d}\xi \, \xi^{\lambda_{k,j}} \exp \left[-\frac{\xi^2}{2(t_j - t_{j-1})} \right]$$

$$= \sum A_k \prod_j \frac{1}{\sqrt{2\pi}} \int_{-\infty}^{\infty} \xi^{\lambda_{k,j}} \exp \left(-\frac{\xi^2}{2} \right) \mathrm{d}\xi (t_j - t_{j-1})^{-\frac{1}{2}}$$

$$= \begin{cases} 若任一 \ \lambda_{k,j} \ 为奇数 \\ \sum_k A_k \prod_j (\lambda_{k,j} - 1)(\lambda_{k,j} - 3) \cdots 5 \cdot 3 \cdot (t_j - t_{j-1})^{-\frac{1}{2}} \end{cases} \quad (3.21)$$

若每一个 $\lambda_{k,j}$ 都是偶数,则

$$= \sum_k A_k \prod_j (把 \ \lambda_{k,j} \ 分成对的方法数目) \times (t_j - t_{j-1})^{\frac{1}{2}}$$

$$= \sum_k A_k (把 \ n \ 项分成对的方法数目,要求每一对元素属于同一个 \ \lambda_{k,j} \ 组) \times (t_j - t_{j-1})^{\frac{1}{2}}$$

$$= \sum_j A_j \sum \prod \int_0^1 \mathrm{d}\alpha \, [x(t_k, \alpha) - x(t_{k-1}, \alpha)] \, [x(t_q, \alpha) - x(t_{q-1}, \alpha)]$$

这里的第一个 $\sum$ 是对 j 求和;第二个,是对所有把 n 项按相应数目为 $\lambda_{k,1}, \cdots, \lambda_{k,n}$ 的块分成对的方法求和;而 $\prod$ 是对那些成对的 k 和 q 的值取积,其中从 t_k 和 t_q 选出的元素 $\lambda_{k,1}$ 是 t_1 , $\lambda_{k,2}$ 是 t_2 ,依此类推。由此直接得出

$$\int_0^1 \mathrm{d}\alpha \, x(t_1, \alpha) \, x(t_2, \alpha) \cdots x(t_n, \alpha) = \sum \prod \int_0^1 \mathrm{d}\alpha \, x(t_j, \alpha) \, x(t_k, \alpha) \quad (3.22)$$

这里 $\sum$ 是对所有把 $t_1, \cdots, t_n$ 划分为不同对的方法求和,而 $\prod$ 是对每一种划分中的所有对取积。换句话说,当我们知道成对的 $x(t_j, \alpha)$ 的乘积的平均时,我们就知道这些量的所有多项式的平均,因而也就知道它们的整体统计分布。

到目前为止,我们考虑了 t 为正数的布朗运动 $x(t, \alpha)$ 。如果令

$$\begin{aligned} \xi(t, \alpha, \beta) &= x(t, \alpha) & (t \geqslant 0) \\ \xi(t, \alpha, \beta) &= x(-t, \beta) & (t < 0) \end{aligned} \quad (3.23)$$

式中 α 和 β 在 $(0,1)$ 上具有独立的均匀分布,我们就会得到 t 经过整个实数无限长线的 $\xi(t, \alpha, \beta)$ 的分布。有一种为人熟知的数学方法,能把一个正方形映射到某一线段上,用这种方法把面积变为长度。我们所要做的只是将正方形内各点的坐标写成十进制形式:

$$\left. \begin{aligned} \alpha &= . \, \alpha_1 \alpha_2 \cdots \alpha_n \cdots \\ \beta &= . \, \beta_1 \beta_2 \cdots \beta_n \cdots \end{aligned} \right\} \quad (3.24)$$

并令

$$\gamma = . \ \alpha_1\beta_1\alpha_2\beta_2\cdots\alpha_n\beta_n\cdots$$

这样我们就得到这个类别的图谱,其中线段上的点和正方形中的点几乎是一一对应的。利用这种替换,我们定义

$$\xi(t,\gamma) = \xi(t,\alpha,\beta) \tag{3.25}$$

现在我们想要定义

$$\int_{-\infty}^{\infty} K(t) \, \mathrm{d}\xi(t,\gamma) \tag{3.26}$$

显然,我们应当把上式定义为斯蒂尔吉斯(Stieltjes)积分[①],但 ξ 是 t 的非常不规则函数,做这样的定义是不可能的。不过,如果当 $\pm\infty$ 时,K 足够快地趋于 0 且是足够平滑的函数,我们则有理由让

$$\int_{-\infty}^{\infty} K(t) \, \mathrm{d}\xi(t,\gamma) = -\int_{-\infty}^{\infty} K'(t) \, \xi(t,\gamma) \, \mathrm{d}t \tag{3.27}$$

在这些条件下,我们在形式上就有

$$\int_0^1 \mathrm{d}\gamma \int_{-\infty}^{\infty} K_1(t) \, \mathrm{d}\xi(t,\gamma) \int_{-\infty}^{\infty} K_2(t) \, \mathrm{d}\xi(t,\gamma)$$

$$= \int_0^1 \mathrm{d}\gamma \int_{-\infty}^{\infty} K_1'(t) \, \xi(t,\gamma) \, \mathrm{d}t \int_{-\infty}^{\infty} K_2'(t) \, \xi(t,\gamma) \, \mathrm{d}t$$

$$= \int_{-\infty}^{\infty} K_1'(s) \, \mathrm{d}s \int_{-\infty}^{\infty} K_2'(t) \, \mathrm{d}t \int_0^1 \xi(s,\gamma) \, \xi(t,\gamma) \, \mathrm{d}\gamma \tag{3.28}$$

现在,如果 s 和 t 的符号相反,则

$$\int_0^1 \xi(s,\gamma) \, \xi(t,\gamma) \, \mathrm{d}\gamma = 0 \tag{3.29}$$

但如果符号相同,且 $|s| < |t|$,则

$$\int_0^1 \xi(s,\gamma)\xi(t,\gamma) = \int_0^1 x(|s|,\alpha)x(|t|,\alpha) \, \mathrm{d}\alpha$$

$$= \frac{1}{2\pi\sqrt{|s| \ (|t|-|s|)}} \int_{-\infty}^{\infty} \mathrm{d}u \int_{-\infty}^{\infty} \mathrm{d}v \ uv \exp\left(\frac{-u^2}{2|s|} - \frac{(v-u)^2}{2(|t|-|s|)}\right)$$

$$= \frac{1}{\sqrt{2\pi|s|}} \int_{-\infty}^{\infty} u^2 \exp\left(-\frac{u^2}{2|s|}\right) \mathrm{d}u$$

$$= |s| \ \frac{1}{\sqrt{2\pi}} \int_{-\infty}^{\infty} u^2 \exp\left(-\frac{u^2}{2}\right) \mathrm{d}u = |s| \tag{3.30}$$

---

① T. J. Stieltjes. *Annales de la Fac. des Sc. de Toulouse*, 1894: 165; H. Lebesque. *Leçons sur l' Intégration*. Paris: Gauthier-Villars et Cie, 1928.

因此

$$\int_0^1 \mathrm{d}\gamma \int_{-\infty}^{\infty} K_1(t) \, \mathrm{d}\xi(t,\gamma) \int_{-\infty}^{\infty} K_2(t) \, \mathrm{d}\xi(t,\gamma)$$

$$= - \int_0^{\infty} K_1{}'(s) \, \mathrm{d}s \int_0^s tK_2{}'(t) \, \mathrm{d}t - \int_0^{\infty} K_2{}'(s) \, \mathrm{d}s \int_0^s tK_1{}'(t) \, \mathrm{d}t$$

$$+ \int_{-\infty}^0 K_1{}'(s) \, \mathrm{d}s \int_s^0 tK_2{}'(t) \, \mathrm{d}t + \int_{-\infty}^0 K_2{}'(s) \, \mathrm{d}s \int_s^0 tK_1{}'(t) \, \mathrm{d}t$$

$$= - \int_0^{\infty} K_1{}'(s) \, \mathrm{d}s \left[sK_2(s) - \int_0^s K_2(t) \, \mathrm{d}t \right] - \int_0^{\infty} K_2{}'(s) \, \mathrm{d}s \left[sK_1(s) - \int_0^s K_1(t) \, \mathrm{d}t \right]$$

$$+ \int_{-\infty}^0 K_1{}'(s) \, \mathrm{d}s \left[-sK_2(s) - \int_s^0 K_2(t) \, \mathrm{d}t \right] + \int_{-\infty}^0 K_2{}'(s) \, \mathrm{d}s \left[-sK_1(s) - \int_s^0 K_1(t) \, \mathrm{d}t \right]$$

$$= - \int_{-\infty}^{\infty} s \mathrm{d} [K_1(s) K_2(s)] = \int_{-\infty}^{\infty} K_1(s) K_2(s) \, \mathrm{d}s \tag{3.31}$$

特别是

$$\int_0^1 \mathrm{d}\gamma \int_{-\infty}^{\infty} K(t + \tau_1) \, \mathrm{d}\xi(t,\gamma) \int_{-\infty}^{\infty} K(t + \tau_2) \, \mathrm{d}\xi(t,\gamma)$$

$$= \int_{-\infty}^{\infty} K(s) K(s + \tau_2 - \tau_1) \, \mathrm{d}s \tag{3.32}$$

而且

$$\int_0^1 \mathrm{d}\gamma \prod_{k=1}^n \int_{-\infty}^{\infty} K(t + \tau_k) \, \mathrm{d}\xi(t,\gamma)$$

$$= \sum \prod \int_{-\infty}^{\infty} K(s) K(s + \tau_j - \tau_k) \, \mathrm{d}s \tag{3.33}$$

这里的和是把 $\tau_1, \cdots, \tau_n$ 划分成对的所有划分方法的总和,而积则是对每一种划分中的各对的乘积。

下式

$$\int_{-\infty}^{\infty} K(t + \tau) \, \mathrm{d}\xi(\tau,\gamma) = f(t,\gamma) \tag{3.34}$$

是一个依赖于分布参数 γ 的变量 t 的十分重要的时间序列系综。我们刚刚证明了,任意时刻该分布的统计参数的量依赖于函数

$$\Phi(\tau) = \int_{-\infty}^{\infty} K(s) K(s + \tau) \, \mathrm{d}s$$

$$= \int_{-\infty}^{\infty} K(s + t) K(s + t + \tau) \, \mathrm{d}s \tag{3.35}$$

这个函数就是统计学家所谓的具有滞后 τ 的自相关函数。因此,$f(t,\gamma)$ 分布的统计与 $f(t+t_1,\gamma)$ 的统计相同;而且可以证明,当

$$f(t + t_1, \gamma) = f(t, \Gamma) \tag{3.36}$$

则从 γ 到 Γ 的变换保测。换句话说，时间序列 $f(t, \gamma)$ 是统计平衡的。

而且，如果我们认为

$$\left[\int_{-\infty}^{\infty} K(t - \tau) \, d\xi(t, \gamma) \right]^m \left[\int_{-\infty}^{\infty} K(t + \sigma - \tau) \, d\xi(t, \gamma) \right]^n \tag{3.37}$$

的平均正好包括

$$\int_0^1 d\gamma \left[\int_{-\infty}^{\infty} K(t - \tau) \, d\xi(t, \gamma) \right]^m \int_0^1 d\gamma \left[\int_{-\infty}^{\infty} K(t + \sigma - \tau) \, d\xi(t, \gamma) \right]^n \tag{3.38}$$

其中的项以及作为下式的权重因子的有限项

$$\int_{-\infty}^{\infty} K(\sigma + \tau) K(\tau) \, d\tau \tag{3.39}$$

而且如果该式在 $\sigma \to \infty$ 时趋近于 0，则式(3.38)将在这些条件下成为式(3.37)的极限。换句话说，当 $\sigma \to \infty$ 时，$f(t, \gamma)$ 和 $f(t + \sigma, \gamma)$ 的分布是渐近无关的。用更普遍但完全相似的说法就是，可证明，$f(t_1, \gamma), \cdots, f(t_n, \gamma)$ 和 $f(\sigma + s_1, \gamma), \cdots,$ $f(\sigma + s_m, \gamma)$ 的同时分布在 $\sigma \to \infty$ 时趋向前者和后者集合的联合分布。换句话说，任何依赖于函数 t 的值的整个分布的有界可测的函数或量 $f(t, \gamma)$，我们可以写成 $\mathscr{F}[f(t, \gamma)]$ 的形式，必定具有下列性质

$$\lim_{\sigma \to \infty} \int_0^1 \mathscr{F}[f(t, \gamma)] \mathscr{F}[f(t + \sigma, \gamma)] \, d\gamma = \left\{ \int_0^1 \mathscr{F}[f(t, \gamma)] \, d\gamma \right\}^2 \tag{3.40}$$

如果 $\mathscr{F}[f(t, \gamma)]$ 对 t 的平移不变，且只取值 0 和 1，则我们会有

$$\int_0^1 \mathscr{F}[f(t, \gamma)] \, d\gamma = \int_0^1 \left\{ \mathscr{F}[f(t, \gamma)] \, d\gamma \right\}^2 \tag{3.41}$$

因此，由 $f(t, \gamma)$ 到 $f(t + \sigma, \gamma)$ 的变换群是**度量可递的**(metrically transitive)。由此可知，如果 $\mathscr{F}[f(t, \gamma)]$ 是 f 作为函数 t 的任一可积泛函，那么，根据遍历定理，除了测度为 0 的集合外，对所有的 γ 的值，我们有

$$\int_0^1 \mathscr{F}[f(t, \gamma)] \, d\gamma = \lim_{T \to \infty} \frac{1}{T} \int_0^T \mathscr{F}[f(t, \gamma)] \, dt$$

$$= \lim_{T \to \infty} \frac{1}{T} \int_{-T}^0 \mathscr{F}[f(t, \gamma)] \, dt \tag{3.42}$$

这就是说，从单个实例过去的历史，我们几乎总是能读取这种时间序列的统计参数，甚至是统计参数的任何可数集。事实上，对这种时间序列，如果我们知道

$$\lim_{T \to \infty} \frac{1}{T} \int_{-T}^0 f(t, \gamma) f(t - \tau, \gamma) \, dt \tag{3.43}$$

我们就知道几乎各种条件下的 $\Phi(t)$，而且我们有这种时间序列的所有统计

知识。

还有一些依赖于这类时间序列的量,它们有一些性质相当有趣。特别是,我们很想知道

$$\exp\left[i\int_{-\infty}^{\infty}K(t)\,d\xi(t,\gamma)\right] \tag{3.44}$$

的平均。在形式上,它可以写成

$$\int_{0}^{1}d\gamma\sum_{n=0}^{\infty}\frac{i^{n}}{n!}\left[\int\!\!\int_{-\infty}^{\infty}K(t)\,d\xi(t,\gamma)\right]^{n}$$

$$=\sum_{m}\frac{(-1)^{m}}{(2m)!}\left\{\int_{-\infty}^{\infty}[K(t)]^{2}dt\right\}^{m}(2m-1)(2m-3)\cdots5\cdot3\cdot1$$

$$=\sum_{m}^{\infty}\frac{(-1)^{m}}{2^{m}m!}\left\{\int_{-\infty}^{\infty}[K(t)]^{2}dt\right\}^{m}$$

$$=\exp\left\{-\frac{1}{2}\int_{-\infty}^{\infty}[K(t)]^{2}dt\right\} \tag{3.45}$$

试图从简单的布朗运动序列来建立一个尽可能广泛的时间序列,是一个非常有趣的问题。在这样的结构中,傅立叶展开的例子告诉我们,像式(3.44)这样的扩展是适宜这个目的的构件。让我们来专门研究一下下面这个特殊形式的时间序列

$$\int_{b}^{a}d\lambda\exp\left[i\int_{-\infty}^{\infty}K(t+\tau,\lambda)\,d\xi(\tau,\gamma)\right] \tag{3.46}$$

假定我们知道 $\xi(\tau,\gamma)$ 和式(3.46),那么如式(3.45)一样,如果 $t_1 > t_2$,则有

$$\int_{0}^{1}d\lambda\exp\left\{is[\xi(t_1,\gamma)-\xi(t_2,\gamma)]\right\}$$

$$\times\int_{a}^{b}d\lambda\exp\left[i\int_{-\infty}^{\infty}K(t+\tau,\gamma)\,d\xi(t,\gamma)\right]$$

$$=\int_{a}^{b}d\lambda\exp\left\{-\frac{1}{2}\int_{-\infty}^{\infty}[K(t+\tau,\lambda)]^{2}dt-\frac{s^{2}}{2}(t_2-t_1)-s\int_{t_2}^{t_1}K(t,\lambda)\,dt\right\}$$

$$\tag{3.47}$$

如果现在乘以 $\exp[s^{2}(t_2-t_1)/2]$,令 $s(t_2-t_1)=i\sigma$,并令 $t_2\to t_1$,则我们得到

$$\int_{a}^{b}d\lambda\exp\left\{-\frac{1}{2}\int_{-\infty}^{\infty}[K(t+\tau,\lambda)]^{2}dt-i\sigma K(t_1,\lambda)\right\} \tag{3.48}$$

取 $K(t_1,\lambda)$ 和一个新的独立变量 μ,并求解 λ,得

$$\lambda = Q(t_1,\mu) \tag{3.49}$$

于是,式(3.48)变为

$$\int_{K(t_1,a)}^{K(t_1,b)} e^{j\mu\sigma} d\mu \frac{\partial Q(t_1,\mu)}{\partial \mu} \exp\left(-\frac{1}{2}\int_{-\infty}^{\infty} \{K[t+\tau, Q(t_1,\mu)]\}^2 dt\right) \quad (3.50)$$

由此,通过傅立叶变换,我们可以确定

$$\frac{\partial Q(t_1,\mu)}{\partial \mu} \exp\left(-\frac{1}{2}\int_{-\infty}^{\infty} \{K[t+\tau, Q(t_1,\mu)]\}^2 dt\right) \quad (3.51)$$

当 μ 落在 $K(t_1,a)$ 和 $K(t_1,b)$ 之间时是 μ 的函数。如果就 μ 对这个函数做积分运算,则有

$$\int_a^\lambda d\lambda \exp\left\{-\frac{1}{2}\int_{-\infty}^{\infty} [K(t+\tau, \lambda)]^2 dt\right\} \quad (3.52)$$

作为 $K(t_1,\lambda)$ 和 t_1 的函数。也就是说,有已知函数 $F(u,v)$,使得

$$\int_a^\lambda d\lambda \exp\left\{-\frac{1}{2}\int_{-\infty}^{\infty} [K(t+\tau, \lambda)]^2 dt\right\} = F[K(t_1,\lambda), t_1] \quad (3.53)$$

因为这个等式的左边不依赖于 t_1,所以可以把它写成 $G(\lambda)$,并使

$$F[K(t_1,\lambda), t_1] = G(\lambda) \quad (3.54)$$

式中 F 为一已知函数,我们可以对第一个参数求逆,而得到

$$K(t_1,\lambda) = H[G(\lambda), t_1] \quad (3.55)$$

这里 H 也是一个已知函数,那么

$$G(\lambda) = \int_a^\lambda d\lambda \exp\left(-\frac{1}{2}\int_{-\infty}^{\infty} \{H[G(\lambda), t+\tau]\}^2 dt\right) \quad (3.56)$$

于是函数

$$\exp\left\{-\frac{1}{2}\int_{-\infty}^{\infty} [H(u,t)]^2 dt\right\} = R(u) \quad (3.57)$$

将成为已知函数,且

$$\frac{dG}{d\lambda} = R(G) \quad (3.58)$$

即

$$\frac{dG}{R(G)} = d\lambda \quad (3.59)$$

或

$$\lambda = \int \frac{dG}{R(G)} + 常数 = S(G) + 常数 \quad (3.60)$$

这个常数将由下式给出,即

$$G(a) = 0 \quad (3.61)$$

或

$$a = S(0) + 常数 \qquad (3.62)$$

不难看出,如果 a 是有限的,赋予任何值都没关系,因为给所有的 λ 值加上一个常数,运算都不会改变。因此我们可以令它为 0。这样,我们把 λ 确定为 G 的函数,然后把 G 确定为 λ 的函数。于是,通过等式(3.55),我们就确定了 $K(t,\lambda)$。要完成式(3.46),我们只需要知道 b 就可以了。不管怎样,b 可以通过比较以下两式来确定,即

$$\int_a^b d\lambda \exp\left\{ -\frac{1}{2}\int_{-\infty}^{\infty} [K(t,\lambda)]^2 dt \right\} \qquad (3.63)$$

和

$$\int_0^1 d\gamma \int_a^b d\lambda \exp\left[i\int_{-\infty}^{\infty} K(t,\lambda) d\xi(t,\gamma) \right] \qquad (3.64)$$

因此,在某些需要明确阐述的条件下,如果某个时间序列可以以式(3.46)的形式写出来,而且我们也知道 $\xi(t,\gamma)$,我们就能够按照式(3.46)的形式确定函数 $K(t,\lambda)$ 和数 a、b,除了 a、λ 和 b 附加的未定常数外。即使 $b = +\infty$,也不会有过多的困难,而且也不难把这个推论扩展到 $a = -\infty$ 的场合。当然,如果结果不是单值并涉及扩展的有效性的一般条件时,探讨反函数的倒置问题还有大量的工作要做。不过,我们至少在解决把一大类时间序列归纳成某种标准形式的问题上向前迈出了第一步,而且正如我们在本章前面简要介绍的那样,这一步对预测理论和信息测量方法的具体的正式应用至关重要。

在关于时间序列理论的研究中,还需要消除一个明显的限制:我们需要知道 $\xi(t,\gamma)$ 和以式(3.46)的形式扩展的时间序列。问题是:在什么条件下,我们能够把一个已知统计参数的时间序列描述为由某种布朗运动所决定的时间序列;或者至少描述为在某种意义上由布朗运动所决定的时间序列的极限?我们将把自己限定在具有度量可递性的时间序列上,以及具有更强性质的时间序列,即我们取长度固定但相互远离的时间间隔,这些间隔里的时间序列的片段的任何泛函的分布随着间隔之间的相互远离而渐趋无关。① 这方面发展出来的理论已经由作者简要阐述了。

如果 $K(t)$ 是一个充分连续的函数,则用卡克定理(theorem of M. Kac)能够证明

---

① 这是库普曼的混合性质,它们是证明统计力学的必要且充分的遍历假设。——作者注

$$\int_{-\infty}^{\infty} K(t+\tau)\, \mathrm{d}\xi(\tau,\gamma) \tag{3.65}$$

的零点的密度几乎总是确定的,而且通过对 K 的适当选择可以使其密度任意大。如此选择 K_D 使其密度为 D。这样从 $-\infty$ 到 ∞ 的 $\int_{-\infty}^{\infty} K_D(t+\tau)\, \mathrm{d}\xi(\tau,\gamma)$ 的零点序列将被称为 $Z_n(D,\gamma)$,$-\infty < n < \infty$。当然,n 在这些零点的计算中是确定的,除了一个附加的整常数外。

现在,令 $T(t,\mu)$ 为连续变量 t 的任一时间序列,这里 μ 是该时间序列分布的一个参数,对 $(0,1)$ 均匀变化。然后令

$$T_D(t,\mu,\gamma) = T[t - Z_n(D,\gamma),\mu] \tag{3.66}$$

这里所取的 Z_n 是刚刚先于 t 的一个数。我们将会看到,对于 x 的值 $t_1,t_2,\cdots,t_v$ 的任一有限集合,当 $D \to \infty$ 时,对于几乎每一个 μ 值,$T_D(t_k,\mu,\gamma)\ (k = 1,2,\cdots,v)$ 的联合分布,将会趋近对相同的 t_k 的 $T(t_k,\mu)$ 的联合分布。然而,$T_D(t,\mu,\gamma)$ 完全是由 t,μ,D 和 $\xi(\tau,\gamma)$ 所决定的。因此,对一个给定的 D 和 μ,尝试直接用式 (3.46) 的形式,或者用另外的、其分布是这种形式的分布的极限(在上述宽泛的意义上)的时间序列来表示,都是适当的。

必须承认,这是一个将要在未来完成的研究计划,而不是可以认为已经完成了的一项工作。不管怎样,在我看来,这个计划为合理、一致地处理那些与非线性预测、非线性滤波、非线性条件下信息传输的评估,以及与高密度气体和湍流理论等相关的许多问题,提供了最美好的希望。这些问题也许是通信工程面临的最为迫切的问题。

现在让我们来谈谈等式 (3.34) 这种形式的时间序列的预测问题。我们知道,这种时间序列唯一独立的统计参数是 $\Phi(t)$,如等式 (3.35) 所给出的;这意味着与 $K(t)$ 相关联的唯一有意义的量是

$$\int_{-\infty}^{\infty} K(s)\, K(s+t)\, \mathrm{d}s \tag{3.67}$$

这里的 K 当然是实数。

让我们用傅立叶变换,使得

$$K(s) = \int_{-\infty}^{\infty} k(\omega)\, \mathrm{e}^{i\omega s}\, \mathrm{d}\omega \tag{3.68}$$

知道 $K(s)$ 就知道 $k(\omega)$,反之亦然。于是

$$\frac{1}{2\pi}\int_{-\infty}^{\infty} K(s)\, K(s+\tau)\, \mathrm{d}s = \int_{-\infty}^{\infty} k(\omega)\, k(-\omega)\, \mathrm{e}^{i\omega\tau}\, \mathrm{d}\omega \tag{3.69}$$

因此,关于 $\Phi(\tau)$ 的知识与关于 $k(\omega)\,k(-\omega)$ 的知识是相当的。但是,由于 $K(s)$ 是实数,由 $k(\omega) = k(-\omega)$,则有

$$K(s) = \int_{-\infty}^{\infty} \overline{k(\omega)}\, \mathrm{e}^{-\mathrm{i}\omega s}\mathrm{d}\omega \tag{3.70}$$

因此,$|k(\omega)|^2$ 是一个已知函数,这意味着 $\log|k(\omega)|$ 的实数部分是 个已知函数。

如果我们写成

$$F(\omega) = R\{\log[k(\omega)]\} \tag{3.71}$$

那么,对 $K(s)$ 的确定就相当于对 $\log k(\omega)$ 虚数部分的确定。这个问题是不确定的,除非我们对 $k(\omega)$ 进一步加以限制。我们将要施加的限制类型,即 $\log k(w)$ 是解析的,且在上半平面中对 ω 的增长速度足够小。为了满足这种限制,将假定 $k(\omega)$ 和 $[k(\omega)]^{-1}$ 在实数轴上是代数增长。$[F(\omega)]^2$ 是偶函数,至多对数地趋于无限,而且

$$G(\omega) = \frac{1}{\pi}\int_{-\infty}^{\infty} \frac{F(u)}{u-\omega}\mathrm{d}u \tag{3.72}$$

的柯西主值(Cauchy principal value)存在。由等式(3.72)表示的变换是希尔伯特变换,它把 $\cos\lambda\omega$ 变为 $\sin\lambda\omega$,而把 $\sin\lambda\omega$ 变为 $-\cos\lambda\omega$ 于是,$F(\omega) + \mathrm{i}G(\omega)$ 是形式为

$$\int_0^{\infty} \mathrm{e}^{\mathrm{i}\lambda\omega}\mathrm{d}[M(\lambda)] \tag{3.73}$$

的一个函数,且满足对 $\log|k(\omega)|$ 在下半平面的条件要求。如果现在令

$$k(\omega) = \exp[F(\omega) + \mathrm{i}G(\omega)] \tag{3.74}$$

可以证明,在很一般的条件下,$k(\omega)$ 是这样一种函数,即如等式(3.68)所定义的,$K(s)$ 对所有负变量化为零。因此

$$f(t,\gamma) = \int_{-t}^{\infty} K(t+\tau)\,\mathrm{d}\xi(\tau,\gamma) \tag{3.75}$$

换句话说,我们能够证明,在适当确定 N_n 之后,$1/k(\omega)$ 可以写成

$$\lim_{n\to\infty}\int_0^{\infty} \mathrm{e}^{\mathrm{i}\lambda\omega}\mathrm{d}N_n(\lambda) \tag{3.76}$$

而且,做到这点也可以这样,即

$$\xi(\tau,\gamma) = \lim_{n\to\infty}\int_0^{\tau}\mathrm{d}t\int_{-\tau}^{\infty} Q_n(t+\sigma)f(\sigma,\gamma)\,\mathrm{d}\sigma \tag{3.77}$$

这里的 Q_n 必须具有形式上的性质,即

$$f(t,\gamma) = \lim_{n\to\infty} \int_{-t}^{\infty} K(t+\tau)\, \mathrm{d}\tau \int_{-\tau}^{\infty} Q_n(\tau+\sigma) f(\sigma,\gamma)\, \mathrm{d}\sigma \qquad (3.78)$$

一般而言,我们将有

$$\Psi(t) = \lim_{n\to\infty} \int_{-t}^{\infty} K(t+\tau)\, \mathrm{d}\tau \int_{-\tau}^{\infty} Q_n(\tau+\sigma) \Psi(\sigma)\, \mathrm{d}\sigma \qquad (3.79)$$

或者,我们[像等式(3.68)那样]写成

$$K(s) = \int_{-\infty}^{\infty} k(\omega)\, \mathrm{e}^{\mathrm{i}\omega s}\, \mathrm{d}\omega$$

$$Q_n(s) = \int_{-\infty}^{\infty} q_n(\omega)\, \mathrm{e}^{\mathrm{i}\omega s}\, \mathrm{d}\omega$$

$$\Psi(s) = \int_{-\infty}^{\infty} \Psi(\omega)\, \mathrm{e}^{\mathrm{i}\omega s}\, \mathrm{d}\omega \qquad (3.80)$$

那么

$$\Psi(\omega) = \lim_{n\to\infty} (2\pi)^{\frac{3}{2}} \Psi(\omega)\, q_n(-\omega)\, k(\omega) \qquad (3.81)$$

因此

$$\lim_{n\to\infty} q_n(-\omega) = \frac{1}{(2\pi)^{\frac{3}{2}} k(\omega)} \qquad (3.82)$$

我们将会发现,这个结果在使预测运算子在形式上与频率而不是与时间关联方面很有用处。

这样,$\xi(t,\gamma)$ 的过去和现在,确切地说,"微分" $\mathrm{d}\xi(t,\gamma)$ 的过去和现在,决定了 $f(t,\gamma)$ 的过去和现在,反之亦然。

不过,如果 $A > 0$,则

$$f(t+A,\gamma) = \int_{-t-A}^{\infty} K(t+A+\tau)\, \mathrm{d}\xi(\tau,\gamma)$$

$$= \int_{-t-A}^{-t} K(t+A+\tau)\, \mathrm{d}\xi(\tau,\gamma)$$

$$+ \int_{-t}^{\infty} K(t+A+\tau)\, \mathrm{d}\xi(\tau,\gamma) \qquad (3.83)$$

上面最后式中的第一项,依赖于 $\mathrm{d}\xi(\tau,\gamma)$ 的变化范围,而对这个范围,关于 $\sigma \leqslant t$ 的 $f(\sigma,\gamma)$ 的知识并没有告诉我们什么,而且与第二项完全无关。它的均方值为

$$\int_{-t-A}^{t} [K(t+A+\tau)]^2 \mathrm{d}\tau = \int_{0}^{A} [K(\tau)]^2 \mathrm{d}\tau \qquad (3.84)$$

这告诉我们所有关于它的认识都是统计学的。可以证明存在一个具有这种均方值的高斯分布。它是 $f(t+A,\gamma)$ 可能的最优预测的误差。

可能的最优预测本身是等式(3.83)的最后一项,

$$\int_{-t}^{\infty} K(t + A + \tau) \, d\xi(\tau, \gamma)$$

$$= \lim_{n \to \infty} \int_{-t}^{\infty} K(t + A + \tau) \, d\tau \int_{-\tau}^{\infty} Q_n(\tau + \sigma) f(\sigma, \gamma) \, d\sigma \qquad (3.85)$$

如果现在我们令

$$k_A(\omega) = \frac{1}{2\pi} \int_{0}^{\infty} K(t + A) \, e^{-i\omega t} \, dt \qquad (3.86)$$

并将等式(3.85)的运算子应用于 $e^{i\omega t}$,则得到

$$\lim_{n \to \infty} \int_{-t}^{\infty} K(t + A + \tau) \, d\tau \int_{-\tau}^{\infty} Q_n(\tau + \sigma) \, e^{i\omega\sigma} \, d\sigma = A(\omega) \, e^{i\omega t} \qquad (3.87)$$

我们将会得出[有点像等式(3.81)中那样]

$$A(\omega) = \lim_{n \to \infty} (2\pi)^{\frac{3}{2}} q_n(-\omega) k_A(\omega)$$

$$= k_A(\omega)/k(\omega)$$

$$= \frac{1}{2\pi k(\omega)} \int_{A}^{\infty} e^{-i\omega(t-A)} \, dt \int_{-\infty}^{\infty} k(u) \, e^{iut} \, du \qquad (3.88)$$

这就是最优预测运算子的频率形式。

如等式(3.34)所示的时间序列中的滤波问题与预测问题非常相似。我们设消息加噪声的形式为

$$m(t) + n(t) = \int_{0}^{\infty} K(\tau) \, d\xi(t - \tau, \gamma) \qquad (3.89)$$

而设消息的形式为

$$m(t) = \int_{-\infty}^{\infty} Q(\tau) \, d\xi(t - \tau, \gamma) + \int_{-\infty}^{\infty} R(\tau) \, d\xi(t - \tau, \delta) \qquad (3.90)$$

这里 γ 和 δ 在$(0,1)$上独立分布。那么 $m(t + a)$ 的可预测部分显然是

$$\int_{0}^{\infty} Q(\tau + a) \, d\xi(t - \tau, \gamma) \qquad (3.901)$$

而预测的均方差为

$$\int_{-\infty}^{a} [Q(\tau)]^2 \, d\tau + \int_{-\infty}^{\infty} [R(\tau)]^2 \, d\tau \qquad (3.902)$$

还有,假定我们已知下列诸量:

$$\phi_{22}(t) = \int_{0}^{1} d\gamma \int_{0}^{1} d\delta \, n(t + \tau) \, n(\tau)$$

$$= \int_{-\infty}^{\infty} [K(|t| + \tau) - Q(|t| + \tau)][K(\tau) - Q(\tau)] \, d\tau$$

$$= \int_0^\infty [K(|t| + \tau) - Q(|t| + \tau)] [K(\tau) - Q(\tau)] \, d\tau$$

$$+ \int_{-|t|}^0 [K(|t| + \tau) - Q(|t| + \tau)] [-Q(\tau)] \, d\tau$$

$$+ \int_{-\infty}^{-|t|} Q(|t| + \tau) Q(\tau) \, d\tau + \int_{-\infty}^\infty R(|t| + \tau) R(\tau) \, d\tau$$

$$= \int_0^\infty K(|t| + \tau) K(\tau) \, d\tau - \int_{-|t|}^\infty K(|t| + \tau) Q(\tau) \, d\tau$$

$$+ \int_{-\infty}^\infty Q(|t| + \tau) Q(\tau) \, d\tau + \int_{-\infty}^\infty R(|t| + \tau) R(\tau) \, d\tau \tag{3.903}$$

$$\phi_{11}(\tau) = \int_0^1 d\gamma \int_0^1 d\delta \, m(|t| + \tau) \, m(\tau)$$

$$= \int_{-\infty}^\infty Q(|t| + \tau) Q(\tau) \, d\tau + \int_{-\infty}^\infty R(|t| + \tau) R(\tau) \, d\tau \tag{3.904}$$

$$\phi_{12}(\tau) = \int_0^1 d\gamma \int_0^1 d\delta \, m(t + \tau) \, n(\tau)$$

$$= \int_0^1 d\gamma \int_0^1 d\delta \, m(t + \tau) [m(\tau) + n(\tau)] - \phi_{11}(\tau)$$

$$= \int_0^1 d\gamma \int_{-t}^\infty K(\sigma + t) \, d\xi(\tau - \sigma, \gamma) \int_{-t}^\infty Q(\tau) \, d\xi(\tau - \sigma, \gamma) - \phi_{11}(\tau)$$

$$= \int_{-t}^\infty K(t + \tau) Q(\tau) \, d\tau - \phi_{11}(\tau) \tag{3.905}$$

这三组量的傅立叶变换分别是,

$$\left. \begin{aligned} \Phi_{22}(\omega) &= |k(\omega)|^2 + |q(\omega)|^2 - q(\omega) \overline{k(\omega)} - k(\omega) \overline{q(\omega)} + |r(\omega)|^2 \\ \Phi_{11}(\omega) &= |q(\omega)|^2 + |r(\omega)|^2 \\ \Phi_{12}(\omega) &= k(\omega) \overline{q(\omega)} - |q(\omega)|^2 - |r(\omega)| \end{aligned} \right\} \tag{3.906}$$

式中

$$\left. \begin{aligned} k(\omega) &= \frac{1}{2\pi} \int_0^\infty K(s) \, e^{-i\omega s} \, ds \\ q(\omega) &= \frac{1}{2\pi} \int_{-\infty}^\infty \overline{Q(s)} \, e^{-i\omega s} \, ds \\ r(\omega) &= \frac{1}{2\pi} \int_{-\infty}^\infty R(s) \, e^{-i\omega s} \, ds \end{aligned} \right\} \tag{3.907}$$

也就是,

$$\Phi_{11}(\omega) + \Phi_{12}(\omega) + \overline{\Phi_{12}(\omega)} + \Phi_{22}(\omega) = |k(\omega)|^2 \tag{3.908}$$

和

$$q(\omega)\ \overline{k(\omega)} = \Phi_{11}(\omega) + \Phi_{21}(\omega) \tag{3.909}$$

为了对称我们写成 $\Phi_{21}(\omega) = \overline{\Phi_{12}(\omega)}$。我们现在可以从等式(3.908)来确定 $k(\omega)$，因为之前我们在等式(3.74)的基础上定义过 $k(\omega)$。这里我们用 $\Phi(t)$ 表示 $\Phi_{11}(t) + \Phi_{22}(t) + 2R[\Phi_{12}(t)]$。由此得到

$$q(\omega) = \frac{\Phi_{11}(\omega) + \Phi_{21}(\omega)}{\overline{k(\omega)}} \tag{3.910}$$

因此

$$Q(t) = \int_{-\infty}^{\infty} \frac{\Phi_{11}(\omega) + \Phi_{21}(\omega)}{\overline{k(\omega)}} e^{i\omega t} d\omega \tag{3.911}$$

于是，具有最小均方差的 $m(t)$ 的最优测定是

$$\int_{0}^{\infty} d\xi(t - \tau, \gamma) \int_{-\infty}^{\infty} \frac{\Phi_{11}(\omega) + \Phi_{21}(\omega)}{\overline{k(\omega)}} e^{i\omega(t+a)} d\omega \tag{3.912}$$

把上式与等式(3.89)结合起来，并运用类似于我们得出的等式(3.88)的变量，得到作用于 $m(t) + n(t)$ 的运算子，即我们由此获得 $m(t + a)$ 的"最优"表示的运算子，如果用频率尺度来写的话，它是

$$\frac{1}{2\pi k(\omega)} \int_{a}^{\infty} e^{-i\omega(t-a)} dt \int_{-\infty}^{\infty} \frac{\Phi_{11}(u) + \Phi_{21}(u)}{\overline{k(u)}} e^{iut} du \tag{3.913}$$

这个运算子可以看作电气工程师所称的**滤波器**的一个特征运算子。数量 a 是滤波器的滞后。它可以是正数，也可以是负数；当它是负数时，$-a$ 是所谓的**超前量**。我们总是可以按照我们喜欢的高精度来制造与式(3.913)相一致的设备。对它的制造细节，电气工程专家知道得要比本书读者多得多，这些细节随处可见。①

均方滤波误差(式3.902)可以用无穷滞后的均方滤波误差之和来表示：

$$\int_{-\infty}^{\infty} [R(\tau)]^2 d\tau = \Phi_{11}(0) - \int_{-\infty}^{\infty} [Q(\tau)]^2 d\tau$$

$$= \frac{1}{2\pi} \int_{-\infty}^{\infty} \Phi_{11}(\omega) d\omega - \frac{1}{2\pi} \int_{-\infty}^{\infty} \left| \frac{\Phi_{11}(\omega) + \Phi_{21}(\omega)}{\overline{k(\omega)}} \right|^2 d\omega$$

$$= \frac{1}{2\pi} \int_{-\infty}^{\infty} \left[\Phi_{11}(\omega) - \frac{|\Phi_{11}(\omega) + \Phi_{21}(\omega)|^2}{\Phi_{11}(\omega) + \Phi_{12}(\omega) + \Phi_{21}(\omega) + \Phi_{22}(\omega)} \right] d\omega$$

---

① 我们特别指的是李郁荣博士近期的论文。——作者注

$$= \frac{1}{2\pi} \int_{-\infty}^{\infty} \frac{\begin{vmatrix} \Phi_{11}(\omega) & \Phi_{12}(\omega) \\ \Phi_{21}(\omega) & \Phi_{22}(\omega) \end{vmatrix}}{\Phi_{11}(\omega) + \Phi_{12}(\omega) + \Phi_{21}(\omega) + \Phi_{22}(\omega)} d\omega \qquad (3.914)$$

取决于滞后的部分是:

$$\int_{-\infty}^{a} [Q(\tau)]^2 dt = \int_{-\infty}^{a} dt \left| \int_{-\infty}^{\infty} \frac{\Phi_{11}(\omega) + \Phi_{21}(\omega)}{\overline{k(\omega)}} e^{i\omega t} d\omega \right|^2 \qquad (3.915)$$

我们将会看到,滤波的均方差是滞后的单调递减函数。

关于消息和噪声,源自布朗运动的另一个有趣的问题是信息传递率问题。为简单起见,让我们考虑一下消息与噪声不相关的情况,即

$$\Phi_{12}(\omega) \equiv \Phi_{21}(\omega) \equiv 0 \qquad (3.916)$$

在这种情况下,我们来看

$$\left. \begin{aligned} m(t) &= \int_{-\infty}^{\infty} M(\tau) \, d\xi(t - \tau, \gamma) \\ n(t) &= \int_{-\infty}^{\infty} N(\tau) \, d\xi(t - \tau, \delta) \end{aligned} \right\} \qquad (3.917)$$

式中的 γ 和 δ 是独立分布的。假设已知 $m(t)$ 和 $n(t)$ 在 $(-A, A)$ 上,我们能获得多少关于 $m(t)$ 的信息? 请注意,我们应当期望这个信息与我们从下式得到的信息量相差无几。

$$\int_{-A}^{A} M(\tau) \, d\xi(t - \tau, \gamma) \qquad (3.918)$$

如果我们知道下式中所有的值,则可以获得上式的信息量,

$$\int_{-A}^{A} M(\tau) \, d\xi(t - \tau, \gamma) + \int_{-A}^{A} N(\tau) \, d\xi(t - \tau, \delta) \qquad (3.919)$$

这里的 γ 和 δ 是独立分布的。不过,可以证明,式(3.918)的第 n 个傅立叶系数具有与其他所有傅立叶系数无关的高斯分布,而且它的均方值正比于

$$\left| \int_{-A}^{A} M(\tau) \exp\left(i \frac{\pi n \tau}{A}\right) d\tau \right|^2 \qquad (3.920)$$

因此,由等式(3.09),关于 M 的可获得的总信息量是

$$\sum_{n=-\infty}^{\infty} \frac{1}{2} \log_2 \frac{\left| \int_{-A}^{A} M(\tau) \exp\left(i \frac{\pi n \tau}{A}\right) d\tau \right|^2 + \left| \int_{-A}^{A} N(\tau) \exp\left(i \frac{\pi n \tau}{A}\right) d\tau \right|^2}{\left| \int_{-A}^{A} N(\tau) \exp\left(i \frac{\pi n \tau}{A}\right) d\tau \right|^2} \qquad (3.921)$$

且能量传递的时间密度是这个总信息量除以 $2A$。如果 $A \to \infty$,则式(3.921)

趋于

$$\frac{1}{2\pi}\int_{-\infty}^{\infty}\mathrm{d}u\log_2\frac{\left|\int_{-\infty}^{\infty}M(\tau)\exp\mathrm{i}u\tau\,\mathrm{d}\tau\right|^2+\left|\int_{-\infty}^{\infty}N(\tau)\exp\mathrm{i}u\tau\,\mathrm{d}\tau\right|^2}{\left|\int_{-\infty}^{\infty}N(\tau)\exp\mathrm{i}u\tau\,\mathrm{d}\tau\right|^2} \tag{3.922}$$

这恰好就是我和香农对这种情况下的信息传输率的研究已经得到的成果。如我们所见，它不仅取决于传递消息所用频带的宽度，而且取决于噪声水平。事实上，它与某个给定个人用来测量听力和听力损失量的听力图有密切的关系。这里的横坐标是频率，下边的纵坐标是可听见的声音底限强度的对数——我们可以称之为接收系统的**内部噪声**强度的对数——而上边，是系统适合处理的最大消息强度的对数。上下边之间的面积，即式(3.922)的次元量，可以用来作为耳朵能够处理的信息传输率的测度。

线性地依赖布朗运动的消息理论有许多重要的变体。关键的公式是等式(3.88)和(3.914)，以及式(3.922)，当然还有解释它们所需要的定义。下面是这个理论的一些变体。第一个：消息和噪声代表对布朗运动的线性谐振器的回应，在这种情况下这个理论为我们提供了预测器和滤波器可能的最优设计；但在更为普遍的情况下，它们只是预测器和滤波器的可能的设计。这不会是绝对的最优可能设计，但它会使预测和滤波的均方差最小化，只要用以线性方式运行的设备就能够做到这一点。但是，有一些非线性设备通常还是要比任何线性设备做得更好。

第二个，这里所说的时间序列一直是简单时间序列，其中只有一个取决于时间的变量。还有一些多重时间序列，其中有若干同时依赖于时间的变量；而它们在经济学、气象学等类似学科中最为重要。日复一日的完整的美国天气地图，构成这样一种时间序列。在这种情况下，我们不得不以频率形式同时展开许多函数，而像等式(3.35)和紧随等式(3.70)之后的变元 $|k(\omega)|^2$ 那样的二次量，被成对的量的阵列——即矩阵——所替代。根据 $|k(\omega)|^2$ 来确定 $k(\omega)$ 的问题，由于要以这种方式来满足复变量平面的某些附加条件而变得十分困难，尤其因为矩阵乘法不是一种可置换运算。不过，这种多元理论中涉及的问题已经被克莱因(Klein)[①]和我解决了，至少是部分解决了。

---

① 菲利克斯·克莱因(Felix Klein, 1849—1925)，德国数学家，主要研究领域是非欧几何、群论和函数论。他的"爱尔兰根纲领"影响深远，著有《高观点下的初等数学》。

多元理论代表了上述理论的复杂化。另一个密切相关的理论是它的简单化。这就是离散时间序列中的预测、滤波和信息量理论。这样的序列是参数 α 的函数 $f_n(\alpha)$ 的序列，这里 n 是从 $-\infty$ 到 ∞ 的一切整数值。量 α 和前面一样是分布参数，而且可以始终在 $(0,1)$ 上取值。当 n 变为 $n+v$（v 为整数）时被称为**处于统计平衡**的时间序列，等于 α 在区间 $(0,1)$ 变动时成为自身的保测变换。

离散时间序列理论在很多方面比连续序列理论更为简单。例如，想让它们依赖于一系列独立选择要容易得多。每一项（在混合情况下）都可以表示成前面各项与独立于前面所有项、始终分布在 $(0,1)$ 上的一个量的组合，并且这些独立因子的序列可以用来替代布朗运动，后者在连续条件下是非常重要的。

如果 $f_n(\alpha)$ 是一个处于统计平衡的时间序列，而且是度量可递的，则它的自相关系数是

$$\phi_m = \int_0^1 f_m(\alpha) f_0(\alpha)\, \mathrm{d}\alpha \qquad (3.923)$$

并且几乎对所有 α，我们都会有

$$\phi_m = \lim_{N\to\infty} \frac{1}{N+1} \sum_0^N f_{k+m}(\alpha) f_k(\alpha)$$

$$= \lim_{N\to\infty} \frac{1}{N+1} \sum_0^N f_{-k+m}(\alpha) f_{-k}(\alpha) \qquad (3.924)$$

设

$$\phi_n = \frac{1}{2\pi} \int_{-\pi}^{\pi} \Phi(\omega)\, \mathrm{e}^{in\omega} \mathrm{d}\omega \qquad (3.925)$$

或

$$\Phi(\omega) = \sum_{-\infty}^{\infty} \phi_n \mathrm{e}^{-in\omega} \qquad (3.926)$$

令

$$\frac{1}{2}\log\Phi(\omega) = \sum_{-\infty}^{\infty} p_n \cos n\omega \qquad (3.927)$$

又令

$$G(\omega) = \frac{p_0}{2} + \sum_1^{\infty} p_n \mathrm{e}^{in\omega} \qquad (3.928)$$

令

$$e^{G(\omega)} = k(\omega) \qquad (3.929)$$

那么，在很一般的条件下，如果 ω 是单位圆的角，$k(\omega)$ 则是单位圆内没有零点或

奇点的函数的单位圆的边界值。我们将有

$$|k(\omega)|^2 = \Phi(\omega) \tag{3.930}$$

现在，如果我们设有一个超前量 v 的 $f_n(\alpha)$ 的最优线性预测为

$$\sum_0^\infty f_{n-v}(\alpha)\, W_v \tag{3.931}$$

将会得到

$$\sum_0^\infty W_\mu \mathrm{e}^{i\mu\omega} = \frac{1}{2\pi k(\omega)} \sum_{\mu=v}^\infty \mathrm{e}^{i\omega(\mu-v)} \int_{-\pi}^\pi k(u)\, \mathrm{e}^{-i\mu u}\mathrm{d}u \tag{3.932}$$

这是等式(3.88)的模拟。请注意，如果我们设

$$k_\mu = \frac{1}{2\pi} \int_{-\pi}^\pi k(u)\, \mathrm{e}^{-i\mu u}\mathrm{d}u \tag{3.933}$$

那么

$$\sum_0^\infty W_\mu \mathrm{e}^{i\mu\omega} = \mathrm{e}^{-iv\omega} \frac{\displaystyle\sum_v^\infty k_\mu \mathrm{e}^{i\mu\omega}}{\displaystyle\sum_0^\infty k_\mu \mathrm{e}^{i\mu\omega}}$$

$$= \mathrm{e}^{-iv\omega}\left(1 - \frac{\displaystyle\sum_0^{v-1} k_\mu \mathrm{e}^{i\mu\omega}}{\displaystyle\sum_0^\infty k_\mu \mathrm{e}^{i\mu\omega}}\right) \tag{3.934}$$

显然这将是我们形成 $k(\omega)$ 的方法的结果，一般情况下，我们可以设

$$\frac{1}{k(\omega)} = \sum_0^\infty q_\mu \mathrm{e}^{i\mu\omega} \tag{3.935}$$

则等式(3.934)变为

$$\sum_0^\infty W_\mu \mathrm{e}^{i\mu\omega} = \mathrm{e}^{-iv\omega}\left(1 - \sum_0^{v-1} k_\mu \mathrm{e}^{i\mu\omega} \sum_0^\infty q_\lambda \mathrm{e}^{i\lambda\omega}\right) \tag{3.936}$$

特别是，如果 $v=1$，则

$$\sum_0^\infty W_\mu \mathrm{e}^{i\mu\omega} = \mathrm{e}^{-i\omega}\left(1 - k_0 \sum_0^\infty q_\lambda \mathrm{e}^{i\lambda\omega}\right) \tag{3.937}$$

或

$$W_\mu = -q_{\lambda+1} k_0 \tag{3.938}$$

因此对提前一步的预测，$f_{n+1}(\alpha)$ 的最优值是

$$-k_0 \sum_0^\infty q_{\lambda+1} f_{n-\lambda}(\alpha) \tag{3.939}$$

而且经过逐步预测的过程，我们就可以解决离散时间序列线性预测的所有问题。

至于连续的时间序列,如果

$$f_n(\alpha) = \int_{-\infty}^{\infty} K(n-\tau)\, d\xi(\tau,\alpha) \tag{3.940}$$

这将是用各种方法可能得到的最优预测。

从连续向离散滤波问题的转移遵循几乎同样的论证路线。关于最优滤波器频率特征的公式(3.913)采用如下形式

$$\frac{1}{2\pi k(\omega)} \sum_{v=a}^{\infty} e^{-i\omega(v-a)} \int_{-\pi}^{\pi} \frac{[\Phi_{11}(u) + \Phi_{21}(u)]\, e^{iuv} du}{k(u)} \tag{3.941}$$

式中所有项都接受与连续序列中相同的定义,除了所有对 ω 和 u 的积分是从 $-\pi$ 到 π,而不是从 $-\infty$ 到 ∞,以及所有对 v 的求和是离散求和而不是对 t 的积分。有关离散时间序列的滤波器通常不是可以利用电路在物理上制造的装置,它更像是一种让统计学家能够借助并不纯粹的统计数据获得最优结果的数学程序。

最后,形式如下的离散时间序列

$$\int_{-\infty}^{\infty} M(n-\tau)\, d\xi(t,\gamma) \tag{3.942}$$

有噪声

$$\int_{-\infty}^{\infty} N(n-\tau)\, d\xi(t,\delta) \tag{3.943}$$

此时 γ 和 δ 是独立的,其信息传递率是式(3.922)的精确类推,即

$$\frac{1}{2\pi} \int_{-\pi}^{\pi} du \log_2 \frac{\left| \int_{-\infty}^{\infty} M(\tau)\, e^{iu\tau} d\tau \right|^2 + \left| \int_{-\infty}^{\infty} N(\tau)\, e^{iu\tau} d\tau \right|^2}{\left| \int_{-\infty}^{\infty} N(\tau)\, e^{iu\tau} d\tau \right|^2} \tag{3.944}$$

在区间 $(-\pi,\pi)$ 上,

$$\left| \int_{-\infty}^{\infty} M(\tau)\, e^{iu\tau} d\tau \right|^2 \tag{3.945}$$

表示消息功率按频率的分布,而

$$\left| \int_{-\infty}^{\infty} N(\tau)\, e^{iu\tau} d\tau \right|^2 \tag{3.946}$$

则表示噪声功率按频率的分布。

我们这里发展出来的统计理论需要掌握所观察的时间序列的全部过去。在各种情况下,我们不得不满足于不足,因为我们的观察没法无限地追溯过去。作为一个实用的统计理论,我们的理论发展若要超过这个限度,需要扩展现在的抽样方法。我和其他一些人已经朝着这个方向出发了。一方面,它涉及使用贝叶

斯定理,或使用似然理论(the theory of likelihood)中那些术语技巧的所有复杂性;①另一方面,它似乎在回避使用贝叶斯定理的必要性,而事实上又把使用它的责任转移到实干的统计学家身上,或者转移到最后使用其统计结果的人身上。同时,统计理论家可以相当坦然地说,他所说过的话都是十分严谨和毋庸置疑的。

最后,本章应当以讨论现代量子力学来结束。现代量子力学代表着时间序列理论进入现代物理学的最高点。在牛顿物理学中,物理现象的一连串事件完全是由它的过去所决定的,尤其是由任一瞬间所有确定的位置和动量所决定的。在吉布斯的整个理论中,它仍然是正确的,由于有对整个宇宙的多重时间序列的完美计算,知道任一瞬间的所有位置和动量就将决定整个未来。我们实际研究的来自布朗运动的时间序列,之所以呈现出在本章中已为大家所熟悉的这种混合性质,只是因为有一些坐标和动量被忽略了,还没有被观察到。海森堡对物理学的伟大贡献在于,他用一个时间序列在其中无法还原为在时间中具有确定发展线索的系综的世界,代替了吉布斯的那个仍然是准牛顿式的世界。在量子力学中,单个系统的全部过去并不以任何绝对的方式决定其未来,而只能决定该系统未来可能状态的分布。经典物理学所要求的知道一个系统全部过程的那些量不能被同时观测到,除了以一种模糊的、近似的方式外,但不管怎样,对经典物理学要求的**能够用实验来证明的精确度范围**来说,还是足够精确的。观测一个动量及其共轭位置的条件是不能兼容的。为了尽可能精确地观测一个系统的位置,我们必须借助光或电子波,或其他类似的具有高分辨率、短波长的方法。但是,光具有只依赖其频率的粒子作用,而用高频光照射一个物体,意味着使它改变其随频率增加而增加的动量。另一方面,低频光可以给出被照射粒子的动量的最小变化,但它没有足够的分辨力来清晰地指出位置。中间频率的光给出位置和动量二者的模糊说明。一般来说,不能设想有一组观测能为我们提供有关某个系统过去的信息,并足以使我们获得关于其未来的全部信息。

尽管如此,就像时间序列的所有系综一样,我们这里发展出的信息量理论是适用的,因而关于熵的理论也能适用。不过,由于我们目前处理的时间序列具有混合性,即便我们的数据尽可能完整,我们发现这些系统并没有绝对的势垒;在时间进程中,系统的任一状态都可能并将会使自身变化到任何别的状态。不过,

----

① 参见费希尔和冯·诺伊曼的论文。——作者注

这种变化的概率从长远来看取决于两种状态的相对概率或测度。结果表明，那些能通过多次变换而变为自身的状态的概率特别高，用量子理论家的话来说，那是些具有高内共振性或高量子简并性的状态。苯环就是这样的一个例子，因为它有两个等价的状态。

 和

这表明：在一个内部各部分可以按不同方式紧密结合起来的系统里，如氨基酸的混合物自组织为蛋白质链那样，这些蛋白链中有许多是相似的，经历相互密切伴随的阶段，这种情况可能比这些链彼此不同更为稳定。霍尔丹曾尝试提出，这可能就是基因和病毒自身繁殖的途径。虽然他没有把这个提议作为最终结论肯定下来，但我以为，没有什么理由不把它作为尝试性假说来加以保留。正如霍尔丹本人所指出的，由于量子理论中任何单个粒子都没有完全明确的个性，所以在这种情况下不能很准确地说，在以这种方式自我复制的两个基因样本中，哪一个是主型，哪一个是复制品。

这种同样的共振现象在生命物质中频繁出现。森特-杰尔基曾指出这种现象在肌肉构造中的重要性，高共振的物质普遍具有一种异乎寻常的储存能量和信息的能力，而且这样的储存在肌肉收缩时肯定是会发生的。

还有，与繁殖有关的相同现象可能具有与生命体中存在的化学物质的超凡特性有关的某种东西，不仅是从种群到种群，而且甚至也在同一种群的个体之间。这种考虑可能对免疫学非常重要。

维纳夫妇和印度统计学家马哈拉诺比斯(1956)。

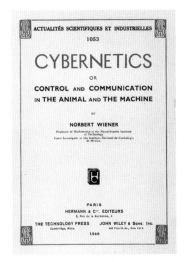

▶《控制论》首版封面（1948）。《控制论》的出版给维纳带来了世界声誉，也对现代科学与技术的进步产生了重大的影响。在《控制论》出版后不到十年的时间里，控制论的广泛应用催生了令人眼花缭乱的各种自动机器。控制论的思想和方法几乎渗透到了所有的自然科学和社会科学领域，并预见和影响了计算机处理、机器人和自动化等新技术的到来。

◀ 德国哲学家、数学家莱布尼兹（Gottfried Wilhelm Leibniz，1646—1716）。维纳曾不止一次表达莱布尼兹的哲学思想对其创立控制论的重要影响："如果要在科学史上为控制论选择一位守护神的话，我会选择莱布尼兹。莱布尼兹的哲学聚焦在两个关系紧密的概念上——普遍符号论的概念和推理演算的概念。"

↙《伏羲先天六十四卦方圆图》。莱布尼兹发表的关于二进制算法的论文，使他跻身法兰西皇家科学院院士之列，对后世产生了深远影响。而正是从法国来中国的数学家、传教士白晋（Joachim Bouvet，1656—1730）寄给莱布尼兹的这幅《伏羲先天六十四卦方圆图》，使原本被束之高阁的论文获得了修改和发表的契机。莱布尼兹在二进制算法和中国古代神秘的八卦图中发现的微妙巧合，为他的这篇论文增加了分量。维纳在《控制论》中提出的关于计算机的五原则就包括使用二进制而不是十进制。

↘ 莱布尼兹手稿。上面有对二进制的详细描述和关于古代中国卦象的排序算法等内容。

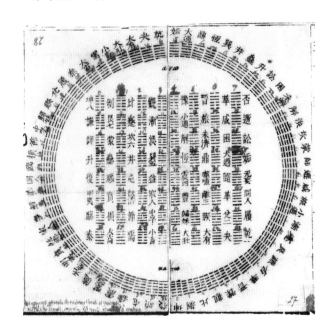

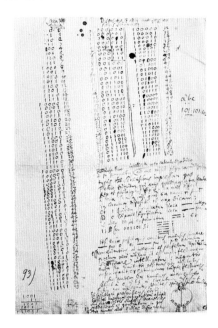

◀ 罗森勃吕特（Arturo Rosenblueth, 1900—1970）（左）与维纳（右）。墨西哥国家心脏学研究所的科学家罗森勃吕特是维纳重要的合作伙伴，对维纳创立控制论有举足轻重的影响。在《控制论》的致谢页上写着："献给罗森勃吕特，感谢他多年以来在科学上的陪伴"。

冯·诺伊曼、香农、毕格罗、皮兹等著名科学家和工程师都与维纳有过合作，他们推动了维纳创立控制论。

⬆ 美籍匈牙利数学家、计算机科学家、物理学家冯·诺伊曼（John von Neumann, 1903—1957）。

⬆ 美国数学家、信息论创始人香农（Claude Elwood Shannon, 1916—2001）。

⬆ 美国计算机工程师毕格罗（Julian Bigelow, 1913—2003）。

⬆ 美国逻辑学家皮兹（Walter Harry Pitts, 1923—1969）。

◀ 李郁荣（1904—1989），1924—1930 年在 MIT 电机系就读，相继获学士、硕士、博士学位。于 1934 年受顾毓琇邀请，到清华大学电机系任教。

▶ 布什（Vannevar Bush, 1890—1974），美国工程师，曾任 MIT 工学院首任院长、电机系主任及 NASA（美国国家航空航天局）前身机构 NACA（美国国家航空咨询委员会）主任。

李郁荣在 MIT 读书期间，经其导师布什介绍，结识了维纳，由此展开了长期的合作研究。李郁荣和维纳共同研制的李－维纳网络和新式继电器，都获得了美国专利。正是李郁荣的积极联络和倡议，促成了维纳在 1935 年来到中国，在清华大学担任为期一年的客座教授。

维纳（右一）和李郁荣（左二）、维斯纳（Jerome B. Wiesner, 1915—1994）（左一）等人在一起。他们的身旁是由 MIT 电机系实验室制造的第一部自相关器。

维纳在用自相关器研究自己的脑电波。

维纳在测试专用型相关器计算机。

◪ 维纳和同事在讨论和研制三轮车演示机。

⬈ 维纳在展示和讲解三轮车演示机。

◰ 三轮车演示机俯视图。

⬇ 三轮车演示机处于趋光的"飞蛾"模式时因自动追逐光照而形成的轨迹。

20世纪40年代末，维纳和同事合作研制了一种三轮车演示机，利用光电管与转向轮等设备，模拟生物体由于趋光性不同所导致的行为特征，演示反馈与自动控制的机制。通过对反馈机制的调节，维纳还用这台演示机模拟出了帕金森症式的震颤。

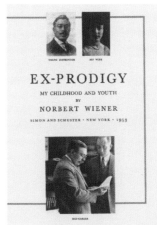
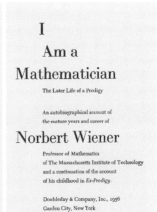

➡️《昔日神童》（左）、《我是一个数学家》（右）首版扉页。1953 年和 1956 年，维纳分别出版了自传《昔日神童》和《我是一个数学家》。维纳曾自述，他宁愿选择在清华大学任客座教授的 1935 年作为创立控制论的起点。他在清华大学与李郁荣合作研制滤波器时，开始了对控制论的研究。

◀️ 科学家、教育家顾毓琇（1902—2002）。顾毓琇是第一位获得 MIT 博士学位的中国人。1932—1937 年，顾毓琇任清华大学工学院院长兼电机系主任。在李郁荣的倡议和顾毓琇的积极推荐下，1935 年 2 月 14 日，清华大学校长梅贻琦向维纳发出了正式邀请电函。

➡️ 维纳和女儿芭芭拉在日本横滨（1935 年 7 月 26 日）。1935 年夏天，维纳携夫人和两个女儿，取道日本，来到中国。维纳在清华大学担任数学系教授和电机系教授，为两系高年级学生和教师开设傅立叶级数、傅立叶积分等课程以及数学专题讲座。

◀️ 始建于 1888 年的塘沽火车站旧址。维纳一家在日本访问两周后，乘一艘小轮船到达塘沽港。维纳对中国的第一印象就是"惊讶地看到岸上的中国挑夫比日本人高得多"。随后，在前来迎接的李郁荣的陪同下，维纳从塘沽火车站登上了前往北平的火车。

◀ 1936年清华大学数学系（时称算学系）师生合影。前排左一至左六：郑之蕃、杨武之、阿达马、维纳、熊庆来、曾远荣；第二排右一至右四：吴新谋、李杏瑛、赵访熊、戴良谟；第三排左一：庄圻泰；第三排左四：段学复。

◀ 1936年清华大学电机系教师合影。前排左一至左六：赵友民、李郁荣、顾毓琇、维纳、任之恭、章名涛；后排左起：张思侯、范崇武、沈尚贤、徐范、娄尔康、朱曾赏、严睃。

▶ **古都北平**。维纳对北平的印象是："北平是一个具有悠久艺术和文化传统的古都。这座城市既富有魅力，又肮脏贫穷。沿着高低不平的胡同走去是很有趣的，它看起来好像从一个贫民窟通到另一个贫民窟，但是那里朱红色的月洞门常常通往一个小巧玲珑的小天地，一个个风雅优美的亭台楼阁围绕着庭院和花园。"

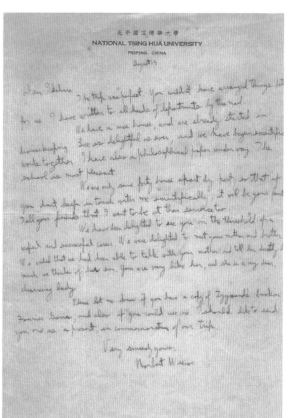

▶ 维纳书写在清华大学信纸上的手迹。

⬆ **数学家华罗庚**（1910—1985）。维纳在清华大学授课期间，在他的指点下，华罗庚与好友徐贤修合作完成了《关于傅立叶变换》一文。维纳回国后，将其推荐发表在 MIT 的《数学和物理杂志》上。这是华罗庚当年在国外发表的五篇论文之一，文章中特别表达了对维纳的感激。在维纳的支持和推荐下，华罗庚在剑桥大学访问时获得了哈代等人的直接指点，接触到了剑桥学派的最新成果。在华罗庚的学术生涯中，这无疑是与进入清华同样关键的一次机会。

▶ **钱学森**（1911—2009）**与《工程控制论》**。1954年，钱学森出版了《工程控制论》，该书迅速地被译为俄文、德文版。《工程控制论》系统地揭示了控制论对自动化、航空、航天、电子、通信等科学技术的意义和深远影响，吸引了大批数学家、工程技术学家从事控制论的研究，推动了 20 世纪五六十年代控制论学科发展的高潮。

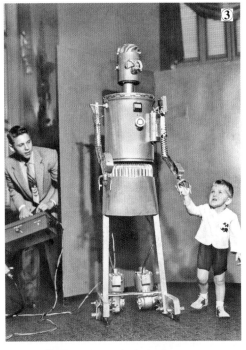

①②③早期的"机器人"。
④现代自动"机器人"装配线。
⑤科幻电影《机器人总动员》(*WALL-E*)中具有人的智能和情感的机器人瓦力。

维纳创立的控制论认为，在动物与无生命的机械世界中，都存在着同样的信息、通信、控制和反馈机制，智能行为是这套机制的外在表现。这不但为机器人和人工智能的发展奠定了理论基础、铺设了技术路径，更促使人们反思人与机器的关系，把人类面对机器时的上帝视角，下拉为平等视角：是否有那么一天，人会被机器的世界所统治？

第四章 反馈与振荡

 IV *Feedback and Oscillation* ·

为了能对外界产生有效的行动，我们不仅要有良好的效应器，而且这些效应器要能恰当地报告给中枢神经系统，而这些报告的内容又能与来自其他感官的信息恰当地结合起来，对效应器产生一个恰当的调节输出。在机器系统中有些情况与此十分相似。

一个病人来到神经科就诊。他没有瘫痪，而且听到指令时能够移动双腿。尽管如此，他饱受严重残疾的折磨。走路时，他步态怪异不稳，双目低垂，看着地面和双腿。每迈出一步都向前踢腿，连续向前迈着大步。如果蒙上他的双眼，他就会站立不住，跟跄倒地。他这是什么问题呢？

另一个病人来就诊，当他静静地坐在椅子上的时候，看起来似乎没有什么毛病，但是，递一支香烟给他，当他试图接住这支烟时，他的手就会抖动不定而错过它，接着他的手又会同样徒劳无功地摆向另一个方向，随后又摆回来，他的动作就这样一直没有结果，而且剧烈地抖动。给他一杯水，在他把水端到嘴边之前，这杯水就会因为这种抖动而洒光了。他又是什么问题呢？

这两个病人都在忍受着某种被称为**运动失调**（ataxia）的病痛。虽然肌肉强壮，也很健康，但是他们不能调节自己的动作。第一个病人患的是**脊髓痨**（tabes dorsalis）。他的脊髓的一部分由于梅毒后遗症而遭到破坏或损伤，这个部位在正常情况下是用来接收感觉的。结果，外面传入的消息即使没有完全消失，也受到了阻滞。那些分布在关节、腱、肌肉以及脚底等处的感受器，正常情况下是监测其下肢运动的位置和状态的，现在不能再向中枢神经系统传递任何有用的信息了。他只能依靠眼睛和内耳的平衡器官来获得有关其姿态的信息，用生理学家的术语来说，他丧失了本体感觉或肌肉运动感觉的重要部分。

第二个病人的本体感觉并没有丧失。他的伤在小脑中的某个部位，这种病叫作小脑性震颤或目的性震颤。看起来小脑可能具有某些调节肌肉回应本体感觉输入的机能，如果这种调节受到干扰，其结果之一就是抖动。

由此可见，为了能对外界产生有效的行动，我们不仅要有良好的效应器，而且这些效应器要能恰当地报告给中枢神经系统，而这些报告的内容又能与来自其他感官的信息恰当地结合起来，对效应器产生一个恰当的调节输出。在机器系统中有些情况与此十分相似。例如，我们来设想铁路上的信号塔，信号员控制着一组操作杆，它们可以打开或关闭信号系统并调整道岔。不过，信号员不能盲目地以为信号系统和道岔服从了他的命令，没准儿道岔被冻住了，或是大雪压弯了信号机臂，他所以为的道岔和信号机的实际状况——他的效应器——并没有

◀ 美国物理化学家吉布斯（Josiah Willard Gibbs, 1839—1903）。维纳在麻省理工学院工作时，开始认识到吉布斯在统计力学方面工作的意义。

听从他发出的指令。为了避免偶发事件可能导致的危险,每一个效应器,即道岔或信号机,都必须加装一个向信号塔回报的监督装置,把这些效应器的实际状况和工作情况报告给信号员。这和海军中复述命令在机制上是一样的。按照条例,每一位下级在接受命令时必须对上级复述一遍,表明他已经听到并理解了命令。信号员也必须根据这种复述的命令来行动。

请注意,在这个系统中,信息传递和返回的连续过程是有人参与的:今后我们把它叫作反馈过程。事实上,信号员不是完全自由的,他的道岔和信号机相互连接,这种连接可以是机械的或是电子的;他也没有选择某些灾难性组合的自由。不过,有一些反馈过程没有人为因素的干预。用来调节室温的通用恒温器就是这样一种反馈过程。这是一种能使室温达到预期指标的装置,如果室内的实际温度低于预期指标,恒温器就开动起来,打开风门或加大燃油的流量,把室温升高到预期水平。另一方面,如果室温超过预期水平,风门就会关闭,燃油的流量就会减少或中断。这样,室温就被保持在一个近乎稳定的水平上。需要注意的是,这种温度的稳定性取决于恒温器的优良设计。一个设计不好的恒温器会使室温发生剧烈的振荡,就像小脑性震颤患者的动作那样。

纯机械反馈系统的另一个例子是蒸汽机的调速器,这种装置最初是由克拉克·麦克斯韦研制的,用来调节蒸汽机在不同负荷条件下的速度。在瓦特设计的原始形式中,包括两个联结在摆杆上的球,它们可以在一根旋转轴的两边摆动。由于自身的重量或是受到弹簧推动,两个球向下运动;而由于转轴的角速度导致的离心运动,它们向上摆动。因此,可以假定它们有一个同样与角速度有关的中间平衡点。这个位置由其他连接杆传递到转轴的轴环上,这个轴环能使一个部件以如下方式运动:当蒸汽机速度减慢而球下落时,它就打开气缸的进气阀;而当蒸汽机速度加快和球上升时,就关闭阀门。请注意,这个反馈倾向于反对该系统正在进行的动作,因此是负反馈。

这样,我们有了使温度稳定的负反馈实例,也有了使速度稳定的负反馈实例。还有稳定位置的负反馈,就像船上的操舵机,它是由方向轮的位置与舵的位置之间的角度差来驱动的,并且总是要使舵的位置和方向轮的位置一致起来。自发动作中的反馈就是这种性质的反馈。我们并不想让某些肌肉运动起来,而且我们通常确实也不知道要通过哪些肌肉的运动才能完成某个特定的动作;比如,我们想接住一支香烟。我们根据对动作尚未完成的量的估算来调节自己的动作。

反馈到控制中心的信息倾向于反对控制偏离控制量。但是,这种反对根据偏离的状况可以有很多不同的方式。最简单的控制系统是线性控制系统：效应器的输出是输入的线性表现形式，当输入增加时，输出也增加。输出由同样是线性的一些装置来读出。这个读数可以简单地从输入中扣除。我们希望给出有关这种装置运转的一个严格理论，尤其是关于它的反常行为，以及在处理不当或过载时发生振荡的情况。

在本书中，我们尽量避免使用数学符号和数学技巧，但在不少地方难免要用到它们，特别是上一章。同样，在这一章余下的部分里，对我们要准确处理的那些材料来说，数学符号是恰当的语言，否则只能用冗长的长篇大论来代替，这对那些外行的人可能很难理解，而只有熟悉数学符号的读者才能理解，因为他们有能力把这些长篇大论翻译成数学符号。我们所能做的最好的折中办法，就是用充分的文字说明作为数学符号的补充。

令 $f(t)$ 为一个时间 t 的函数，t 从 $-\infty$ 到 ∞，就是说，设 $f(t)$ 为一个对每一时刻 t 都有数值的量。在任一时刻 t，当 s 小于或等于 t 时，$f(s)$ 的量是可求的，但当 s 大于 t 时则不可求。有些电子的和机械的装置，其输入有一个固定时间的延迟，对于输入 $f(t)$，我们可以得到输出 $f(t-\tau)$，这里的 τ 是固定的延迟。

我们可以把几台这样的装置组合起来，得到输出 $f(t-\tau_1)$，$f(t-\tau_2)$，$\cdots$，$f(t-\tau_n)$。对其中的每一个输出，我们都能乘上一个固定的正量或负量。例如，我们可以使用分压器让电压乘上一个小于 1 的固定正数，我们也不难设计出一种自动平衡装置和放大器，使电压乘上一个负的或大于 1 的量。我们同样也不难设计一种简单电路，能够把电压连续相加。而有了这些帮助，我们就可以得到一个输出

$$\sum_1^n a_k f(t-\tau_k) \tag{4.01}$$

随着延迟 τ_k 数目的增加，并适当调整系数 a_k，我们就可以如愿以偿地接近于形式如下的输出

$$\int_0^\infty a(\tau) f(t-\tau)\, \mathrm{d}\tau \tag{4.02}$$

在这个表达式中，我们必须从 0 到 ∞ 作积分运算，而不是从 $-\infty$ 到 ∞，认识到这一点十分重要。否则，我们只能用各种实用装置对这个结果进行运算并得到 $f(t+\sigma)$，这里 σ 是正数。然而，这就涉及关于 $f(t)$ 的未来的知识；$f(t)$ 可以是一个不由其过去所决定的量，就像一辆有轨电车的坐标，可以用道岔断开这条或那条轨道。当一个物理过程**看起来**使我们得到一个运算子，它把 $f(t)$

变为

$$\int_{-\infty}^{\infty} a(\tau) f(t - \tau) \, d\tau \tag{4.03}$$

式中 $a(\tau)$ 对 τ 的负值不全为零,这意味着对 $f(t)$ 不再有一个由其过去所决定的真运算子。有一些存在这种情况的物理现象。例如,一个没有输入的动力学系统可能产生振幅不定的永久性振荡,这种振荡甚至可以逐步增加到无限大。在这种情况下,系统的未来不是由它的过去所决定的,而且,我们貌似可以找到一个形式上依赖于未来的运算子。

我们从 $f(t)$ 得到式(4.02)的运算还有两个更为重要的性质:(1)它与时间原点的变化无关;(2)它是线性的。第一种性质可以表述为:若

$$g(t) = \int_0^{\infty} \alpha(\tau) f(t - \tau) \, d\tau \tag{4.04}$$

则有

$$g(t + \sigma) = \int_0^{\infty} \alpha(\tau) f(t + \sigma - \tau) \, d\tau \tag{4.05}$$

第二种性质可以表述为:若

$$g(t) = A f_1(t) + B f_2(t) \tag{4.06}$$

则有

$$\int_0^{\infty} a(\tau) g(t - \tau) \, d\tau$$

$$= A \int_0^{\infty} a(\tau) f_1(t - \tau) \, d\tau + B \int_0^{\infty} a(\tau) f_2(t - \tau) \, d\tau \tag{4.07}$$

可以证明,在适当的意义上说,**每个作用于 $f(t)$ 的过去的运算子,如果它是线性的,且在时间原点变化的条件下保持不变,它要么具有式(4.02)的形式,要么是这种形式的运算子的某个序列的极限。**例如,$f'(t)$ 是具有这些性质的运算子运用于 $f(t)$ 的结果,而且

$$f'(t) = \lim_{\epsilon \to 0} \int_0^{\infty} \frac{1}{\epsilon^2} a\left(\frac{\tau}{\epsilon}\right) f(t - \tau) \, d\tau \tag{4.08}$$

式中

$$a(x) = \begin{cases} 1 & 0 \leqslant x < 1 \\ -1 & 1 \leqslant x < 2 \\ 0 & 2 \leqslant x \end{cases} \tag{4.09}$$

如我们在前面所看到的,函数 e^{zt} 是函数 $f(t)$ 的一个集合,从算子(4.02)的角度

来看它特别重要,因为

$$e^{z(t-\tau)} = e^{zt} \cdot e^{-z\tau} \qquad (4.10)$$

而延迟算子只是一个仅仅依赖于 z 的乘子,因此算子(4.02)变为

$$e^{zt}\int_0^\infty a(\tau)\,e^{-z\tau}d\tau \qquad (4.11)$$

它也是一个仅仅依赖于 z 的乘法算子。下式

$$\int_0^\infty a(\tau)\,e^{-z\tau}d\tau = A(z) \qquad (4.12)$$

被叫作算子(4.02)作为**频率函数**的表示式。如果取 z 为复数 $x + iy$,这里 x 和 y 都是实数,则该式变为

$$\int_0^\infty a(\tau)\,e^{-x\tau}e^{-iy\tau}d\tau \qquad (4.13)$$

这样,由著名的施瓦兹(Schwarz)积分不等式,若 $y > 0$,且

$$\int_0^\infty |a(\tau)|^2 d\tau < \infty \qquad (4.14)$$

则有

$$|A(x+iy)| \leq \left[\int_0^\infty |a(\tau)|^2 d\tau\int_0^\infty e^{-2x\tau}d\tau\right]^{\frac{1}{2}}$$
$$= \left[\frac{1}{2x}\int_0^\infty |a(\tau)|^2 d\tau\right]^{\frac{1}{2}} \qquad (4.15)$$

　　这意味着 $A(x+iy)$ 是每个半平面 $x \geq \epsilon > 0$ 上一个复变量的有界全纯函数,而函数 $A(iy)$ 在某种确定意义上则代表这种函数的边界值。

　　设

$$u + iv = A(x+iy) \qquad (4.16)$$

式中的 u 和 v 是实数。$x + iy$ 将被确定为 $u + iv$ 的函数(不一定是单值的)。除了在 $\partial A(z)/\partial z = 0$ 时与点 $z = x + iy$ 相对应的点 $u + iv$ 外,该函数是解析函数,尽管是亚纯的。边界 $x=0$ 将成为曲线,其参数方程为

$$u + iv = A(iy) \qquad (y\text{ 是实数}) \qquad (4.17)$$

　　这条新曲线可以自身相交任意多次。但一般来说,它会把平面分为两个区域。让我们沿着 y 从 $-\infty$ 到 ∞ 的方向来考虑一下曲线(方程4.17)的情况。如果我们向右离开方程(4.17),作一条不再与方程(4.17)相交的连续线,就可以得到一些点。我们把既不属于这个集合也不在方程(4.17)上的点叫作**外点**(exterior points)。曲线上包括外点的极限点的部分(方程4.17)叫作**有效边界**(effective boundary）。所有其他的点都叫作**内点**（interior points）。因此,在图 1 中,有箭头所画的边界,阴影区域是内点,有效边界用粗线表示。

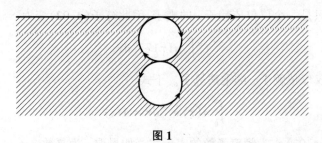

图 1

A 在任意右半平面内有界的条件将会告诉我们,**在无限远处的点不可能是一个内点**。它可以是一个边界点,尽管对于边界点可能是什么类型有某些非常明确的限制。这些限制与内点集合通往无限远点的"厚度"有关。

现在,让我们来讨论一下线性反馈问题的数学表达。这种系统的控制流程图——不是线路图——如图 2 所示:

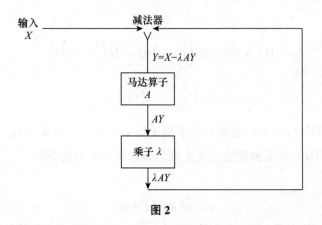

图 2

这里,马达的输入为 *Y*,它是初始输入 *X* 与乘子输出的差,乘子是马达功率输出 *AY* 乘以因子 *λ*。因此

$$Y = X - \lambda AY \tag{4.18}$$

且

$$Y = \frac{X}{1 + \lambda A} \tag{4.19}$$

因而马达的输出为

$$AY = X \frac{A}{1 + \lambda A} \tag{4.20}$$

于是,由整个反馈机制产生的算子为 $A/(1+\lambda A)$。当且仅当 $A=-1/\lambda$ 时,这个算子等于无穷大。这个新算子的线图(方程 **4.17**)为

$$u + \mathrm{i}v = \frac{A(\mathrm{i}y)}{1 + \lambda A(\mathrm{i}y)} \tag{4.21}$$

当且仅当 $-1/\lambda$ 是方程(4.17)的内点时,∞ 才是它的一个内点。

在这种情况下,一个乘子为 λ 的反馈肯定会带来一些麻烦,事实上,麻烦就是系统将会陷入无休止的越来越强的振荡。另一方面,如果点 $-1/\lambda$ 是一个外点,可以证明不会有什么困难,而且反馈是稳定的。如果点 $-1/\lambda$ 在有效边界上,则需要更为详尽的讨论。在大多数情况下,系统可能会发生一种振幅不会增大的振荡。

有些运算子 A 以及它们所允许的反馈范围,也许值得考虑。假如上述理由同样适用的话,我们不仅要考虑式(4.02)的运算,而且也要考虑它们的极限。

如果算子 A 对应于微分算子 $A(z)=z$,当 y 从 $-\infty$ 到 ∞ 时,$A(y)$ 同样从 $-\infty$ 到 ∞,而内点在右半平面内。点 $-1/\lambda$ 永远是一个外点,任意量的反馈都是可能的。若

$$A(z) = \frac{1}{1 + kz} \tag{4.22}$$

则曲线(方程 4.17)为

$$u + \mathrm{i}v = \frac{1}{1 + k\mathrm{i}y} \tag{4.23}$$

或

$$u = \frac{1}{1 + k^2 y^2} \qquad v = \frac{-ky}{1 + k^2 y^2} \tag{4.24}$$

可以把它写成

$$u^2 + v^2 = u \tag{4.25}$$

这是一个半径为 $1/2$,圆心在 $(1/2,0)$ 的圆。它的方向是顺时针的,内点就是我们通常所认为的内点。同样在这种情况下,所允许的反馈是没有限制的,因为 $-1/\lambda$ 总是外在于这个圆。对应于这个运算子的 $a(t)$ 为

$$a(t) = \mathrm{e}^{-t/k}/k \tag{4.26}$$

又令

$$A(z) = \left(\frac{1}{1 + kz}\right)^2 \tag{4.27}$$

于是方程(4.17)为

$$u + iv = \left(\frac{1}{1 + kiy}\right)^2 = \frac{(1 - kiy)^2}{(1 + k^2 y^2)^2} \tag{4.28}$$

且

$$u = \frac{1 - k^2 y^2}{(1 + k^2 y^2)^2} \qquad v = \frac{-2ky}{(1 + k^2 y^2)^2} \tag{4.29}$$

得到

$$u^2 + v^2 = \frac{1}{(1 + k^2 y^2)^2} \tag{4.30}$$

或

$$y = \frac{-v}{(u^2 + v^2) 2k} \tag{4.31}$$

于是

$$u = (u^2 + v^2)\left[1 - \frac{k^2 v^2}{4k^2 (u^2 + v^2)^2}\right] = (u^2 + v^2) - \frac{v^2}{4(u^2 + v^2)} \tag{4.32}$$

在极坐标中,如果 $u = \rho \cos\phi$, $v = \rho \sin\phi$,则上式变为

$$\rho \cos\phi = \rho^2 - \frac{\sin^2\phi}{4} = \rho^2 - \frac{1}{4} + \frac{\cos^2\phi}{4} \tag{4.33}$$

或

$$\rho - \frac{\cos\phi}{2} = \pm \frac{1}{2} \tag{4.34}$$

即,

$$\rho^{\frac{1}{2}} = -\sin\frac{\phi}{2} \qquad \rho^{\frac{1}{2}} = \cos\frac{\phi}{2} \tag{4.35}$$

能够证明,这两个方程只代表一条曲线,即一条顶点在原点而尖点指向右边的心脏线。这条曲线内部不会包含负实轴上的点,而且,和前面的情况一样,允许的振幅是没有限制的。这里的算子 $a(t)$ 为

$$a(t) = \frac{t}{k^2} e^{-t/k} \tag{4.36}$$

令

$$A(z) = \left(\frac{1}{1 + kz}\right)^3 \tag{4.37}$$

令 ρ 和 ϕ 的定义与上一种情况相同,那么

$$\rho^{\frac{1}{2}} \cos \frac{\phi}{3} + i\rho^{\frac{1}{3}} \sin \frac{\phi}{3} = \frac{1}{1 + kiy} \tag{4.38}$$

和第一种情况一样,我们将会得到

$$\rho^{\frac{2}{3}} \cos^2 \frac{\phi}{3} + \rho^{\frac{2}{3}} \sin^2 \frac{\phi}{3} = \rho^{\frac{1}{3}} \cos \frac{\phi}{3} \tag{4.39}$$

即

$$\rho^{\frac{1}{3}} = \cos \frac{\phi}{3} \tag{4.40}$$

它是一条如图 3 形状的曲线,阴影区域代表内点。

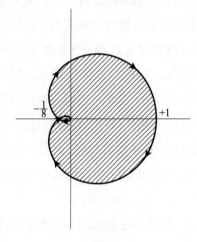

图 3

所有系数超过 1/8 的反馈都是不可能的. 相应的 $a(t)$ 为

$$a(t) = \frac{t^2}{2k^3} e^{-t/k} \tag{4.41}$$

最后,令对应于 A 算子是时间单位 T 的一个简单延迟。于是

$$A(z) = e^{-Tz} \tag{4.42}$$

则

$$u + iv = e^{-Tiy} = \cos Ty - i \sin Ty \tag{4.43}$$

曲线(方程 4.17)是以单位速度绕原点作顺时针旋转的单位圆。这条曲线的内部是通常意义上的内部,反馈强度的极限为 1。

由此可以得出一个颇为有趣的结论。用任意强度的反馈来补偿运算子 $1/(1+kz)$ 都是可能的,对于任意宽的频带,它都可以使 $A/(1+\lambda A)$ 无限接近于 1。因此,用三次,甚至只用两次逐次反馈就可以补偿三个这种类型的逐次运算子。

但是,我们不可能想当然地用单次反馈来补偿运算子 $1/(1+kz)^3$,因为它是三个运算子 $1/(1+kz)$ 级联的合矢量。运算子 $1/(1+kz)^3$ 也可以写成

$$\frac{1}{2k^2}\frac{\mathrm{d}^2}{\mathrm{d}z^2}\frac{1}{1+kz} \tag{4.44}$$

可以把它看成三个具有一阶分母的运算子的加性合成的极限。因此,它表现为三个不同运算子的和,其中每一个都可以如我们所愿用单次反馈来补偿,但它们的和却不能这样来补偿。

在麦科尔的重要著作中,我们可以看到一个复杂系统的例子,它能够用两次而不是一次反馈来稳定。船上使用回转罗盘的转向装置就是这样。舵手预定的航线与船舵转动时罗盘上所显示的航线之间的角度,从船舶航进的视角来看,产生了一个转矩,其作用是以减少预定航线与实际航线之间差异的方式来改变船的航向。如果这个过程的完成,是通过直接打开某一舵机引擎的阀门并关闭另一舵机引擎的阀门从而使舵的转动速度和船的偏航度成比例,那么,船舵的角位置就大致和船的转矩成比例,也就是和它的角加速度成比例。因此,船转动的量带有一个负因子与偏航度的三阶导数成比例,而我们必须通过回转罗盘的反馈来稳定的操作是 kz^3,这里的 k 为正数。我们由此得到曲线(方程4.17)

$$u + \mathrm{i}v = -k\mathrm{i}y^3 \tag{4.45}$$

而且,由于左半平面是内区域,所以任何伺服系统都不能使这个系统稳定。

在这里,我们有点把船舶转向的问题过于简单化了。事实上还有一定的摩擦力,而且使船转动的力并不能决定船的加速度。相反,如果 θ 是船的角位置而 ϕ 是船舵相对于船的角位置,则我们有

$$\frac{\mathrm{d}^2\theta}{\mathrm{d}t^2} = c_1\phi - c_2\frac{\mathrm{d}\theta}{\mathrm{d}t} \tag{4.46}$$

和

$$u + \mathrm{i}v = -k_1\mathrm{i}y^3 - k_2y^2 \tag{4.47}$$

这条曲线可以写成

$$v^2 = -k_3u^3 \tag{4.48}$$

它仍然不能通过任何反馈来稳定。由于 y 从 $-\infty$ 到 ∞,u 从 ∞ 到 $-\infty$,曲线的**内侧**向左。

另一方面,如果船舵位置与航线的偏离度成比例,那么用反馈来稳定的运算子为 $k_1z^2 + k_2z$,而方程(4.17)则变为

$$u + iv = -k_1y^2 + k_2iy \tag{4.49}$$

这条曲线可以写成

$$v^2 = -k_3u \tag{4.50}$$

在这种情况下,由于 y 从 $-\infty$ 到 ∞,v 也如此,曲线被描画成从 $y = -\infty$ 到 $y = \infty$。在此情况下,曲线的**外侧**向左,振幅可能无限大。

　　为了实现这个目标,我们可以使用另一阶段的反馈。如果我们不是用实际航线与预期航线之间的差异,而是用这个量与船舵角位置之间的**差**来调节舵机引擎阀门位置的话,就可以使船舵的角位置尽可能精确地与船对实际航线的偏航度成比例,如果反馈足够大——即阀门开得足够宽。事实上,这种双重反馈的控制系统,就是用回转罗盘自动驾驶船舶时通常所采用的。

　　在人的躯体中,手或手指的运动涉及一个包括很多关节的系统。输出是所有这些关节输出的一个加矢量组合。如前所述,像这样的一个复杂加法系统通常不能通过单次反馈来稳定。同样,通过观察其尚未完成的量来调节任务执行动作的自发反馈,需要其他形式的反馈来支持。我们把这些反馈叫作姿势反馈,它们和肌肉系统结实度的一般维持有关。在小脑受伤的情况下,自发反馈显示出衰退或紊乱的倾向,除非病人试图完成一个自发性动作,否则不会出现震颤。这种使病人不能平稳端起一杯水的目的性震颤,在性质上与帕金森震颤或震颤性**麻痹**有很大的不同。后者最典型的形式出现在病人休息的时候,而当他试图完成一个特定动作时,看上去往往很镇静。有些患有帕金森症的外科医生动起手术来效率相当高。我们已经知道,帕金森症的病根不在于小脑疾病,而是与脑干中某些部位的病理病灶有关。这只是姿势反馈疾病中的一种,还有许多一定有神经系统其他部位病变的原因。生理学控制论的重大任务之一,就是要理清并分离出这种自发反馈和姿势反馈复合体的不同部分所在。搔痒反射和步行反射就是这种分量反射的例子。

　　当反馈可能而且稳定时,如前所述,它的优点是使运行少受负荷的影响。让我们考虑一下,负荷使特性 A 变为 dA。改变的分数为 dA/A。如果反馈后的运算子为

$$B = \frac{A}{C + A} \tag{4.51}$$

我们就有

$$\frac{\mathrm{d}B}{B} = \frac{-\mathrm{d}\left(1 + \dfrac{C}{A}\right)}{1 + \dfrac{C}{A}} = \frac{\dfrac{C}{A^2}\mathrm{d}A}{1 + \dfrac{C}{A}} = \frac{\mathrm{d}A}{A}\frac{C}{A + C} \tag{4.52}$$

因此,反馈使系统对马达特性的依赖减少,并且使系统稳定,对所有频率都有

$$\left|\frac{A + C}{C}\right| > 1 \tag{4.53}$$

这就是说,内点和外点之间的全部边界都必定位于圆心在点$-C$、半径为C的圆以内。但即使在我们前面讨论过的第一种情况中,这也不为真。如果一个强负反馈一直是稳定的,其作用将会是增加系统的低频稳定度,但通常要以牺牲系统的某些高频稳定度为代价。在很多情况下,即便是这种稳定度也是有益的。

与过量反馈引起的振荡相关联的一个非常重要的问题,是初期振荡的频率问题。这个频率由iy中的y值所决定,而iy对应于处在负u轴最左端的方程(4.17)的内外区域的边界上的点。量y当然具有频率的性质。

我们现在要结束从反馈视角来研究线性振荡的基本讨论了。线性振荡系统具有某些非常特殊的性质,使得它的振荡具有若干特征。其中一个特征是,当系统振荡时,它总是**能够**且十分普遍地——在没有其他独立的同时振荡的情况下——以下面的形式振荡:

$$A\sin(Bt + C)\,\mathrm{e}^{Dt} \tag{4.54}$$

周期性非正弦振荡的存在总是表明,至少对观察到的变量来说,系统是非线性的。在某些情况下,可以通过选择一个新的独立变量使系统重新成为线性系统,不过这种情况很少见。

线性振荡和非线性振荡的另一个重要区别在于,在前者中,振荡的振幅与频率完全无关,而在后者中,由于系统将按照某个给定频率振荡,或者按照一组离散频率振荡,因此系统通常只有一个振幅,或者至多只有一组离散的振幅。我们研究一下风琴管中的情形就可以很好地说明这一点。风琴管的理论有两种:比较粗糙的线性理论和更为精确的非线性理论。在第一种理论中,风琴管被当作一个保守系统来对待,完全不考虑风琴管是如何发生振荡的,而且振荡的等级是完全不确定的。在第二种理论中,风琴管的振荡被看作耗散的能量,并认为这个能量来自经过管口的气流。理论上的确存在经过管口的稳定状态的气流,它不与风琴管的任何振荡形式交换能量,但是,对于气流的某些速度而言,这种稳定状态的条件是不稳定的。只要有一丝偏离,就会引起某种能量输入进入风琴管

的线性振荡的一种或多种固有模式中,而当这种输入上升到一定程度时,事实上就会使风琴管振荡的本来模式与能量输入的耦合增强。能量输入的比率和热耗散等产生的能量输出比率具有不同的增长规律,但是,要达到一种稳定的振荡状态,这两个量必须相等。因此,非线性振荡的等级就像它的频率一样被明确决定了。

我们上面所考察的情形,是所谓弛豫振荡(relaxation oscillation)的一个例子。弛豫振荡是这样一种情况:一个在时间转换下不变的方程组,导致在时间上呈周期性——或符合某种广义的周期性概念——的解,它的振幅和频率是确定的,但相位不确定。在我们讨论过的事例中,系统的振荡频率接近于系统某些松散耦合的、近似于线性的部分的频率。范德波尔(B. van der Pol)[1]是研究弛豫振荡的主要权威之一,他曾经指出,情况并不总是这样,事实上,有些弛豫振荡的主频率并不接近于系统任何部分的线性振荡频率。比如说,一股煤气进入一个通空气的室,室中有点燃的长燃小火:当空气中煤气浓度达到某一临界值时,系统在长燃小火点火的情况下即会爆炸,爆炸发生的时间仅仅取决于煤气的流率、空气渗进和燃烧产物渗出的速率,以及某种煤气和空气爆炸混合物的成分百分比。

一般来说,非线性方程组很难求解。但是,有一种特别容易处理的情况。此时,系统和线性系统只有很小的差别,区别它们的项的变化非常慢,以至于在一个振荡周期中可以基本上把它们当作常数。在这种情况下,我们可以把这个非线性系统当作具有缓慢变化参数的线性系统来研究。能够以这种方式研究的系统被称为久期扰动的,久期扰动系统(secularly perturbed system)的理论在引力天文学中作用十分重要。

把一些生理学上的震颤粗略地当作久期扰动的线性系统来对待,这是完全可能的。在这样的系统中,我们可以很清楚地看到,为什么稳定状态的振幅等级和频率一样也是确定的。假设这个系统中的某一元件是一个放大器,其收益随着系统输入在一长时间内的平均值的增加而减少。那么,随着系统振荡的建立,放大器的收益会一直减少,直到达到某种平衡状态为止。

非线性的弛豫振荡系统,在某些情况下一直在用希尔和庞加莱[2]发展出来的方法加以研究。研究这种振荡的经典事例,是那些具有微分性质的系统方程;特

---

① 巴尔塔萨·范德波尔(B. van der Pol,1889—1959),荷兰物理学家,1927 年发现真空管放大器的极限环振荡现象。

② H. Poincaré. *Les Méthodes Nouvelles de la Mécanique*. Paris:Gauthier-Villars et fils, 1892—1899.

别是低阶微分方程。据我所知,对于相对应的、系统未来行为依赖其全部过去行为的积分方程,目前还没有可比较的充分研究。但是,我们不难勾勒出这种理论所应当采取的形式,特别是当我们只寻求周期解的时候。在这种情况下,方程常数的微小改动,会导致运动方程发生微小的、因而接近线性的变化。例如,设 $Op[f(t)]$ 是 t 的一个函数,它是对 $f(t)$ 进行非线性运算的结果,而且受到平移的影响。此时 $Op[f(t)]$ 的变分,对应于 $f(t)$ 的变分变化 $\delta f(t)$ 和系统动力学的已知变化 $\delta Op[f(t)]$,在 $\delta f(t)$ 中是线性的但不是齐次的,尽管在 $f(t)$ 中是非线性的。现在如果我们知道

$$Op[f(t)] = 0 \tag{4.55}$$

的一个解 $f(t)$,并改变该系统的动力学,我们就得到 $\delta f(t)$ 的一个线性非齐次方程。如果

$$f(t) = \sum_{-\infty}^{\infty} a_n e^{in\lambda t} \tag{4.56}$$

而且 $f(t) + \delta f(t)$ 也是周期性的,形式为

$$f(t) + \delta f(t) = \sum_{-\infty}^{\infty} (a_n + \delta a_n) e^{in(\lambda + \delta\lambda)t} \tag{4.57}$$

则

$$\delta f(t) = \sum_{-\infty}^{\infty} \delta a_n e^{i\lambda nt} + \sum_{-\infty}^{\infty} a_n e^{i\lambda nt} in\delta\lambda t \tag{4.58}$$

$\delta f(t)$ 的线性方程的所有系数都能展成 $e^{i\lambda nt}$ 的级数,因为 $f(t)$ 本身能够以这种形式展开。因此,我们将得到 $\delta a_n + a_n$ 的线性非齐次方程的一个无限方程组,$\delta\lambda$ 和 λ ,以及这个方程组都可以用希尔的方法来求解。在这种情况下,至少可以设想从一个线性方程(非齐次的)出发,并逐步移除限制条件,就可以求得弛豫振荡中的非线性问题的一个十分普遍的解。不过,这个工作还有待于将来。

在一定意义上讲,这一章所讨论的反馈控制系统和上一章讨论的补偿系统在性质上是相互竞争的。它们都能使一个效应器的复杂的输入—输出关系变为简单的比例形式。如我们前面所看到的,反馈系统的作用还不止于此,它的运行相对来说并不依赖于效应器的特性及其特性的变化。因此,这两种控制方法的相对作用取决于效应器的不变性。大家自然会想到,最有利的就是把这两种方法组合起来。这样做的办法有很多,图 4 所显示的是最简单的方法之一。

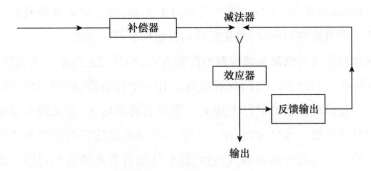

图 4

在上图中,可以把整个反馈系统看成一个更大的效应器,除了补偿器必须用来补偿在一定意义上表示反馈系统平均特性的那个量之外,这个图就别无新意了。另一种排列类型如图 5 所示。

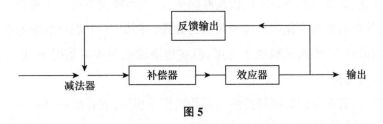

图 5

这里,补偿器和效应器被组合成一个更大的效应器。这种变化往往会改变所允许的最大反馈量,而且不容易看出它通常是如何用来在很大程度上增加这个量的。另一方面,在反馈量相等的情况下,这种装置肯定会大大改善系统的运行。例如,如果效应器具有基本的延迟特性,那么补偿器就是一个预报器或预测器,是为输入的统计系综而设计的。我们可以把这样的反馈叫作预期反馈,它往往倾向于催促效应器机制的动作。

这种普遍类型的反馈当然存在于人类和动物的反射中。当我们射猎野鸭时,我们试图最小化的误差不是枪的位置和目标实际位置之间的差,而是枪的位置和目标的预期位置之间的差。任何防空火控系统都一定会碰到相同的问题。关于预期反馈的稳定性和有效性的条件,还需要作比现在更为透彻的讨论。

反馈系统的另一种有趣形式,是在结冰的道路上驾驶汽车。我们所有的驾驶行为依赖于关于路面滑溜情况的知识,也就是说,依赖于有关车—路系统表现特征的知识。如果我们希望通过这个系统的日常表现来获得这个知识的话,我们就会发现自己在搞清楚之前可能已经滑出去了。因此,我们给方向盘施加连续的、小而迅速的推动,这不会使车打滑得更厉害,但完全足够向我们的运动感觉报告车是否有滑翻的危险,而我们则相应地调节驾驶方式。

这种我们称之为**信息反馈控制**的控制方法,不难把它图示化为机械形式,而且也有实际应用的价值。我们的效应器上有一个补偿器,它的特性可以从外部加以改变。我们在传入的消息上加上一个弱的高频输入,并从效应器输出中剥离出同样高频的那一部分输出,用一个适当的滤波器使它与输出的其他部分分离开来。为了获得效应器的表现特性,我们仔细查看高频输出对输入的振幅—相位关系。在这个基础上,我们适当地修正补偿器的特性。这种系统的流程图与图6中的示意图十分相像。

这种反馈类型的优点,是可以调节补偿器来实现对每种不变负荷的稳定性;而且,如果负荷特性的变化与初始输入的变化相比足够慢,即以我们称之为久期的方式变化,如果负荷条件的读数是准确的,那么系统就不会产生振荡。有很多种情况,其中的负荷变化就是这种久期的方式。例如,一个炮塔的摩擦负荷取决于润滑油的硬度,而这又取决于温度;但在炮塔转动不大的情况下,这个硬度不会有显著的变化。

当然,只有在负荷的高频特性与其低频特性相同,或者能由其低频特性很好地表示的情况下,信息反馈才能顺利进行。

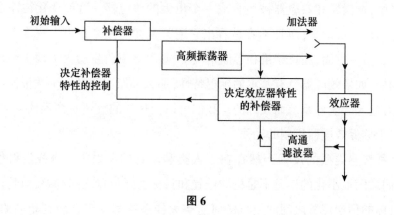

图 6

这经常发生在负荷特性,因而也是效应器特性,所包含的变量参数相对较少的情况下。

这种信息反馈和上面所举的带补偿器的反馈例子,仅仅是一个非常复杂的理论的一些特例,这个理论还没有得到全面研究。整个领域正在十分迅速地发展。在不久的将来我们应该予以更多的关注。

在结束这一章前,我们不要忘记反馈原理在生理学方面的另一个重要应用。在很多事例中,某种形式的反馈不仅在生理现象中随处可见,而且对生命的延续也是绝对必要的,我们在所谓的动态平衡(homeostasis)中可以看到这些。高级动物的生命,特别是健康的生命,能够延续下去的条件是非常严苛的。体温摄氏半度的变化,通常就是生病的信号;而一个长期的五度的变化,几乎就不能维持生命。血液的渗透压和它的氢离子浓度必须保持在严格限度内。在体内废物达到中毒的浓度之前必须排泄出去。此外,白细胞和抵抗感染的化学防卫机能必须保持在适当的水平;心率和血压必须既不太高也不太低;性生殖周期必须符合种族繁殖的需要;钙代谢必须既不会使我们的骨质疏松,也不会使我们的身体组织钙化;等等。简言之,我们体内的组织必须包括一个由恒温器、氢离子浓度自动控制器、调速器等构成的集合,它相当于一个巨大的化学工厂。这些就是我们总合起来所说的动态平衡机制。

动态平衡反馈与自发反馈和姿势反馈有一个基本差别:它们趋向于变慢。生理上的动态平衡几乎不发生变化——甚至脑贫血也不——因为几分之一秒就会导致严重的或永久性的损伤。因此,专门用于动态平衡的神经纤维——交感神经和副交感神经系统——常常是无髓鞘的,而且我们知道,它们的传导速度比有髓鞘纤维要缓慢很多。典型的动态平衡效应器——平滑肌和分泌腺——比起横纹肌,即典型的自发活动和姿势活动的效应器,动作也要缓慢许多。动态平衡系统的许多消息是通过非神经通道传导的——心脏肌纤维的直接接合,诸如激素、血液中的二氧化碳含量这样的化学信息素,等等;除心肌以外,这些传导模式一般也要比有髓鞘纤维慢。

任何一本关于控制论的完整教材,都应该有透彻详尽地讨论动态平衡过程的内容。有关这个过程的许多个案已经在一些文献中被相当详细地讨论过了。[①]然而,这本书与其说是对这个主题的一个概要的专著,不如说是一个入门的导引,而且动态平衡过程的理论需要非常详细的普通生理学知识,这里就不一一赘述了。

---

① W. Cannon. *The Wisdom of the Body*. New York: W. W. Norton & Company, Inc., 1932; L. J. Henderson. *The Fitness of the Environment*. New York: The Macmillan Company, 1913.

维纳和同事在校园里。

第五章　计算机与神经系统

·Ⅴ Computing Machines and the Nervous System ·

　　我们知道人和动物的神经系统能够做一个计算系统的工作，它们中包含着非常适合做继电器同样工作的元件。这些元件就是所谓的神经元或神经细胞。虽然它们在电流作用下显示出相当复杂的特性，但它们通常的生理动作几乎完全符合"全或无"原理；也就是说，它们要么处于停止状态，要么在"击发"时经历一系列变化，几乎与刺激的性质和强度无关。

　　计算机本质上是一种记录数字、用数字运算并以数字形式给出结果的机器。它们的成本中的很大一部分,无论是在资金方面还是在建造所耗费的人力方面,都花在清晰而精确地记录数字这个简单问题上。记录数字最简单的方法似乎是使用等分标尺,上面附有一个能够移动的游标。如果我们想以 n 分之一的精度来记录一个数字,就必须保证在标尺上的任一区域内游标所指的位置都能在这个精度以内。这就是说,对信息量 $\log_2 n$ 而言,我们每一次移动游标都必须满足这个精度的要求,此时的成本为 A_n,这里的 A 几乎近似于常数。更确切地说,如果能够精确地建立区域 $n-1$,则余下区域也能被精确地确定,所以记录信息量 I 的成本大致为

$$(2^I - 1) A \tag{5.01}$$

现在让我们把这个信息分布在两个标尺上,每个标尺的精度略差一些,则记录这个信息的成本约为

$$2(2^{\frac{I}{2}} - 1) A \tag{5.02}$$

如果这个信息分布在 N 个标尺内,其成本大约会是

$$N(2^{\frac{I}{N}} - 1) A \tag{5.03}$$

当

$$2^{\frac{I}{N}} - 1 = \frac{I}{N} 2^{\frac{I}{N}} \log 2 \tag{5.04}$$

这个量为最小值。或者设

$$\frac{I}{N} \log 2 = x \tag{5.05}$$

当

$$x = \frac{e^x - 1}{e^x} = 1 - e^{-x} \tag{5.06}$$

这个等式当且仅当 $x = 0$ 或 $N = \infty$ 时才能成立。这就是说,若要使存储信息的成本最低,N 应当尽可能地大。我们要记住,$2^{I/N}$ 必须是一个整数,且 1 是没有意义

◀ 数学家霍普夫(Eberhard Hopf,1902—1983)。他和维纳合作完成了一篇关于一类奇异积分方程的论文,此方程后称为维纳-霍普夫方程,与此对应的维纳-霍普夫技术应用到了多个学科领域。

的值,因为我们会有无限个标尺,它们每一个都不包含任何信息。对 $2^{1/N}$ 最有意义的值是 2,这时,我们的数字记录在一组彼此不相关的标尺上,每个标尺又划分为两个相等的部分。换句话说,我们在一组标尺上用二进制来表示这些数字,我们所知道的只是某些量位于标尺两个相等部分的这一边或那一边,至于所观察的量落在标尺哪一边则毫无头绪。也就是说,我们可以用下列形式来表示数字 v

$$v = v_0 + \frac{1}{2}v_1 + \frac{1}{2^2}v_2 + \cdots + \frac{1}{2^n}v_n + \cdots \tag{5.07}$$

式中每个 v_n 要么为 1,要么为 0。

现在的计算机有两大类型:像布什微分分析机那样的[1],被称为**模拟计算机**,其数据用某种连续标尺上的量度来表示,因此数据的准确度取决于标尺构造的精确程度;那些像普通台式加法和乘法机这样的机器,我们称之为**数字计算机**,其数据由一些可能事件中的一组选择来表示,而数据的准确度取决于区分这些可能事件的灵敏程度,取决于每次选择时可供选择的可能事件的数量,以及给定的选择次数。我们认为,不管怎样,对于要求准确度较高的工作来说,数字计算机更为合适,尤其是那些按照二进制制造的数字计算机,每次选择中出现的可选数量为二。我们之所以采用十进制计算机仅仅是由于历史偶然因素的影响,基于我们的手指建立起来的十进制,早在印度人发现零的重要性和标号位置系统的优点之前就已经在使用了。既然很大一部分计算工作需要计算机的支持来完成,而计算机的数字要用传统的十进制形式录入,并且必须以同样的传统形式读取,因此它们还是值得保留的。

事实上,这就是普通台式计算机的用途,就像在银行、企业办公室,以及许多统计实验室中所使用的那样。对于更大型的、自动化程度更高的计算机,这并不是最佳途径,一般来说,使用计算机是因为用机器计算比用手计算快。在任何计算方法的组合中,像所有化学反应的组合一样,整个系统的时间常数的数量级是由最慢的那个所决定的。因此,在任何复杂的计算系列中要尽可能地消除人的因素,只在最初和最终绝对无法避免的阶段才用到人,这样做是十分有益的。在这种情况下,应当有一个改变计数制度的装置,用在计算过程的最初和最终阶段,而所有的中间过程则用二进制来进行。

因此,理想的计算机必须在一开始就载入全部数据,之后必须尽可能地避免

---

① 1930 年以来发表在 *Journal of the Franklin Institute* 上的各类论文。——作者注

人的干预直到运算结束。这就意味着,我们不仅必须在运算开始时把数据放入机器,而且还必须把覆盖运算过程中可能发生的各种情况的组合规则以指令形式放进去。因此,计算机既是一台算术机器,又是一台逻辑机器,它必须根据系统的算法把可能发生的事件组合起来。**可能**用来组合可能事件的算法不少。其中最简单的是所谓的逻辑**最优**代数,即布尔代数。与二进制算术一样,这种算法基于二分法在**是**与**不是**之间的选择,在类中与类外的选择。其优于其他系统的原因,与二进制优于其他算术的理由是一样的。

就这样,所有放入机器的数据,不论是数字的还是逻辑的,都是一组二选一的形式,而且所有数据运算都取在前一组选择的基础上做出一组新选择的形式。当我把两个个位数 A 和 B 相加时,如果 A 和 B 都是 1,我得到一个以 1 开头的两位数,否则是以 0 开头。如果 $A \neq B$,第二位数字是 1,否则是 0。多位数的相加遵循相同的规则,不过更为复杂一些。二进制乘法和十进制的一样,可以还原为乘法表和数字的加法,而且二进制数字的乘法规则形式尤为简单,如下表所示

×	0	1
0	0	0
1	0	1

$$(5.08)$$

因此,乘法只不过是由给定的一组旧数字来决定一组新数字的方法。

在逻辑方面,如果 O 是一个否定判断,I 是一个肯定判断,那么每个运算子都可能来自三种运算:**否定**,它使 I 变为 O,使 O 变为 I;**逻辑加法**,如下表

⊕	O	I
O	O	I
I	I	I

$$(5.09)$$

以及**逻辑乘法**,有和 $(1,0)$ 制数字乘法相同的表,即

⊙	O	I
O	O	O
I	O	I

$$(5.10)$$

就是说,机器运算中可能出现的每一个可能事件,只需要在按照一套固定规则已经做出的决定的基础上,对可能事件 I 和 O 做出一组新的选择。换句话说,机器

的结构是一排继电器,它们只能处在两种状态之一:"开"和"关"。而在运算的每个步骤,继电器呈现的每个状态都是由部分或整排继电器先前的运算状态所支配的。这些运算步骤一定可以由中央定时器或定时装置来"定时",每个继电器的动作可以被阻延,直到所有在运算过程中启动较早的继电器完成全部规定步骤之后再动作。

计算机中使用的继电器可以有多种不同特性。它们可以是纯机械的,也可以是电子—机械的,如电磁继电器,其电枢会保持在两个可能的平衡状态之一,直到某个恰当的脉冲把它拉向另一端。它们也可以是具有两个可选平衡状态的纯电子系统,以气体电子管的形式,或是速度更快的真空电子管。一个继电器系统的两种可能状态在没有外界干扰时可能都是稳定的,或者只有一个是稳定的,而另一个是暂时性的。在第二种情况下,总是要有一个专门装置来保存某个在未来某一时刻动作的脉冲(第一种情况通常也要有),以避免系统因其中某个继电器无限期地重复动作而发生阻塞。不过,这个有关记忆的问题我们将会在后面再详细讨论。

一个值得注意的事实是,我们知道人和动物的神经系统能够做一个计算系统的工作,它们中包含着非常适合做继电器同样工作的元件。这些元件就是所谓的**神经元**或神经细胞。虽然它们在电流作用下显示出相当复杂的特性,但它们通常的生理动作几乎完全符合"全或无"原理;也就是说,它们要么处于停止状态,要么在"击发"(fire)时经历一系列变化,几乎与刺激的性质和强度无关。首先,一个激活相(active phase)从神经元的一端以确定的速度传递到另一端,接着是一段不应期,在不应期中,神经元不能被刺激,至少不能被任何正常的生理过程所刺激。在有效的不应期结束时,神经仍然不活跃,但可以被刺激而重新动作起来。

因此,可以把神经当作一个实质上具有两种活动状态的继电器:发动和休止。除了那些从神经末梢或感觉末梢器获得消息的神经元外,每个神经元得到的消息都是由其他神经元从它们的接触点输入的。这些接触点叫作**突触**(synapse)。各个输出神经元的突触数量不同,从几个到数百个。在每个突触上,传入脉冲的状态与神经元自身先前的状态合在一起,决定了它是否要发动。如果它既未发动也非不应,而且在某个短暂融合时间间隔内"击发"的传入突触数量超过一定阈值,那么,在经过已知的、基本不变的延迟后,这个神经元就会动作起来。

这幅图景也许过于简单了,该"阈值"可能不是简单地由突触的数量,而是由它们的"权重"和相互馈入的突触之间的几何关系所决定的;有非常可信的证据表明,存在一种性质不同的突触,即所谓的"抑制性突触"(inhibitory synapses),它们既完全阻止传出神经元发动,又在某种程度上提高传出神经元对普通突触的刺激阈值。不过,我们已经十分清楚,那些与特定神经元具有突触联结的传入神经元,某种确定的脉冲组合将会使其发动,而其他组合则不会引起该神经元的动作。这不是说不可以有其他非神经元的影响,也许是体液性质的影响,这种影响导致传入脉冲模式发生缓慢的、长期的变化,足以引起神经元的动作。

如前所述,神经系统一个十分重要的功能是**记忆**功能,与对计算机所要求的功能一样,这是保存过去运算结果以待将来使用的能力。我们将会看到,记忆的用途非常多样,任何单一机制都不能完全满足它的全部要求。首先,记忆必须完成一个流动过程,就像一道乘法题,运算过程一旦完成,所有的中间结果就没有价值了,此时运算装置就应该释放出来派作其他用途。这样的记忆应该记录得快,读取得快,而且清除得快。另一方面,有一种记忆是准备作为计算机或大脑档案的一部分的,即经久性记录,它是未来所有行为的基础,至少在机器的一次运行期间是这样。顺便提一下,我们运用大脑和运用计算机的方式有一个重要区别,机器先后要做许多连续运算,各个运算之间没有什么关系,或者只有最小的、有限的关联,而且各运算之间可以清除;而大脑就其自然过程而言,基本不可能清除其过去的记录。因此,大脑在正常情况下并不完全是计算机的类比物,而更像是这种机器上的一个单次运算。我们稍后会看到,这一点在心理病理学和精神病学中有其深刻意义。

回到记忆问题上,建立短时记忆有一种非常令人满意的方法,就是让一连串脉冲沿着一个闭环行进,直到这个环路被外来干扰清除掉为止。我们有许多理由相信,大脑在脉冲的记忆期间就是这样,这种情况发生在所谓的似是而非的现在(specious present)。这种方法已经在若干装置中模仿并用在计算机上了,至少有人提议这样做了。这种记忆装置要求满足两个条件:脉冲的传递应当在一种容易产生长时间滞后的介质中进行;在装置内部发生的差错还没有使脉冲过度模糊之前,它应该能尽可能清晰地重建起来。第一个条件排除了利用光传递来产生延迟的可能性,在很多情况下甚至也不能利用电路来产生延迟,而它更倾向于利用某种弹性振动形式来产生延迟。事实上,这种弹性振动已经被用于计算机来解决这个问题了。如果电路被用于延迟的目的,每个阶段所产生的延迟会相对较短；否则，如同在所有线性装置中那样，消息的变形是渐增的，而且很快会变得无法忍受了。为了避免发生这种情况，第二种思路登场了；我们必须在线路的某个地方插入一个继电器，它不是用来重复传入消息的形式，而是引发一个规定格式的新消息。这在神经系统中很容易做到，神经系统的所有传输的确或多或少都是一种扳机现象（trigger phenomenon）。在电子工业中，以此为目的的装置已为人熟知并运用于电报线路的连接，它们被称为**电报式中继器**（telegraph-type repeater）。用这种装置作长时间记忆的最大困难，就是它们必须在大量的、连续的运算周期中不出一次差错。他们在这方面的成功令人印象最为深刻：在曼彻斯特大学威廉姆斯先生设计的一款设备中，这种装置的单位延迟时间为百分之一秒，能够成功地连续运算数小时。更令人惊奇的是，这种装置不只是用来保存一次判断，即单次"是"与"否"的判断，而是能保存上千次判断。

与其他用来保存大量记忆的装置一样，这种装置是依据扫描原理来工作的。在一个相对短暂的时间里存储信息的最简单方式之一，比如给一个电容器充电，如果辅以电报式中继器，就会成为一种合适的存储方法。为了最有效地利用附在这种存储系统上的线路设备，它最好能够连续而快速地在电容器之间转换。普通的做法是利用机械惯性，可这无法满足超高速的要求。一个比较好的办法是大量使用电容器，其中的电容器板既可以是喷射在绝缘体上的小点金属，也可以是绝缘体本身不完全绝缘的表面，而与这些电容器的连接之一是一束阴极射线的光线锥，由电容器和扫描电路的磁体作用在线路上移动，就像犁铧在田地里耕作那样。这种方法有不少精致版本，在威廉姆斯先生运用它之前就已经在美国无线电广播公司以某种不同的方式用过了。

上面提到的这些存储信息的方法能够把一个消息保留相当长的一段时间，即使不能保留一辈子。对更为长久的记录来说，有非常多的选项可供我们选择。除了用像穿孔卡片和穿孔纸带那样笨拙的、缓慢且不能擦除的办法外，我们还有磁带，以及它的现代改良版，它们在很大程度上消除了记录在这种材料上的消息的扩散趋势；磷光物质；最重要的是照相。照相的确是理想的方法，因为其记录持久而详尽，从记录一次观察所需曝光时间之短的角度来看它也很理想。它有两个缺点：冲洗需要时间，虽然已经缩短至几秒钟，但用照相作短时记忆还是不够短；而且现在（1947年）的事实是照相记录还不能快速擦除和快速植入一条新纪录。伊士曼的人[1]一直在致力于解决这些问题,看起来这未必是不能解决的,可能这次他们已经找到答案了。

很多已经考虑过的存储信息的方法都有一个重要的物理元素。它们似乎都依赖于一个具有高量子简并性的系统,或者换句话说,一个具有相同频率的大量振动模式的系统。对铁磁性来说这当然是正确的,对那些有着极高绝缘常数的材料而言也是正确的,因此,它们特别适合用在存储信息的电容器中。磷光也是一种与高量子简并性有关的现象,同样的效应使它在照相过程中显现出来,这里用作显影剂的许多物质似乎都有大量的内部共振。量子简并性看起来与那种使微小原因产生显著而稳定的结果的能力有关。在第二章中我们已经看到,具有高量子简并性的物质似乎与新陈代谢和繁殖的许多问题有关。这可能并不是偶然的,在非生命的环境中,我们发现它们与生命物质的第三种基本性质有联系:接受和组织脉冲的能力,以及使它们在外部世界发挥作用的能力。

在照相及类似过程中我们了解到,可以用永久改变某些存储元件的形式来存储消息。在把这条信息重新置入系统时,必须能让这些变化对通过系统的消息产生影响。要做到这一点,最简单的一种方式是把通常帮助传递消息的部件当作被改变的存储元件,并具备这样一种性质,即由于存储信息而在其性质上产生的变化会影响它们未来传递消息的整个方式。在神经系统中,神经元和突触就是这样的元件,它们很可能是通过改变神经元阈值,或者换一种说法,是通过改变每个连接消息的突触的渗透性来长时间存储信息的。由于缺少对这种现象的更好解释,我们中有许多人认为,大脑中的信息存储事实上可能就是这样发生的。可以想象,这种存储方式可能是由于打开了一条新通道,也可能是关闭了一条旧通道。出生之后大脑不会再产生神经元,这一点似乎已成定论。可能也没有产生新的突触,但有理由推测在记忆过程中阈值的主要变化在增长,虽然这一点还不是十分确定。如果情况确实如此,那我们整个生命就会像巴尔扎克在《驴皮记》中所描述的那样,正是学习和记忆的过程在耗尽我们学习和记忆的能量,直到生命本身消耗掉我们生命力的全部储备。这种现象可能真的存在。这是对衰老的一种可能的解释。不过,真正意义上的衰老太过复杂,仅凭这一种方式是不可能解释清楚的。

我们已经说过,计算机乃至大脑是一部逻辑机器。毫无疑问,这类机器,无

---

[1]　伊士曼·柯达公司由美国发明家乔治·伊士曼(George Eastman)创立,主要研发和生产相机、胶卷、胶片等,是当时世界上最大的胶片生产商。——译者注

论是自然的还是人造的,对逻辑学的启发绝不是微不足道的。这方面的主要工作是由图灵完成的。①如前所述,**推理机器**不是别的,就是里面装有电机的莱布尼兹**推理计算机**;正如现代数理逻辑以这种运算开始一样,它目前在工程领域的发展不可避免地对逻辑学产生新的启发。今天的科学是操作性的;就是说,它认为每一个陈述从根本上都与可能的实验或可观察的过程有关。根据这种观点,逻辑学研究必须还原为对逻辑机器的研究,不论是神经的还是机械的,包括这些机器所有无法克服的局限性和不足。

有的读者可能会说,这是把逻辑学还原为心理学,而且这两门科学的差异是显著的、可以证明的。许多心理学状态和脉络确实不符合逻辑规则。虽然心理学包含很多与逻辑学不相干的内容,但事实表明,任何对我们有意义的逻辑都不可能包含人类心智(因而是人类神经系统)以外的东西。**在进行所谓的逻辑思维活动时,所有逻辑都受到人类心智局限性的限制。**

例如,很多数学分支都在讨论与无限有关的问题,但是这些讨论及附带的证明事实上都不是无限的。可接受的证据都没有超出数量有限的步骤。的确,一个用数学归纳所做的证明**看起来**包含无限的步骤,但这只是表面上的。实际上,它只包含下列步骤:

1. P_n 是一个对应于数 n 的命题。

2. 对 $n = 1$, P_n 已经被证明。

3. 如果 P_n 为真,则 P_{n+1} 为真。

4. 因此, P_n 对每一个正整数 n 为真。

当然,我们的逻辑假设中必定有一个对这个论证是有效的。但是,这个数学归纳远远不是对一个无限集合的完全归纳。对于一些形式更为严格的数学归纳,诸如某些数学学科分支中的超限归纳,情况同样如此。

因此,这就引出一些非常有趣的情况,在其中——有足够的时间和足够的计算帮助——我们也许能够证明定理 P_n 的每一个个例,但如果没有系统的方法把这些证明归入一个与 n 无关的论证的话,就像我们在数学归纳中那样,则不可能证明 P_n 对所有的 n 都成立。这种可能性是由所谓元数学提出的,这个学科在哥德尔和他的学派推动下声名远扬。

一个证明代表一个在有限步骤里得出确定结论的正确推理过程。然而,一

---

① A. M. Turing. "On Computable Numbers with an Application to the Entscheidungsproblem". *Proceedings of the London Mathematical Society*, 1936, Ser. 2, 42: 230-265.

部遵循一定规则的逻辑机器并不需要得出一个结论。它可能经过不同阶段原地打转而不会停止,既有可能在描述一个越来越复杂的活动模式,也有可能进入一个不断重复的过程,就像象棋游戏终局时出现的循环"长将"(perpetual check)。这种情况在康托尔和罗素悖论的一些事例中也会出现。让我们考虑一下所有不是自身的类的类。这个类是否是自身?如果是,它当然不是自身;如果它不是,则又确实等于是自身。回答这个问题的计算机会给出连续的临时答案:"是""不是""是""不是",依此类推,永远不会达到平衡。

伯特兰·罗素解决自己悖论的方法,是给每个陈述附加一个量,即所谓的"型"(type),根据对象本身所涉及的特征——无论这些是最简单意义上的"事物",或"事物"的类,还是"事物"的类的类,等等——在那些形式上看起来相同的陈述之间做出区分。我们用来解决这种悖论的方法也是为每个陈述加上一个参数,这个参数就是宣称该陈述的时间。在这两种情况中,我们引入所谓的均匀化参数,以解决只是因为忽略它而导致的模棱两可之处。

由此可见,计算机的逻辑与人类的逻辑十分相似,而且,根据图灵的观点,我们可以利用它来为人类的逻辑提供线索。计算机也有像人类一样比较高级的特征——学习能力吗?为了搞清楚它是否可能有这种属性,让我们考虑一下两个关系密切的概念:观念联想的概念和条件反射的概念。

在英国经验哲学学派中,从洛克到休谟,心灵的内容被看作是由某种实体构成的,这种实体对洛克而言是观念,对后来的学者而言是观念和印象。简单的观念或印象被认为存在于纯粹被动的心灵之中,不受其中所包含的观念的影响,就像一块干净的黑板并不影响书写其上的符号一样。经过某种很难被称为力的内部活动,这些观念按照相似原则、邻接原则和因果原则联结成束。在这些原则中,也许最有意义的是邻接原则:在时间或空间里经常一起出现的观念或印象被认为获得了相互唤起的能力,以至于它们中任何一个的出现都会导致整束的出现。

所有事情中都包含着某种动力学,但动力学观念还没有从物理学渗透到生物和心理科学。18世纪生物学家的典型代表是林奈(Linnaeus)[①],他是一个收藏家和分类学家,持有一种与今天的进化论者、生理学家、遗传学家和实验胚胎学家完全对立的观点。的确,世界上有那么多东西要去探寻,生物学家们的思想状

---

① 卡尔·冯·林奈(Carl von Linné, 1707—1778),瑞典生物学家,1735年发表了最重要的著作《自然系统》,1737年出版《植物属志》,1753年出版《植物种志》,建立了动植物命名的双名法,对动植物分类研究产生了重大影响。他首先提出界、门、纲、目、科、属、种的物种分类法。

况可能都差不多。同样,在心理学中,心理内容的概念支配着心理过程的概念。在一个名词具有假设的实在性而动词却无足轻重的世界里,这很可能是一种强调物质的学术遗风。尽管如此,正如巴甫洛夫的研究所表明的,从这些静力学观念迈向今天更具动力学的观点是非常明确的。

巴甫洛夫的工作大部分是关于动物而不是关于人的,而且他报告的是看得见的行为,不是内省的心灵状态。他在狗身上发现,食物的出现会引起唾液和胃液的分泌增加。如果在且仅在食物出现时向狗出示某个看得见的物体,那么这个物体的形象在没有食物出现时,本身也能刺激唾液或胃液的流淌。洛克由内省观察到的观念因邻接而发生的联合现在变成了类似的行为模式的联合。

不过,巴甫洛夫的观点与洛克的观点之间有一个重要区别,这恰好因为洛克考虑的是观念,而巴甫洛夫考虑的是行为模式。巴甫洛夫观察到的反应总会实现一个导向成功结果或避免灾难的过程。分泌唾液对于吞咽和消化意义重大,而避免一个我们看作是痛苦的刺激会保护动物免受身体伤害。因此,在条件反射中包括某种我们可以叫作**情调**(affective tone)的东西。我们不需要把这个与我们自己的快乐和痛苦感觉联系起来,也不需要抽象地把它和动物利益关联起来。最基本的东西是:情调是按照某种尺度从负的"痛苦"到正的"愉悦"来排列的;在一段时间内或者长期如此,情调的增加促进了神经系统中当时正在进行的所有过程,并赋予它们二次增加情调的能力;而情调的减少总会抑制当时正在进行的所有过程并赋予它们减少情调的二次能力。

当然,从生物学意义上讲,更大的情调必须主要发生在对种族延续有利的场合,即使对个体不利;而较小的情调发生在不利于这种延续的场合,即使不是灾难性的。任何不符合这种要求的种族将会走上刘易斯·卡罗尔(Lewis Carroll)作品中的"面包蝴蝶"①的道路,总是会灭亡。不管怎样,即使是注定要灭亡的种族,只要它还在存续,就会显示出某种有效的机制。换句话说,即使是最有可能自我毁灭的情调配置也会产生某种确定的行为模式。

请注意,情调机制本身是一种反馈机制,甚至可以给出一个如图7所示的示意图。

---

① 英国女作家刘易斯·卡罗尔的小说《爱丽丝漫游奇境》中的奇幻生物。——译者注

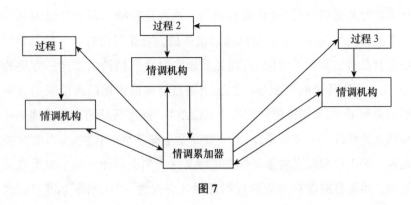

图 7

此处的情调累加器根据某些我们现在不需要详述的规则,把短时间内由分散的情调机构提供的情调结合起来。返回各个情调机构的线路在累加器输出的方向来调节每个过程的固有情调,这种调节一直维持着,直到随后来自累加器的消息对它做出新的修正。如果总的情调增加,从累加器返回到过程机制的线路负责降低阈值;如果总的情调降低,则用来提高阈值。它们同样具有长时间的效果,一直持续到被来自累加器的另一个脉冲改变为止。不过,这种持续的效果受到当时返回的消息实际到达过程的限制,而且对各个情调机构的效果也受到类似的限制。

我想强调一下,我并不是说条件反射的过程是按照我所给出的机制进行的;我只是说它**可能**这样进行。不过,如果假定了这种或其他类似机制,我们可以谈论很多有关它的问题。一是这种机制能够学习。我们已经认识到条件反射是一种学习机制,而这个观点已经被行为主义者用来研究迷宫中老鼠的学习行为了。所需要的只是所用的诱导或惩罚分别具有某种正或负的情调。情况当然是这样,受试者通过经验来学习这种情调的性质,而不仅仅是通过**先验的**思考。

另一个相当有趣的问题是,这种机制涉及某些消息的集合,这些消息发出后通常进入神经系统,传到所有处于接收状态的元件。这些是从情调累加器返回的消息,而在某种意义上它们又是从情调机构传向累加器的消息。的确,情调累加器并不一定是一个独立元件,它可能只代表来自各个情调机构的消息的一些自然的组合作用。此时,这种"致可能有关者"(to whom it may concern)的消息很可能以设备中最低的成本,通过神经以外的通道,被最高效地传递出去。同样,一个矿井的普通通信系统可能包括一个电话中心,以及线路和各种设备。当我们在紧急情况下想清空一个矿井时,我们并不信任这个通信系统,而是在通风口打破一个硫醇管。对于没有标明特定接收者的消息来说,像这样的或者激素那样的化学信使是最简单的,也是最有效的。现在让我插一段我知道纯属空想的内容。激素活动所包含的强烈情感和激情是最为意味深长的。这并不是说纯粹的神经机制没有情调和学习能力,而是要说在对我们精神活动这一方面的研究中,不能无视激素传递的可能性。把这个观点与弗洛伊德的理论联系起来可能过于不切实际了,在弗洛伊德的理论中,记忆——神经系统的存储功能——与性活动是相互关联的。一方面是性,另一方面是全部感情内容,包含着非常强烈的激素元素。关于性和激素的重要性是雷特文博士和奥利弗·塞尔福里奇先生向我提起的。尽管目前没有充分的证据证明其有效性,但从原则上讲它显然不是无稽之谈。

从本性上看,没有什么东西妨碍计算机表现出条件反射。请记住,一台运行中的计算机不只是设计师组装在一起的一连串继电器和存储装置,它还包括存储装置的内容,而这个内容在单次运行的过程中绝不会被完全清除。我们已经知道,是单次运行而不是计算机的整个机械结构与个体的生命相当。我们还知道,在神经计算机中,很可能信息存储主要是因为突触渗透率的变化,我们完全有可能制造以这种方式存储信息的人造机器。例如,我们完全有可能使任何消息进入存储装置,以永久或半永久方式改变一个或一组真空管的栅偏压,进而改变启动真空管脉冲总和的数值。

关于计算和控制机器中的学习装置及其用途,更为详尽的说明最好还是留给工程师去做,而不是由本书这样的入门书籍来完成。把这一章的余下部分留给更为成熟的现代计算机的常规用途或许更好一些。计算机的主要用途之一是解偏微分方程。由于精确描述两个及两个以上变量的函数涉及大量数据,即使是线性偏微分方程也需要记录海量数据才能建立。对于像波方程那样的双曲线型方程,典型的问题就是当初始数据给定时求方程的解,我们可以用渐近方式从初始数据得出之后任意给定时间的结果。对于抛物线方程大部分也是这样。如果是椭圆方程,其自然数据是边界值而不是初始值,求解的自然方法包括一个逐次近似计算的迭代过程。这个过程需要重复的次数太多,因此像现代计算机那样超高速计算的方法几乎是必不可少的。

在非线性偏微分方程中,我们没有遇到解线性方程时的条件——一个合理的、适当的纯数学理论。这里的计算方法不仅对处理特殊数字的情况很重要,而且,如冯·诺伊曼所说,我们需要计算是为了掌握大量特殊事例,没有它们我们几乎无法建立一个普遍理论。在某种程度上,完成这项工作一直离不开非常昂贵的实验设备的帮助,诸如风洞。正是用了这种办法,我们才了解激波、滑面、湍流等现象的更为复杂的性质,对于这类现象我们几乎无法给出一个适当的数学理论。还有多少类似性质的现象没有被发现,我们还不清楚。与数字计算机相比,模拟计算机的准确性远远不够,在很多情况下计算速度也要慢得多,数字计算机将来大有希望。

现在已经很清楚了,这些新计算机的使用完全需要属于它们自己的数学方法,与那些在人工计算或小容量计算机中所用的截然不同。例如,即使用计算机计算中高阶行列式或者同时求解 20 或 30 个联立线性方程,也会显示出在研究类似低阶问题时没有出现的困难。若不是设立问题时小心应对,这些问题根本就没有任何有意义的数字解。可以毫不夸张地说,像超高速计算机这样精巧、有效的工具,在那些不掌握足够技巧的人手中,是发挥不出它的全部优势的。当然,超高速计算机也不会减少对那些具有高度理解能力和专业训练水平的数学家的需求。

在计算机的机械或电子构造中,有几个原则值得考虑。一个原则是,像乘法或加法器这类使用相对频繁的装置,应该采用只适用于特定目的的相对标准化的装配形式,而那些不经常使用的装置则应该用那些也适用于其他目的的元件组合而成。与这个思路密切相关的另一个原则是,在那些较为通用的装置中,部件应按其通用性加以利用,而不应专门与其他设备永久固定在一起。设备中应该有一个像电话自动交换机那样的部件,能自动搜寻空闲部件和各种连接器,并在需要的时候配置它们。这将大幅减少由于大量元件闲置而产生的巨额费用,因为这些元件只有在整个大组合启用时才被用到。我们将会发现,这个原则在我们考虑神经系统中的通信量和过载问题时非常重要。

最后我要说的是,大型计算机,不论是以机械或电子设备的形式还是以大脑本身的形式,都会消耗大量动力,这些动力都以热的形式被耗费和逸散了。流出大脑的血液比进入大脑的血液温度略高一点点。没有哪种计算机接近大脑能量的经济效益。在 Eniac 或 Edvac 这样的大型设备中,电子管灯丝消耗的能量很可能是千瓦数量级的,除非有足够的通风或冷却设备,否则系统将会面临所谓的机械发热当量,直到机器常数因为热而发生根本性变化,进而发生故障。尽管如此,计算机每一次运转所消耗的能量近乎为零,甚至不能形成对设备运行情况的有效量度。机械大脑并不像早期唯物论者声称的那样,"像肝脏分泌胆汁那样"产生出思想,也不像肌肉做出动作那样,以能量的形式输出思想。信息就是信息,既不是物质也不是能量,不承认这一点的唯物论在今天不可能存在下去。

"控制论之父"维纳与"信息论之父"香农。

第六章　完形与全称命题

· Ⅵ *Gestalt and Universals* ·

　　一套群扫描组件具有功能明确、搭配恰当的解剖学结构。……群扫描组件非常适合成为大脑的某种稳定部件,就相当于数字计算机中的加法器或乘法器。

除了上一章已经讨论过的那些问题之外，还有就是为洛克的观念联想理论设计一种神经机制的可能性。在洛克看来，联想是按照三个原则发生的：邻接原则、相似原则和因果原则。其中的第三条原则被洛克，更确切地说是被休谟还原为经常相伴发生的事件，因而可以归入第一条原则，即邻接原则。第二条原则即相似原则，需要做更为详尽的讨论。

我们是如何做到无论从侧面、斜面，还是从正面看一个人，都能识别他容貌的同一性呢？我们如何判断一个圆是一个圆，无论它是大是小，或近或远，无论它位于一个垂直于从眼睛到圆心的连线的平面上，因而看起来像是个圆，或从别的方向看则像是一个椭圆？我们如何从天上的云朵，或是从罗夏（Rorschach）[①]测验的墨迹中看出人脸、动物或地图？所有这些事例都与眼睛有关，但类似问题也延伸到别的感觉器官，而且其中还有一些涉及多感官之间的联系。我们如何用语言翻译鸟叫虫鸣？我们又怎样通过触摸来辨别一枚硬币的圆度？

现在，让我们暂时把自己限制在视觉方面。在我们比较不同物体的形状时，一个重要因素当然是眼睛与肌肉的相互作用，无论是眼球内部的肌肉，还是转动眼球的肌肉，或是转动头部乃至移动整个身体的肌肉。的确，在动物王国里，这种视觉—肌肉反馈系统的一些形式即便对像蠕虫这样的低等动物也是很重要的。在背光性即回避光线的倾向这一点上，似乎是由发自两个眼点的脉冲的平衡来控制的。这种平衡被反馈到躯干肌肉上，使身体离开光线；然后与向前的总体冲动结合起来，把动物带到附近最黑暗的地方。有趣的是，一对带有适当放大器的光电管，一个平衡这对光电管输出的惠斯通电桥（Wheatstone bridge），加上另外一些放大器控制对一个双螺杆装置的两个电机的输入，把它们组合起来，就可以对一条小船进行理想的背光控制。对我们而言，要把这套装置压缩到蠕虫可以携带的尺度，会很困难或者根本做不到；不过，这里只是再举一个例子来说明读者此时一定已经很熟悉的事实：生命机制往往具有比最适合人造技术的装置要小得多的空间尺度，但在另一方面，电子技术的应用使人造装置在速度方面比生命体拥有更巨大的优势。

◀ 1934 年，维纳在美国数学学会研讨会上。1933—1935 年，维纳是数学学会会议最积极的参与者之一。

---

① 赫尔曼·罗夏（H. Rorschach，1884—1922），瑞士弗洛伊德学派的精神科医师和精神分析学家，因发展出一套名为"罗夏墨迹测验"的投射技术而闻名。

让我们跳过所有中间阶段,直接来谈谈人类的眼睛—肌肉反馈。这些反馈中有一些纯粹是自我平衡的,就像瞳孔在暗处放大,在亮处缩小,由此把进入眼睛的光流量限制在一个较窄范围内而不至于过度。另一些反馈则与下面的事实有关,即人眼把它对形状和色彩的最佳视觉十分经济地限制在相对较小的视网膜中央凹区域,而把运动感觉更好地放在视网膜周边区域。当周边视觉捕捉到一些明亮的、对比强烈或色彩鲜艳的,特别是运动着的醒目物体时,就会有一个反射反馈把它们带到中央凹。这种反馈伴随着一个复杂的内在关联的子反馈系统,这个子系统引导双眼聚焦,使引起我们注意的物体落在每只眼睛视野的相同位置,并调节晶状体的焦距使物体轮廓尽可能地清晰。这些动作得到头部和身体运动的辅佐。借助头部和身体的运动,我们把物体顺利地带到视觉的中心,如果单靠眼睛运动是无法完成的;借助头部和身体的运动,我们把视野之外由其他感官捕捉到的物体带进视野。至于那些我们从一定角度比较熟悉的物体——笔迹、人脸或风景等等——也有一种机制,让我们把它们拉到合适的方向上。

所有这些过程可以总结为一句话:我们往往会把任何引起我们注意的物体带到一个标准的位置和方向上来,从而使我们形成的视觉形象的变化范围尽可能地小。这并没有穷尽我们在察觉物体的形式和意义时涉及的全部过程,但它的确有助于后面的过程趋向于这个结果。后面的那些过程发生在眼睛和视觉皮质内。有相当多的证据表明,在大部分阶段里,这个过程的每一步都在减少视觉信息传递所涉及的神经元通道的数量,并使这个信息逐步接近记忆中曾经使用和保存的那种形式。

这种视觉信息汇集的第一步,发生在视网膜与视神经间的转换之中。人们将会注意到,在中央凹,视神经纤维与视杆和视锥之间几乎是一一对应的,而在视网膜周边区域,一根视神经纤维则对应着十个或十个以上末梢器官。这一点相当好理解,事实上周边视觉纤维的主要功能并不在于视觉本身,而是一种为眼睛聚焦和定向的捕捉机制。

最神奇的视觉现象之一是我们识别轮廓图的能力。很显然,一幅人脸的轮廓图与这张脸本身,在色彩或明暗面上,几乎没有什么相像之处,尽管它可能是其主人最好辨认的一张画像。对这种现象最合理的解释是,在视觉过程中的某个阶段,轮廓得到强调,而影像其他部分的重要性被大大削弱了。这些过程的起点在眼睛本身。像所有感觉器官一样,视网膜也受到适应性的制约,就是说,一个刺激的不断持续会削弱视网膜接受和传递该刺激的能力。对记录色彩和光强度恒定的大幅影像的内部感受器来说,这种情况最为显著,因为连视觉过程中难以避免的焦距和视点的轻微波动,也不会改变所接收影像的特点。在两个对比强烈的区域边界,情况则大不相同。此时这些波动会产生一种刺激交替,而这种交替,就像我们在余像现象中看到的那样,不仅没有使视觉机制因适应而疲弱,反而增加了它的敏感性。不论这两个相邻区域之间的反差是在色彩方面还是在光强度方面,这是真实可信的。作为对这些事实的一个说明,请大家注意,视神经中四分之三的纤维只对发光体的"闪光"有反应。因此我们发现,眼睛是在边界处得到它的最强烈印象的,事实上每一个视觉影像都有些许素描的性质。

也许并非所有这些作用都是周边视觉的效果。在摄影技术里,大家都知道,某些底片处理手法可以增加底片的对比度,而这类非线性现象当然也不会超出神经系统的能力范围。它们与我们前面所提到的电报中继器属于同类现象。与电报中继器一样,它们用一个还没有模糊过度的印象去引发(to trigger)一个具有标准清晰度的新印象。不管怎样,它们减少了一个影像所携带的无用信息的总量,这很可能与视觉皮质各个阶段传导纤维数量减少的部分有关。

像这样,我们指出了视觉印象图式化的几个真实的或者可能的阶段。我们把影像集中在注意的焦点周围,并或多或少地把它们还原为轮廓图。接着把它们相互比较,或者至少与存储在记忆中的标准印象相比较,诸如"圆形""正方形"等。这种比较可以有多种方式。我们至此绘制了一幅简略的草图,来说明洛克关于联想的邻接原则如何能实现机器化。请注意,邻接原则也涵盖了洛克相似原则的大部分内容。在下面这些过程里,我们经常看到同一物体的不同方面,这些过程包括把它带入注意的焦点,并通过其他一些动作让我们看到它,或远或近,或角度各异。这是一个普遍原理,并不局限于任何特定感官的应用,与我们那些较为复杂的经验相比无疑更为重要。不过,这可能不是我们特有的视觉全称命题(洛克会称之为"复合观念")所赖以形成的唯一过程。我们视觉皮质的结构是高度组织化、高度专门化的,以至于我们不能认为它竟然是通过一个非常普遍化的机制来运行的。它给我们留下一种印象,即我们在这里处理的是一种专门机制,它不只是某种零件可互换的通用元件的临时装配,而是像计算机的加法和乘法装置那样固定的分部组合。在这种情况下,这种分部组合怎样才能发挥作用,以及我们应该怎样把它们设计出来,都是值得考虑的。

一个物体的所有可能的透视变换构成了我们在第二章中已经定义的所谓的"群"。这个群定义了一些变换子群:仿射群,其中我们只考虑那些不涉及无穷远区域的变换；围绕某个给定点的均匀膨胀变换，即一个点、坐标轴的方向，以及所有方向上的标度相等保持不变；长度保持不变的变换；围绕一个点作二维或三维旋转的变换；所有平移变换的集合；等等。在这些群中，我们刚刚提到的那些是连续的；就是说，它们的运算取决于一个适当空间中连续变化的参数数值。因此它们形成 n 维空间中的多维构型，并包含那些在此类空间中构成区域的变换子集。

电视工程师都知道，普通二维平面上的一个区域被扫描过程覆盖，是取该区域中一个近乎均匀分布的样本位置的集合来代表总体，与此类似，群——空间中的每个区域，包括这整个空间在内，能够用一个**群扫描**（group scanning）过程来表示。在这个绝不仅限于三维空间的扫描过程中，用一维序列在空间中某个位置网上来回扫动，而这个位置网的分布，在适当定义的意义上，十分接近于区域内的每个位置。因此，它将包括那些接近我们可能想求的任意位置。如果这些"位置"或参数集实际上被用来生成相应的变换群的话，由这些变换得出的一个给定图形的变换结果，将接近于由一个位于所求区域的变换运算子得出的该图形的任意给定变换。如果我们的扫描足够精细，且被变换的区域具有所在群的区域变换的最大维度，那么，实际扫描过的变换区域将与原始区域由其面积的任意部分的量得出的**任何**变换重合。

现在让我们从一个固定的对照区域和将要与之比较的区域开始。如果在变换群扫描的任意阶段，在某一变换扫描之下的区域影像与固定模式相比，重合程度大大低于允许误差，这就会被记录下来，并且说这两个区域是相似的。如果在整个扫描过程中没有出现这种情况，就说它们不相似。这个过程完全适用于机器化，并作为识别图形形状的一种方法，这种方法与图形的大小、方向，以及在群——空间扫描中可能包括的任何变换无关。

如果这个区域不是群的全部，那就很可能是区域 A 看起来像区域 B，区域 B 看起来像区域 C，而区域 A 看起来不像区域 C。这种现象在现实中当然是会发生的。一个图形可能与它的倒转图没有什么特别相似的地方，至少在直接印象（一种不包括任何较高级过程的印象）中是这样。尽管如此，在它反转的每个阶段，可能会有相当多的邻接位置与之相似。由此形成的一些普遍"观念"不是截然不同，而是彼此逐渐融合的。

运用群扫描对群变换进行抽象还有其他更为复杂的方法。我们这里考虑的群都有一个"群测度"，即依赖于变换群自身的概率密度，而且在群中所有的变换被先前或之后任何特定的群变换改变时不会发生变化。我们可以用这种方式来扫描这个群,即一个相当大类的任意区域的扫描密度——也就是,在群的任何完全扫描中可变的扫描元件在区域内扫描的时间总量——近似正比于该群的群测度。在这种均匀扫描的情况下,如果我们有一个依赖于群变换元 S 的集合的量,如果这个元的集合由群的所有变换变换而来,我们用 $Q(S)$ 表示依赖于 S 的量,并用 TS 表示集合 S 被群变换 T 变换的结果,这样,当用 TS 替代 S 时,$Q(TS)$ 就是替代 $Q(S)$ 的量值。如果对变换群 T 的群测度求这个值的平均或积分,我们会得到一个写成如下形式的量

$$\int Q(TS)\,dT \tag{6.01}$$

这里的积分是对群测度的积分。对于所有在群变换条件下可互换的集合 S,量(6.01)恒等,也就是说,对所有集合 S,这个量在某种意义上具有相同的形式或**完形**。如果被积函数 $Q(TS)$ 在被忽略的区域数值很小,而量(6.01)的积分不是对整个群的积分,我们可以得到形式的近似可比性。关于群测度的问题就说到这里。

　　近年来,用另一个感官来弥补某个感官缺失的问题引起人们的广泛关注。在实现这个目标的种种尝试中,最引人注目的是用光电管为盲人设计阅读装置。我们会认为这些工作局限于印刷品,甚至局限于某种单一字体或少量字体。我们还会认为页面对齐、字行校准,以及行间移动等,既可以用手动解决,也有可能自动进行。我们可以看到,这些过程对应于我们的视觉**整体**提取这个功能,它依赖于肌肉反馈和正常的定准、定向、调焦和汇聚等器官的运用。接着而来的问题是,扫描装置连续扫过字母时如何确定单个字母的形状。有人提议,可以用一些垂直排列的光电管,每个附加一个音调不同的发声装置。这可以用记有"不发声"或"发声"的字母黑体来解决。我们假定采用后者,并假定三个光电接收器叠放。让它们记录一个和弦的三个音符,比如说,最高音符在上面,最低音符在下面。比如,大写字母 F,记录为

———————————————　高音调的持续时间
——————————　中音调的持续时间
———　低音调的持续时间

大写字母 Z 记录为

———————————
—
———————————

大写字母 O 为

—
—   —

等等。有我们理解能力的帮助,阅读这样的听力编码应该不太困难,比如说,不会比阅读布莱叶盲文更难。

然而,所有这些取决于一个条件:光电管与字母的垂直高度的适当关系,即便是标准字体,其字型大小也会有很大变化。因此,为了把一个给定字母的印象还原为标准印象,我们希望能够调节上下扫描的垂直尺度。至少在我们的解决方案中必须要有垂直扩张群变换的内容,不管是手动的还是自动的。

有几种方法或许可以处理这个问题。我们可以用机械方法来垂直调节光电管。一方面,我们可以用一大排垂直排列的光电管,并根据字体大小来改变音调的排列,让排在上面和下面的字体不发声。例如,可以这么做,有两组连接线,来自光电管的输入线通向一连串越来越分开的开关,输出线是一系列垂直线,如图8所示。

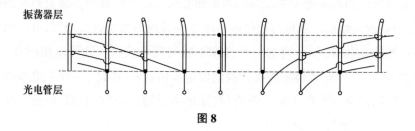

振荡器层

光电管层

图8

图中的单线代表来自光电管的导线,双线代表通向振荡器的导线,虚线上的圆圈表示输入线和输出线之间的连接点,而虚线本身表示用来启动某一组振荡器的导线。这就是我们在导言中提到过的麦卡洛克为调节字体高度而设计的那种装置。在最初的设计中,虚线之间的选择是由人工操作的。

这就是向冯·鲍宁博士展示时让他想到视觉皮质第四层的那个图形。正是那些连接的圆圈让他想到这一层的神经细胞体,分布在均匀改变水平密度的各个子层中,大小随密度变化作反向改变。水平导线有可能是按照某种循环秩序被启动的。整个装置看起来非常适合群扫描过程。当然,必须要有一些把上部输出及时重新结合起来的过程。

这是麦卡洛克当时提出的装置,如同大脑中实际发生的视觉**整体**提取的情况。它代表了一类能用于群扫描的所有类型的装置。在其他感官中发生的情况也一样。在耳朵里,从一个基本音调到另一个基本音调的音乐变化无非是频率对数的变换,因此可以由一台群扫描设备来完成。

因此,一套群扫描组件具有功能明确、搭配恰当的解剖学结构。必需的转换可以由独立的水平导线来完成,它们提供足够的刺激以改变各层的阈值,使阈值在导线接通时刚好达到启动所需的量。尽管我们不知道机器运行的全部细节,但按照解剖分析来推测机器可能的运行状况不是完全做不到的。简而言之,群扫描组件非常适合成为大脑的某种稳定部件,就相当于数字计算机中的加法器或乘法器。

最后,扫描装置应该有确定的固有运行周期,在大脑工作中应该能够被识别出来。这个周期的数量级应该在直接比较不同大小的物体形状时以最短的时间表现出来。这只能在比较两个大小差异不大的物体时才能完成;否则,扫描是一个长时间的过程,很容易让人想到非特定组件的动作。当有可能进行直接比较时,它用时的数量级似乎在十分之一秒。这看起来与循环序列中激发对所有横向连接层的刺激所需的时间数量级也是一致的。

尽管这个循环过程可能是一个由局部决定的过程,但有证据显示,皮质的不同部分有广泛存在的同步性,可以设想它们受到某个定时中心的驱动。事实上,脑电图显示,它的频率大小对大脑的 α 节律是适合的。我们可以猜想,这个 α 节律与形状知觉有联系,而且它和扫描节律的性质有些相似,就像电视机的扫描过程所显示的节律一样。它在深度睡眠时消失,似乎被别的节律所遮蔽和掩盖,正如我们所期望的,而当我们实际上在看什么东西的时候,扫描节律的行为却有点像别的节律和活动的搬运工。最显著的是,当我们清醒时闭上双眼,或者当我们漫无目的地凝望太空,就像沉浸在瑜伽的出神状态,[1]此时 α 节律显示出一种近

---

[1]　与英格兰布里斯托的格雷·沃尔特博士的私人通信。——作者注

乎完美的周期性。

我们刚刚看了感官修复的问题——用传自另一个正常感官的信息替代原本由缺失感官传递的信息问题——是重要的而且并不是不可解决的。使这个问题变得更有希望的是，通常通过一个感官联结的记忆和联想区域，事实上不是只有一把钥匙的锁，而是可以存储通常它们所属的感官之外的其他感官收集起来的印象。一个盲人，如果不是先天失明的，他不仅保留着出事之前的视觉记忆，而且可能以视觉形式储存着触觉和听觉印象。他可以在房间里摸索他的路，可能还有房间看起来该如何的影像。

因此，他还能得到正常视觉机制的一部分。另一方面，他失去的不止是双眼，还有运用视觉皮质部分的能力，可以把视觉皮质看作是组织视觉印象的固定组件。需要为他提供的不仅是人造的视觉接收器，而且还有人造的视觉皮质，这将会把他的新接收器上的光印象转译成与正常视觉皮质输出有关的形式，从而使通常看起来像什么的物体变成如今的听起来像什么的物体。

就这样，用听觉替代视觉的可能性的标准至少部分是**皮质水平上**可识别的不同听觉模式与可识别的不同视觉模式数量之间的比较。这是一种信息量的比较。鉴于感觉皮质不同部分的组织的某种类似性，这种比较与大脑皮质两个部分的面积之间的比较可能差距并不太大。视觉部分与听觉部分之间的面积大约是 100：1。如果所有听觉皮质都用于视觉，我们有望得到的一个信息接收量大约是由眼睛进入的信息量的百分之一。另一方面，我们通常估算视力的等级是获得样本的某种程度的分辨率的相对距离，因此 10/100 的视力意味着正常情况下约百分之一的信息流量。这是很糟糕的视力，但肯定不是完全失明，有这种视力的人也没有必要认为自己是盲人。

换一个方向看，事情甚至更为乐观。眼睛只要用到它的百分之一就能够察觉听觉的全部细微差别，还留下大约 95/100 的视力，大体上是完整的。因此，感官修复问题是一个极其有希望的研究领域。

第七章　控制论与心理病理学

· Ⅶ *Cybernetics and Psychopathology* ·

人类有着所有动物中最为发达的神经系统,人的行为可能依赖于那些有效运作的最长的神经元链,它们很可能是在近乎超负荷的边缘上有效地完成着复杂的行为,一旦超过负荷,就会以某种严重和灾难性的方式崩溃。

在开始写这一章时,有必要声明一下。一方面,我既不是个心理病理学家,也不是精神病医生,我没有任何关于这个领域的经验,而在这个领域里,经验指导是唯一可靠的指导。另一方面,我们关于大脑和神经系统正常表现的知识,还远远未达到可以像信赖一个**先验**理论那样的完善地步,**更不用说**关于它们反常表现的知识了。因此,我想提前否认那种断言,即认为心理病理学中的任何特定实体,如克雷佩林(Kraepelin)①及其学派所描述的那些病态症状,是由于像计算机一样的大脑组织的某种缺陷而造成的。那些根据本书的一些观点得出这种特殊结论的人风险自负。

尽管如此,认识到大脑和计算机有许多共同之处,还是可以给心理病理学,甚至精神病学提供新的有效的研究进路。这方面的研究也许可以从所有问题中最简单的那个开始:大脑如何避免由于个别组件功能故障而引起的重大错误和全面失败?对计算机而言,类似的问题具有重大的实践意义,因为计算机的一连串运算可能持续几个小时或数天,而每次运算的时间不到一毫秒。一系列计算操作很有可能包含 10^9 个独立步骤。在这种情况下,即使一次差错也是绝对不容忽视的,不过,现代电子设备的可靠性事实上已经大大超过最乐观的预期了。

在用人工或台式计算机进行的普通计算工作中,照例要检查每一个计算步骤,当发现错误的时候,就从注意到错误的第一点开始,向后推算来定位错误所在。如果用一台高速计算机来做这项工作,检查的速度必须进行得与原来的机器一样快,否则,机器速度的整体效率将降低到与较慢的检查过程的速度一致。此外,如果机器的设计是要保存计算的全部中间结果的记录的话,它的复杂程度和体积将会增加到无法容忍的地步,很可能比原来大两到三倍还要多。

有一种更为理想的,也是在实践中常用的检查方法,就是把每一步运算同时交给两个或三个独立的装置去做。在用两个装置的情况下,它们的答案自动地相互校对;如果有不符之处,所有数据都会被移存到永久性存储装置里,计算机停止工作,并给操作者发出一个有错误产生的信号。然后操作者对结果进行比

◀ 维纳和女儿佩姬下棋。

① 埃米尔·克雷佩林(E. Kraepelin, 1856—1926),德国精神病学家,现代精神病学的创始人。克雷佩林以精神病病原学的研究而著称。他是人格测验的先驱,最早用自由联想测验来诊断精神病人。神经官能症(neuroses)、精神病(psychoses)、阿兹海默症等专有名词都由他命名。

对,并根据比对结果来找出故障的位置,有可能是一个真空管烧坏了,需要更换。如果每个阶段都使用三个独立装置,事实上单个装置发生故障的情况非常少,三个装置中总会有两个答案是一致的,而这种一致就将给出所求的结果。在这种情况下,校对装置会接受占多数的答案,机器并不需要停止,但会给出一个信号来表示处于少数的答案在哪里,以及它如何与多数答案不同。如果这发生在刚开始出错的时刻,出错位置的提示可能十分准确。在一台设计精良的计算机里,没有哪个元件只承担一连串运算中某一特定阶段的工作,但每个阶段都有一个搜索过程,很像自动电话交换机中使用的那种,它会找出某一给定类型当即可用的元件,并把它切换到运算序列中去。这样,拆卸和更换故障元件就不需要耽误太多时间。

可以设想并相信,在神经系统中至少也有两个代表这个过程的元件。我们几乎不能指望把任何重要消息托付给单个神经元去传递,也不可能把任何重要操作交给单一的神经机制。像计算机一样,大脑可能是按照刘易斯·卡罗尔在《猎蛇鲨记》(*The Hunting of the Snark*)里阐释的那个著名原则的某种变型来工作的,这个原则就是:"我告诉你三遍的事就是真实的。"那种认为传递信息可用的各种通路通常沿其线路由头至尾、中间没有任何交织的观点,也是不大可能的。更有可能的是,当消息到达神经系统的某一层时,它可以通过所谓"中间池"(internuncial pool)中可选择的若干途径,由某一点行进到下一点。当然,神经系统中可能有一些部分,那里这种可替换性受到许多限制或者根本不存在,它们或许只是大脑皮质中高度专业化的、用来作为特定感觉器官向内伸展的部分。不过,上述原则仍然成立,而对大脑皮质区域中用作联想和我们所说的高级精神机能的那些相对不太专业化的部分来说,这条原则可能更为显著。

到目前为止我们考虑的都是正常表现中的差错,这只在广义上是病态的。现在让我们转到那些更为明显的病态表现上来。心理病理学多少有点让那些抱有本能唯物主义观点的医生感到失望,他们认为每种疾病必然伴随着某些特定组织的实质性损伤。的确,具体的脑部损伤,如受伤、肿瘤和血栓等,可能伴随着某些精神症状;还有某些精神疾病,如不全性麻痹,是常见的身体疾病的后遗症,并表现出大脑组织的某种病理状态;但是我们却没有办法从大脑来分辨一个严格意义上的克雷佩林型精神分裂症患者,或一个躁狂抑郁症患者,或是一个偏执狂患者。我们把这些疾病叫作**机能性疾病**,这种区分方法似乎违背了现代唯物主义的教条,即任何一种机能失调都有相关组织上的某种生理学或解剖学基础。

　　机能性失调和器质性失调之间的这种区别,从有关计算机的研讨中获益良多。正如我们已经看到的,与大脑相当的——至少是成年人的大脑——不是计算机空洞的物理结构,而是这个结构与一连串运算开始时被给予的指令的结合,以及它与在运算过程中存储起来的和从外界获得的附加信息的结合。这类信息以某种物理形式存储起来——以记忆的形式——但其中一部分是以循环记忆的形式,具有某种随机器关闭或脑死亡而消失的物理基础,而另一部分则是以长期记忆的形式,其存储方式我们只能猜测,但其形式很可能也具有某种随死亡而消失的物理基础。我们到现在还没有办法在尸体上识别出某个给定突触在生前的阈值,即使我们知道了这一点,我们也无法追溯与之相通的神经元和突触的链条,无法确定这个链条对其所记录的思想内容的意义。

　　因此,把机能性精神失调从根本上看作记忆的疾病,看作大脑在活动状态下保有的循环信息的异常,看作突触的长时间通透性(long-time permeability)的异常,也就不奇怪了。即使像不全性麻痹这种更为严重的疾病,其大部分症状的产生也不都是由于相关组织的破坏和突触阈值的变化,而可能是由于最初损伤所必然引发的消息传导的继发性混乱——神经系统的残留物和消息通路改变而造成的超负荷——所导致的。

　　在一个包含大量神经元的系统中,循环过程几乎不能长期保持稳定。要么,就像属于"似是而非的现在"的记忆,它们自然地发展,自行消散,并逐渐消失;要么,它们占有系统中越来越多的神经元,直到占据神经元池的过多空间。伴随着焦虑性神经官能症的恶性忧虑应该就是这种情况。在这种情况下,病人可能只是没有空间,即没有足够数量的神经元来完成正常的思考过程。在这样的条件下,大脑中未受影响的神经元的负荷可能会少一些,因此它们也更容易被扩展过程所牵扯。还有,永久性记忆受到的影响越来越深,一开始发生在循环记忆层的病理过程,可能会在永久记忆层以难以治愈的形式一再出现。于是,起初只是对稳定性相对轻微且偶然的逆转,就可能逐步发展成为对正常精神生活的完全破坏。

　　在机械的或电子的计算机中,也不是没有某种类似性质的病理过程。齿轮上某个轮齿可能会滑脱,从而导致与之咬合的轮齿再也不能使它回复正常;或者,一台高速电子计算机可能进入某种循环过程,似乎无法让其停止。这些意外可能取决于系统某种极不可能的瞬间构型。而且,一经修复,可能永远不再重复发生——或极少重复发生。然而,一旦它们发生,就会暂时使机器失灵。

　　在使用计算机时,我们如何处理这些意外情况？我们尝试做的第一件事,就是清除机器中的所有信息,寄希望用其他数据重启机器时故障不再发生。如果这样做不成功,如果发生故障的地方是清除机制永远或暂时达不到的,我们就摇晃一下机器,如果是电子机器,就用非常大的电脉冲冲击一下,寄希望能到达原先达不到的部分,使它活动中的错误循环能够被中止。如果这样做也失败了,我们还可以切断设备中发生故障的那一部分,因为余下部分可能也够用了。

　　目前,除了死亡之外,没有哪一个正常过程可以完全清除大脑中所有的过去印象;而且在死亡之后,不可能再把大脑重新开动起来。在所有正常过程中,睡眠是最接近非病理清除的。我们常常发现,对付烦人的焦虑或头脑混乱的最好方法是睡一觉忘了它们！然而,睡眠并不能清除较深的记忆,事实上,充足的睡眠与相当恶性的焦虑状态并不对症。因此,我们往往被迫采用更为剧烈的介入记忆体周期的方式。这些更为剧烈的方式包括对大脑施行外科手术,术后将遗留下永久性的伤害和破坏,并且削弱受害者的能力,因为哺乳动物的中枢神经系统似乎没有任何再生能力。已经采用的外科手术介入的主要类型是脑前额叶切除术,主要是把大脑皮质前额叶的一部分切除或隔绝起来。这种手术近来一直比较流行,可能这与使许多病人变得比较容易监护不无关系。顺便说一句,杀了他们就更容易监护了。不过,脑前额叶切除术对于恶性焦虑似乎是有真正的效果,并不是因为它能帮助病人逐渐解决他的问题,而是由于破坏或损伤了他维持焦虑的能力,这种能力在另一个专业的术语中叫作良知(conscience)。更一般地说,这种方法似乎从各方面限制了循环性记忆,即把实际上没有出现的情况保持在头脑中的那种能力。

　　各种形式的休克疗法——电、胰岛素、五甲烯四氮唑,都是十分相似的治疗方法,但较为平和一些。它们不破坏大脑组织,至少是无意破坏它们,但是对记忆肯定有损伤。只要这涉及循环性记忆,只要在精神失调初期受到损伤的主要是这种记忆,而这种记忆可能较少有保存价值,休克疗法相比于脑前额叶切除术肯定是值得推荐的;但是它对永久性记忆和个性并不总是无害的。就目前状况而言,它是阻止某种精神上的恶性循环的又一个剧烈的、没有完全了解的、不能完全控制的方法。这一点并没有妨碍它在许多病例中成为我们目前能够采用的最好方法。

　　脑前额叶切除术和休克疗法,就其本质而言,是更适合于治疗恶性循环记忆和恶性焦虑的方法,而不是用来治疗根深蒂固的永久性记忆方面的疾病的,虽然在这方面也可能有些许功效。如前所述,在长期精神失调的情况下,永久性记忆是像循环性记忆一样严重错乱的。我们似乎没有任何纯粹药物的或外科的武器用来有区别地介入永久性记忆。这正是精神分析和其他类似的精神疗法发挥作用的地方。无论这种精神分析是正统弗洛伊德意义上的还是经过荣格和阿德勒修正过的,或者完全不是严格属于精神分析的心理疗法,我们的疗法显然基于一个概念:存储在头脑中的信息,位于不同的可达性层级上,它比直接自省所能达到的更加丰富和多样;它被这种内省法常常不能发觉的情感体验有力地制约着,一方面是因为这些体验无法用成人的语言明确表达出来,另一方面是因为它们被一个确定的机制所掩藏,尽管情感通常是无意识的;这些被储存起来的经验内容,以及它们的情调,很可能以病态的方式制约了我们之后的大多数活动。精神分析家的技巧就是用一系列方法去发现和解释这些隐藏的记忆,使病人接受它们的本来面目,并通过病人的这种接受去修正它们,即使不修正其内容,至少也要修正它们所带的情调,由此减轻它们的危害性。所有这些都完全与本书的观点一致。这也许还能说明,为什么在某些情况下需要联合使用休克疗法和精神疗法,把针对神经系统中的混响现象(phenomena of reverberation)的物理或药物治疗,与针对长期记忆的精神治疗结合起来,因为如果不加以干涉,这种记忆就可能从内部把休克疗法所分解的恶性循环重新建立起来。

我们已经提到过神经系统的通信量问题。许多学者都有过论述,如汤普森(D'Arcy Thompson)①②,即每种形式的有机体的大小都有一个上限,超过这个界限它就不能正常运作。因此,昆虫机体受到呼吸管长度的限制,呼吸管的作用是把呼吸孔吸入的空气直接扩散到呼吸组织上。一只陆地动物不能大到它的腿或其他与地面接触的部分被自身重量所压垮;一棵树所受的限制是把水和矿物质从根部输送到叶子,以及把光合作用的产物从叶子输送到根部的那套机制;等等。在工程建筑中也可以观察到相同的事情。限制摩天楼高度的是这样一个事实:当它超过一定高度时,上面楼层所需的电梯空间占据了下层横截面的过大部分。超过一定跨度,用给定弹性的材料修建的最好的吊桥,会在自身重量下垮塌;任何用给定材料建造的建筑物,如果超过某个更大的跨度,都会被自身重量压垮。同样,一个根据某种固定的、不能扩张的计划所建成的电话局,其大小也

① D'Arcy Thompson. *Growth and Form*. Amer. ed. . New York:The Macmillan Company,1942.

② 达西·汤普森(D'Arcy Thompson,1860—1948),苏格兰生物学家、数学家和古典学者,是数学生物学的先驱。

是受到限制的。电话工程师们非常透彻地研究过这种限制。

在电话系统中,重要的限制因素是某位用户发现无法把电话接通的那一段时间。如果成功的概率是 99%,就算是最苛求的人也一定会满意的;90% 能接通,也算够好了,办起事情来还算便利;75% 的接通率已经够麻烦的了,但还可以勉勉强强地办事情;如果一半电话都接不通,用户就会要求拆掉电话。目前,这些只是总体上的数字。如果电话要通过 n 个不同的交换步骤,每个步骤接不通的概率互不关联而且相等,那么要想使全部接通的概率为 p,则每个步骤接通的概率必须是 $p^{\frac{1}{n}}$。因此,要想在经过五个步骤之后得到 75% 的接通概率,则每个步骤的成功概率必须在 95% 左右。若要得到 90% 的接通率,每一步骤接通的概率必须是 98%。若要得到 50% 的接通率,每一步骤的接通概率必须是 87%。我们将会看到,如果超过单次通话失败的临界水平,那么涉及的步骤越多,通话情况变得极糟的速度就越快;而在没有达到这个临界水平时,通话情况则比较好。因此,一座包括许多交换步骤并设计有一定失效程度的交换站,在通信量上升至临界点以前,没有显著的失效情况,但是一到临界点,它就完全崩溃,而我们就会遭遇到灾难性的通信阻塞。

人类有着所有动物中最为发达的神经系统,人的行为可能依赖于那些有效运作的最长的神经元链,它们很可能是在近乎超负荷的边缘上有效地完成着复杂的行为,一旦超过负荷,就会以某种严重和灾难性的方式崩溃。这种过度负荷可能以几种方式发生:或者由于要传送的通信量过大,而传导信号的通路在物理上被移除;或者由于不需要的信号系统——如增加到病理性焦虑程度的循环性记忆——过多地占用了这些通道。在所有这些情况下,都会突然到达某个点,即没有给正常通信留下足够的空间,我们就会出现某种形式的精神崩溃,很有可能导致精神失常。

这首先会影响到所涉及的那些最长神经元链的机能和活动。有明显的证据表明,这些机能和活动正是在我们通常的评价尺度中被认为是最高级的过程。证据是:大家知道,在接近生理极限内的体温上升能够大大减缓大多数(即使不是全部)神经元的活动过程。从我们通常对"高级"程度的判断次序来看,大体上是过程越高级,这种影响越大。不过,由于一个神经元与其他神经元的连续结合,在单个神经元—突触系统中,任何对过程的促进作用都应该是累积的。因此,某一过程经由体温上升而得到的辅助量,大约是所涉及的神经元链长度的量度。

我们由此理解,人脑所使用的神经元链在长度上优于其他动物,这就说明了为什么精神失调在人类中一定是最为显著的,并且可能是最为常见的。思考与此非常相似的问题还有一个更为具体的方法。让我们先考虑一下两个在几何学意义上相似的大脑,它们的灰质和白质的重量比例相同,但线性尺寸不同,其比例是 $A:B$。假设两个大脑中灰质的细胞体体积和白质的神经纤维截面大小相等。那么,两个大脑的细胞体的数量比例是 $A^3:B^3$,而且长距离联结器的数量比例是 $A^2:B^2$。这就是说,如果细胞中的活动密度(density of activity)相同,那个较大的大脑中神经纤维的活动密度要大于较小的大脑,其倍数是 $A:B$。

如果我们把人脑与一个低等哺乳动物的脑相比较,就会发现人脑的折叠要多得多。两者灰质的相对厚度差不多相等,但人脑的灰质一直分布到脑回和脑沟系统。其结果就是灰质数量增多而白质数量减少。在一个脑回中,白质减少主要是纤维长度缩短,而不是纤维数量减少,因为在一个对折的脑回上,神经纤维比在一块尺寸相同的平滑表面上要相互靠近得多。另一方面,由于大脑的折叠,到达不同脑回之间的连接点所要经过的距离会有所增加。因此,对近距离的连接点而言,人类大脑的效率相当高,而对远距离的干线来说,则有不少缺陷。这就意味着,在发生通信阻塞时,最先受到影响的是涉及大脑中相互距离较远部分的那些过程。也就是说,在精神失常时,那些涉及若干中枢的过程、涉及不同运动神经的过程,以及牵扯到许多联合区域的过程应该是最不稳定的。这些正是我们通常列为较高级的过程,而且我们又一次确证了似乎被经验所证明的推测:在精神失常时,较高级的过程最先恶化。

有一些证据表明,大脑中长距离的通路总体上都有一种沿大脑外侧运动并横贯低级中枢的趋势。这可以通过切除脑白质的长距离回路的一部分而只发生极轻微损害来得到说明。看起来就好像这些表层的连接很不充分,它们只提供了实际需要的连接的一小部分。

关于这一点,偏手性和大脑半球优势现象是很有意思的。在低等哺乳动物中,似乎也存在习惯用右侧肢体或左侧肢体的偏手性现象,虽然与人类相比并不显著,部分原因可能是动物要完成的任务所要求的组织化和技巧性程度较低。不管怎样,即使在较低级的灵长类中,对左侧和右侧肌肉技能的选择实际上也要比人类差一些。

众所周知,一个普通人惯用右手通常与左脑相关,而少数人惯用左手则与右脑有关。那就是说,大脑的功能不是平均分布在两个脑半球上的,其中一个是优势半球,它占有了绝大部分比较高级的功能。不错,许多本质上是两侧性的功能——例如有关视野的功能——在其对应的半球中都会出现,尽管并非**所有**两侧性功能都是如此。不过,大部分"较高级"区域都限制在优势半球一边。例如,在成年人中,劣势半球上一处广泛性损伤所造成的影响,远没有优势半球上相同损伤的影响那么大。在其职业生涯早期,巴斯德(Pasteur)患过右侧脑溢血,这使他得了中度的一侧麻痹,即半身不遂。在他死后,对其大脑解剖检验时才发现,他的右脑损伤如此广泛,以至于有人说,在他患病之后,"他只有半个脑子"。在颅顶和颞颥区域确实有广泛性损伤。尽管如此,在患病之后,他还是完成了几项最好的研究。在一个惯用右手的成年人身上,左脑的同样损伤几乎一定是致命的,而且一定会使病人沦为精神上和神经上残疾的动物。

据说,这种情况如果发生在婴儿早期就要好得多,在生命的前六个月里,优势半球受到广泛性损伤可能会迫使正常的劣势半球去替代它;因此,这种病人比那些长大后发生脑部损伤的病人看起来更接近于正常。这与出生后前几周中神经系统表现出的强大可塑性,以及后来迅速形成的严格刻板性是非常一致的。对很小的孩子来说,即使没有这种严重损伤,偏手性在很大程度上也是可变的。不过,早在学龄前很久,天然的偏手性和大脑半球优势就已经被终身确定了。有人曾经以为,惯用左手在社会上是一种严重的劣势。这话当然有些道理,因为大多数工具、课桌、运动设施主要都是为惯用右手的人做的。还有,过去人们对许多稍稍偏离人类规范的东西抱有某些迷信的反感,诸如胎记和红发。出于各种不同的动机,许多人想通过训练去改变自己孩子外在的偏手性,甚至也成功了,尽管他们不可能改变脑半球优势的生理基础。人们后来才发现,这些脑半球优势被变更的孩子很多都患有口吃,以及其他言语、阅读和书写方面的缺陷,在某种程度上严重损害了他们的生活前途和正常工作的希望。

现在我们至少明白了对这种现象的一个可能的解释。在训练劣势手的同时,劣势半球上像支配写字这类灵巧动作的区域也受到一些训练。不过,由于这些动作的执行极有可能是与阅读、讲话和其他动作密切关联的,而它们又都与优势半球不可分割地连接在一起,这类过程所涉及的神经元链必须在两个半球间来回往返;而在一个稍微复杂的过程中,它们必须一次次地来回穿行。在像人脑那么大的脑子里,脑半球之间的直接联结器——大脑联合(cerebral commissures)——的数量是如此之少,以至于它们几乎不发挥什么作用,而脑半球间的通信必须绕道经过脑干,我们对于脑干还不十分了解,但它肯定是细长的,容易被阻塞的。结果,在信号阻塞时,与言语和书写相关的那些过程很有可能受到牵连,发生口吃就再自然不过了。

更确切地说,人类的大脑可能已经太大了,以至于不能以有效的方式来利用那些从解剖学上看似乎存在的全部机能。在一只猫身上,优势半球的破坏所产生的伤害比起人来说似乎相对较小,而劣势半球的破坏可能伤害更大。不管怎样,猫的两个脑半球上的机能分配大体上是相同的。对人而言,因大脑尺寸和复杂性的增加而获得的益处,部分地被其一次只有很少部分能被有效利用这一限制所抵消了。这样来反思一下是很有趣的:我们可能正面临着自然界的种种限制之一,即高度专门化的器官到了效能衰退的阶段,并最终导致物种灭绝。人类的大脑可能一直在沿着这条通往破坏性专门化的道路上前进,正如末代雷兽(titanotheres)那巨大鼻角一样。

维纳在教工俱乐部和同事们下棋(1953)。

第八章　信息、语言与社会

· Ⅷ *Information, Language, and Society* ·

　　在社会科学中，被观察现象与观察者之间的耦合最难降至最低限度。一方面，观察者可能对他所关注的现象施加相当的影响。另一方面，社会科学家没有从永恒与无处不在的冷峻高度俯视其研究主题的那种便利。

组织这个概念既不陌生也不新鲜，其构成要素本身也是小的组织。古希腊松散的城邦、神圣罗马帝国及其同时代结构相似的封建国家、瑞士联邦、尼德兰联邦、美利坚合众国以及中南美的许多合众国、苏联，这些都是政治领域内组织的等级体系的例子。霍布斯的利维坦，即少数人组成的"世俗国家"，是规模上略低一级的相同概念的一个例证，而莱布尼兹的处理方式，即认为生命有机体其实是一个充满物质的空间，其中的其他生命有机体有它们的生活，如红细胞，这只是在同一方向上迈出的又一步。事实上，这种思想几乎就是细胞学说的哲学先驱。细胞学说认为，大小适中的动植物，以及所有的大动物、大植物，大多数是由许多单元，即细胞所构成的，这些细胞具有独立生命体的许多属性，即使不是所有属性。多细胞有机体本身可以是建造较高级有机体的砖块，例如僧帽水母就是一个分化了的水螅体的复合体，其中一些个体发生了不同方式的改变，担负着营养、维持、移动、排泄、繁殖，以及支撑整个群体的任务。

严格地说，这种身体上相联结的群体出现的组织问题，从哲学上讲并不比较低级阶段的个体的更为深刻。这与人和其他社会性动物大不相同，如一群狒狒或牛，群栖的海狸、蜂群、一窝黄蜂或蚂蚁等。群落生活的一体化程度可能非常接近单一个体的行动所表现出来的水平，但个体大概会有固定的神经系统，神经系统的元件和永久性联系之间有永久性的位置关系，而群落是由多个个体构成的，个体之间在时空上的关系不断变动，没有永久的、不可打破的身体联结。蜂群的全部神经组织就是一只只蜜蜂的神经组织。那么蜂群是怎样一致行动的呢？而且这种一致又如何是富于变化的、适应的、有组织的呢？显然，秘密在于其成员之间的相互通信。

这种相互通信在复杂性和内容方面可能差异非常大。对人而言，这种相互通信包括全部错综复杂的语言和文献，以及许许多多其他东西。对蚂蚁来说，可能至多只是几种气味而已。一只蚂蚁绝不可能分辨出其他蚂蚁。但蚂蚁一定能够分辨出自己窝里的蚂蚁和别的窝里的蚂蚁，它可以同自己窝里的这只蚂蚁合作，而杀死另外那只。在这类少数的外部反应内，蚂蚁的智力看起来几乎是模式化的、僵硬的，就像它被角质包裹起来的身体一样。这就是为什么我们事先可以预料，一个动物的生长期乃至学习期，同它成长后的活动期会截然分开。在它们

▲ 维纳参加塔夫茨大学毕业50周年纪念聚会（1959）。

身上,我们可以追溯的唯一的通信方法,就像体内通信的激素系统一样,是整体性的和弥漫的。的确,作为化学感觉之一的气味,也是整体性的和无方向的,它和身体内的激素作用没有什么不同。

这里我要顺便强调几句,哺乳动物中的麝香、麝猫香、海狸香等具有性吸引力的物质可以看作是社会性的、外在的激素,尤其对于独居动物来说是不可或缺的,它们能够在适当的时候把异性吸引在一起,起到延续物种的作用。我说这些并不意味着想要表明,一旦这些物质到达嗅觉器官后,其内部活动是激素作用而不是神经机能。很难设想,它们能够觉察的量这么少,如何还能起到纯粹的激素作用;从另一方面说,我们对激素的作用所知太少,以至于无法否认几近于无的这类物质有发挥激素作用的可能性。还有,麝香素和麝猫香素中碳原子长且缠绕的环,无须太多重组就能形成性激素、某些维生素以及某些致癌物所特有的链环结构。我并不在乎对此发表意见,还是留给大家做个有趣的推测吧。

蚂蚁觉察到的气味似乎会导致某种高度标准化的行为过程;但对传递信息而言,一次简单刺激,如某种气味,其意义不仅取决于该刺激本身所传递的信息,而且还取决于刺激发送者和接收者的整体神经构成方式。设想一下,我自己在森林中遇见一个聪明的野蛮人,他不会说我的语言,而我也不会说他的语言。即使我们两人没有任何共同的手语信号,但我仍然能够从他那里知道很多东西。我所要做的只是留意他表现出激动或感兴趣的迹象的那些时刻。然后我四处张望,也许要特别注意他目光所投射的方向,并记住所看到或听到的东西。不用太长时间我就会发现似乎对他重要的东西,这不是因为他用语言把那些东西告诉了我,而是因为我自己观察到那些东西。换句话说,一个没有固有内容的信号,因为他在那个时刻看到什么而在他心中获得意义,同样也可以因为我在那个时刻看到的东西而在我心中获得意义。他能找出我特定的、主动关注的那个瞬间,这种能力本身就是一种语言,它就像我们两人能涵盖的印象范围那样具有多种可能性。因此,社会性动物在进化出语言之前,可能早就有一种生动的、智能的、灵活的通信方式。

无论一个种族可能拥有什么通信方式,它能够定义和量度种族所使用的信息量,并能够区分供种族用的信息量和供个体用的信息量。当然,供个体用的信息并不一定是对种族有用的信息,除非它能改变一个个体对其他个体的行为;具有种族意义的行为也不一定对个体行为有用,除非其他个体能把这个行为同其他形式的行为区分开来。因此,某种信息对种族有用还是纯粹对个人有用,取决于该信息是否会让这个个体以为某种活动能够作为一种特定的活动形式被种族中其他成员所认识，从而反过来会影响他们的活动，等等。

我提到种族，这个术语对于大多数公共信息来说，确实过于宽泛了。确切地说，群体的扩展只能延伸到信息有效传递的那个界限。通过比较从外界给予这个群体的决策数量和群体内部做出的决策数量，我们就可以给出有关这个界限的某种测度。我们还能够借此来测量这个群体的自治程度。一个群体有效规模的测度，可以通过这个群体所达到的某种确定的自治程度的高低来获得。

一个群体可能拥有比其成员更多或更少的群信息。一个暂时集合起来的非社会性动物的群包含的群信息非常少，尽管其成员作为个体可能有很多信息。这是因为一个成员的所作所为极少受到其他成员的注意，并且极少会得到其他成员的回应而在群内传播。另一方面，人类有机体包含极其大量的信息，很有可能比它的任何一个细胞所包含的要多。因此，在种族、部落或群体的信息量与个人所能获得的信息量之间，没必要有任何关系。

与个人的情况一样，不经过专门努力，种族在某一时期能获得的所有信息也不一定能轻易得到。众所周知，图书馆会由于自身藏书过多而变得运行不畅，科学也会因为发展到如此专业化的程度，以致专家们越出自身精细的专业便常常一无所知。范内瓦尔·布什博士提出了用机器来帮助查找浩如烟海的文献资料。这些办法可能有用，但它们受到在不熟悉题名的条件下进行图书分类的限制，除非一些专业人士已经确认该题名与某本书的相关性。如果两个题目有相同的方法和知识内容，但分属于两个相距甚远的学术领域，那么这种工作还是需要有一些像莱布尼兹那样兴趣广泛的人来担任。

与公共信息的有效量有关，关于政治共同体，最令人惊异的事实之一就是它极度缺乏有效的自我平衡过程。有一种信念，在许多国家流行，在美国一直被当作官方信条，即自由竞争本身就是一个自我平衡的过程：在一个自由的市场里，交易者的个人自私性，即每个人都尽可能地追求低买高卖，最终会导致价格趋于稳定，并促进公共利益的最大化。这与一种令人欣慰的看法有关，那就是：某个追求自身利益的企业家，在某种形式上也是一位公共赞助人，因此得到了社会给予他的巨额回报。不幸的是，证据或多或少地反驳了这种头脑简单的理论。市场是一种博弈，它的确就好像是一场"大富翁"家庭游戏。因此，它严格服从冯·诺伊曼和摩根斯坦提出的一般博弈论。这个理论的基础是假定每个参与者在每一个阶段，基于他当时能得到的信息，依照一种完全理智的策略来进行博弈，该策略保证他最终能得到期望中可能的最大报酬。因此,市场博弈就像是完全理智、绝对无情的经营者之间的较量。即使只有两个参与者,这一理论也很复杂,虽然选择的路线经常是确定的。然而,在许多有三个参与者的情况下,或在绝大多数参与者人数很多的情况下,博弈的结局就非常难以确定和极不稳定。单个参与者由于他们自身的贪欲不得已结成同盟,但这些同盟通常并不是单纯的和确定的,往往以乌七八糟的出卖、背叛和欺诈而告终,这只是较高级的商界生活的真实写照,在与政治、外交和战争密切相关的生活中也屡见不鲜。长此以往,即使是最高明、最无原则的商人也必定会倾家荡产。如果让商人们对此生厌,并同意彼此和平共处,巨大的报酬就会留给那个看准时机以撕毁协议和背叛同伴的人。这里没有任何自我平衡。我们都被卷入繁荣和破产的商业循环,卷入独裁和革命的交替登场,卷入人人都失败的战争,这才是当前时代的真实面貌。

当然,冯·诺伊曼把博弈者看作完全理智、绝对无情的人,这是对事实的一种抽象和曲解。基本上找不到一大群绝顶聪明、毫无原则的人在一起共同游戏。无赖聚集之处,总是会有傻瓜出现;傻瓜足够多的时候,就给骗子提供了有利可图的剥削对象。傻瓜心理学已经成为很值得骗子们认真关注的研究主题。傻瓜不是在寻求自己的最终利益,冯·诺伊曼提出博弈者的方法之后,傻瓜的行为方式变得像迷宫中的老鼠那样可以预测了。**这一种**说谎的策略——更确切地说,不说真话的策略——会使他去购买某一个牌子的香烟;**那一种**策略,或者政党的希望,可以诱导他去投某个候选人——任何候选人——的票,或者去参加政治迫害。宗教、色情文学和伪科学的某种精确配合能扩大某一画报的销量。哄骗、贿赂和恐吓加在一起会引诱一位年轻科学家去研究导弹或原子弹。为了查明这些,我们有自己的机构,以普通人为对象来了解电台收听率,进行民意测验、意见抽样,以及开展其他心理方面的研究,而且总是能找到统计学家、社会学家和经济学家来向这些事业贩卖他们的服务。

我们还算是幸运的,这些说谎的商人、这些使轻信者遭殃的剥削者,还没有炉火纯青到为所欲为的地步。这是因为没有哪个人要么是十足的傻瓜,要么是彻底的无赖。普通人在涉及他直接关注的议题时还是相当有理智的,在亲眼所见的公共利益或他人苦难面前还是有些利他精神的。在一个存续久远而形成一致的理智和行为的小型乡村社会里,对不幸者的关怀,对道路和其他公共设施的管理,以及对那些一再冒犯社会的人的容忍等方面,都有某种值得尊敬的标准。毕竟这些人就在那里,社会中其余的人总得继续与他们一起生活。另一方面,在这样一个社会中,对一个总想高人一等的人来说是没有意义的。有很多方法使他感觉到公众舆论的压力。过上一段时间,他会发现这种压力无所不在,无法避免,如此束缚和令人压抑,以致他为了自保而不得不离开这个社会。

因此,小而联系紧密的社会有非常多的自我平衡措施;不论它们是某个文明国家中具有高度文化修养的团体或是原始野蛮人的村落,都是如此。许多野蛮人的习俗在我们看来是奇怪的,甚至令人厌恶,但它们一般都具有非常确定的自我平衡价值,它们部分是人类学者要去解释的功能。只有在大的社会里,"作为万物的主宰"的大亨们靠财富使自己免于饥饿,靠离群索居和隐姓埋名来逃避公众舆论,靠诽谤法和通信工具的占有来抵制私人批评,冷酷无情才能登峰造极。对社会中所有那些反自我平衡的因素而言,控制通信工具是最有效的和最重要的。

这本书的经验之一就是,任何有机体能够联结在一起,是由于拥有了获得、使用、保留和传递信息的方法。在一个对其成员直接接触来说过大的社会里,这些方法是出版社,包括出版书籍的和出版报纸的,电台,电话系统,电报,邮局,剧院,电影,学校,以及教堂。除了作为通信工具的内在重要性以外,它们每一个还有其他的次要功能。报纸是广告的载体,是为其业主赚钱的一种工具,电影和电台也一样。学校和教堂不仅是学者和圣徒的庇护所,同时也是教育大师和主教的家。一本不能给出版商赚钱的书可能不会付梓,而且肯定不会再版。

在我们这样的社会里,大家公认是以买卖为基础的,其中所有的自然资源和人力资源都被看作是第一个敢于剥削他(它)们的企业家的绝对财产。通信工具的次要方面一步步蚕食主要方面。再加上通信工具本身日益精巧复杂,成本随之高企。乡村报纸虽然可以继续派自己的记者去查证村里的流言蜚语,但是它要出钱去购买国内新闻、报业辛迪加①发布的特写、政治观点,作为模式化的"铅印新闻稿"。电台依靠广告创收,而且,到处都是一样,谁出钱谁说了算。大的通讯社成本太高了,中等财力的出版商是买不起的。图书出版商专注于那些可能会被某些读书俱乐部接受的书,它们可以全部包销。即便对权力没有个人野心,大学校长和主教要维持那些开销巨大的机构,只能到有钱的地方去化缘。

因此,从各方面看,我们对通信工具有三重约束:赚钱少的被赚钱多的淘汰;这些工具事实上都掌握在极少数富人阶级手中,因此自然要表达这个阶级的观点;通信工具是通往政治和个人权力的主要途径之一,它们首先吸引的是那些对

---

① 辛迪加是法语词 syndicat(工会)的音译,是垄断组织的一种重要形式。——译者注

这种权力野心勃勃的人。本应该对社会自我平衡更有贡献的那个系统，直接落到那些醉心于争权夺利的人手中，而我们已经知道，这是社会中不利于自我平衡的主要因素之一。因此，丝毫不必奇怪，受到这种破坏性影响，较大的社会比起较小的社会来说，可获得的公共信息反而要少得多，更不用说那些建立社会的人文要素了。虽然我们希望不至于如此，但就像狼群一样，国家比它的大多数成员更为愚蠢。

这种观点与企业总经理、大实验室负责人等所鼓吹的大相径庭，他们认为，由于社会大于个人，所以也比个人更有理智。这种说法一部分是出于喜欢大而铺张的孩子气，一部分是因为大的组织可能好一些的感觉。然而，这可不是有点，这完全就是唯利是图和对奢华生活的贪得无厌。

另外还有一群人，认为现代社会的无政府状态一无是处，在他们中间有一种必定能找到解决办法的乐观心情，这使他们过高地估计了社会中可能有的自我平衡因素。虽然我们对这些人会表示同情，并理解他们情绪上的两难境地，但我们不能对这种一厢情愿的想法估计过高。这就像老鼠想给猫挂上铃铛的那种想法一样。毋庸置疑，对于我们这些老鼠来说，如果这个世界上捕食的猫都被挂上铃铛当然令人愉悦，可是——谁来做这件事呢？谁会向我们保证冷酷无情的权力不会回到那些最贪图权力的人手中去呢？

我之所以提到这个问题，是因为我有些朋友对这本书可能包含的新思想会有某种社会效用抱有相当大的希望，我认为这是不正确的。他们确信，我们对物质环境的控制已经远远超过对社会环境的控制和理解。因此，他们认为近期的主要任务是把自然科学的方法推广到人类学、社会学、经济学等领域，希望能在社会领域里取得同样的成功。因为相信其必要性，进而相信其可能性。在这一点上，我始终认为，他们过于乐观了，而且误解了所有科学成就的本质。

精密科学的所有伟大成就都是在这样一些领域里得到的，在其中，观察者与现象在很大程度上可以分离开来。我们在天文学中已经看到，这种分离是由于某些现象对人来说规模巨大，即便人类竭尽全力，也不可能对天体世界产生丝毫可见的影响，遑论只是看它一眼了。另一方面，在现代原子物理学这门关于无法形容的微小物质的科学中，我们所做的任何事情事实上都会对许多单个粒子产生影响，而且这种影响**从那个粒子的视角来说**是很大的。但是，无论是从空间上还是从时间上说，我们都不按粒子所涉及的尺度来生活；一个观察者从符合其生存尺度的视角来看可能最有意义的事件，在我们看来只是由大量粒子合作产生的平均集体效应——有些例外，真的，例如在威尔逊的云室实验中。就这些效应而言，其所涉及的时间间隔对单个粒子及其运动来说是很大的，而且我们的统计理论有了一个完美的充分依据。简而言之，我们太过渺小，以至于无法影响星辰的运行；我们又太庞大了，只能去关注分子、原子和电子的集体效应。在这两种情况下，我们得到与所研究现象的相当松散的耦合，给出这种耦合的大规模的总体解释，虽然这种耦合对我们来说还没有松散到可以完全忽略的地步。

在社会科学中，被观察现象与观察者之间的耦合最难降至最低限度。一方面，观察者可能对他所关注的现象施加相当的影响。我很尊重我的人类学家朋友们的智力、技能和真诚的目的，但我不会认为他们所调查的任何社会后来会永远保持一致。很多传教士在把某种原始语言归纳为文字的过程中，把自己的误解固化为永恒的法则。在一个民族的社会习惯中，有很多仅仅是因为对它的探究而被拆散和曲解。在另一种意义上，这就像是通常所说的，"翻译者即反叛者"（traduttore traditore）。

另一方面，社会科学家没有从永恒与无处不在的冷峻高度俯视其研究主题的那种便利。也许有一门人类微生物的大众社会学，像观察瓶子里的果蝇种群那样观察人类，但这不是我们这些人类微生物本身特别感兴趣的社会学。对处于"永恒必然性中"（sub specie aeternitis）人类的起起落落、喜乐悲苦，我们并不十分关心。人类学家报告与人的生活、教育、职业和死亡相关联的习俗，而那些人的寿命与他本人大体相当。经济学家最感兴趣的，是预测自然发展不超过一代人的商业周期，或至少是对一个人职业生涯的不同阶段具有不同影响的商业周期。现如今很少有哪个政治哲学家愿意把自己的研究局限于柏拉图的理念世界。

换句话说，在社会科学中我们不得不处理短期的统计流程，我们所观察的是不是我们自己创造的人工制品，我们也没有把握。对股票市场的一次调查很有可能会扰乱股票市场。我们与自己的调查对象过于合拍，以至于做不好调查。简而言之，无论我们的社会科学研究是统计学的还是动力学的——它们也应该兼有二者的性质——它们绝不可能精确到超过小数点后面几位，一句话，绝不可能为我们提供大量可以证实的、有意义的信息，这无法与我们期望从自然科学那里获得的那些信息相比。我们不能忽视它们，也不能对它们的可能性寄予过高的期望。有很多东西，不管我们是否情愿，必须留给职业历史学家的不"科学"的、叙事的研究方法。

附　注

本章可能还有一个问题，就是是否有可能制造一台会下国际象棋的机器，以及这种能力是否代表机器与心智之间的本质差异。请注意，我们没必要提问，是否能制造出一台能下出冯·诺伊曼所说的最优棋局的机器。即使是最优秀的人脑可能也无法企及。从另一方面说，如果不考虑下棋水平的高低，毫无疑问能造出一台会按照游戏规则下国际象棋的机器。从本质上讲，这并不比为铁路信号塔建造一套连锁信号系统更困难。真正的问题是中间阶段：制造一台能与棋手针锋相对的机器，它在一些等级上与人类棋手旗鼓相当。

我认为，制造一台相对粗糙但总体并不平常的设备来实现这个目标是有可能的。机器事实上必须提前两三步——尽可能快速地——处理自己所容许的所有走法和对手所有可能的还击。对每一种走法的后续招数应该都有某种合乎常规的评估。此时，在各个阶段将死对手得到最高的评价，被对手将死则得到最低的评价；已方失子、吃掉对方棋子、将军，以及其他可以识别的情况都要接受评价，而这些评价与高手们给出的评价应该差距不太大。每一种走法的第一步应该接受像冯·诺伊曼理论所安排的那种评价。当只考虑到机器走一步和对手走一步的所有走法时，机器对所走的每一步的评价，是对对手走出所有可能走法的情况的最低评价。当机器走两步和对手走两步时，机器对每一种走法的每一步的评价，是在对手只走一步而机器跟着走一步时，根据对机器走法的最高评价而做出的对对手的第一步的最低评价。这个过程能够扩展到双方走三步或走更多步的情况。于是，机器选择在先前 n 阶段评价最高的走法，而 n 的值是由机器的设计者所决定的。这样就产生了确定的下法。

这样一台机器不仅会按照规则下国际象棋，而且不会下得差到让人耻笑。在各个阶段，如果两三步就能将死对方，机器会做到这一点；如果能够避免两三步内被对方将死，机器也会避开。它很有可能会战胜一个愚蠢或粗心的棋手，但几乎肯定会输给一位细心而棋艺高超的棋手。换句话说，它可能下得像人类中绝大多数棋手一样好。这并不意味着它会达到梅尔泽尔欺诈机器（Maelzel's fraudulent machine）那样的娴熟程度，但不管怎样，它可以获得相当水平的成就。

第二部分 补 遗(1961)

· Part II Supplementary Chapters · 1961 ·

论学习与自复制机
脑电波与自组织系统

1956 年 3 月 3 日的《星期六评论》以维纳为封面人物。

第九章 论学习与自复制机

·IX *On Learning and Self-Reproducing Machines* ·

人造的机器能够学习吗？它们能够复制自身吗？在本章中我们会努力表明，事实上它们能够学习，能够复制自身。

学习能力和自我复制能力被公认为是生命系统的两个特征。这些属性表面上看起来有所不同，但相互之间却有着密切联系。一个学习的动物，能够被其过去的环境转变成一个不同的动物，因而它在自己个体生命周期内对其环境是可调节的。一个能繁殖的动物，能够生产另一些与它本身相似或至少是近似的动物，虽然不是完全一模一样，在时间的进程中也不是一成不变。如果这种变异本身能够遗传，那我们就有了能够让自然选择发生作用的原始材料。如果遗传不变性关系到行为方式，那么在那些扩散开来的变异的行为模式中，有一些会对种族的繁衍有益，并将使自己确立下来，而另一些不利于种族延续的行为模式会被淘汰。结果，某些类型的种族或系统发育学习与个体的个体发育学习形成对比。个体发育学习和系统发育学习都是动物能根据自身环境来调节自己的方式。

个体发育学习和系统发育学习，特别是后者，不仅扩展到所有动物，而且扩展到了植物，实际上还包括在任何意义上可以被看作有生命的所有有机物。不过，这两种学习形式对于不同种类的生命体的重要程度是有很大差别的。对于人来说，在一定程度上也包括其他哺乳动物，个体发育学习和个体适应性是至上的。的确可以这样说，人类系统发育学习的大部分都被用来确立良好的个体发育学习的可能性了。

朱利安·赫胥黎在其论鸟类的心智的重要论文[1]中曾经指出，鸟类个体发育学习的能力很弱。昆虫的情况与鸟类大体相似。在这两种情况下，可能都与个体对飞行的强烈需要以及随后导致的对神经系统容量的提前占据有关，否则这些容量很可能被用于个体发育学习。鸟类在很小的时候就可以正确完成一些复杂的行为模式——飞行、求偶、育雏和筑巢——而不需要母亲的大量指导。

在本书中用一章的篇幅来讨论这两个相关议题是非常合适的。人造的机器能够学习吗？它们能够复制自身吗？在本章中我们会努力表明，事实上它们能够学习，能够复制自身。我们将对这两种活动所需要的技能加以说明。

这两个过程中较为简单的是学习过程，而且这方面的技术发展也走得最远。

◀ 维纳曾在第二次世界大战中参与防空火炮自动控制装置的研究。

① 　J. Huxley. *Evolution：The Modern Synthesis.* New York：Harper Bros.，1943.

在这里我将专门谈谈下棋机器的学习,这使它们能够借助经验来改进自己下棋的战略和战术。

关于博弈有一个现成的理论——冯·诺伊曼理论。①这个理论有关一种从博弈结局而不是从博弈开局来思考的最佳策略。在博弈的最后一步,博弈者力求尽可能地走出胜着,如果不可能,那么至少是逼平的一着。他的对手,在前一步,力求走出能防止对方制胜或逼平的一着。如果那一步他自己能够走出制胜一着的话,他是会这么做的,并且这一着就不是倒数第二步,而是博弈的最后一步了。另一位棋手在这一步之前的那一步也会这样走,以至于对手最好的智谋也无法阻止他用制胜之着结束博弈,如此倒推下去。

还有一些已知全部策略的博弈,如井字游戏,可以从一开始就启动这个策略。如果这是可行的,很显然是进行博弈的最优方式。然而,在许多像国际象棋和跳棋这样的博弈中,我们的知识不足以让我们完整施展这种策略,因此只能近似地使用。冯·诺伊曼式的近似理论假定对手是绝顶聪明的大师,这往往使博弈者的行动极度谨慎。

然而,这种态度并不总是合理的。战争是博弈的一种类型。在战争中,这种态度通常会导致行动上的优柔寡断,其结果往往比失败好不了多少。我举两个历史上的例子。拿破仑在意大利与奥地利人作战时,他的战绩一部分得益于他了解奥地利人保守僵化、墨守成规的军事思想,因此他十分合理地猜测奥地利人不可能利用法国大革命的士兵们发展起来的果断—逼迫式新战法。纳尔逊(Nelson)②与欧洲大陆的联合舰队作战时,是靠机器战舰获胜的,这种机器战舰在海洋上航行多年并形成了各种思想方法,他清楚地知道自己的敌人无能为力。如果他没有充分地利用这种优势,而是小心谨慎地行事,假定面对的是一个具有相同海上经验的敌手,这样经过长期作战他可能也会获胜,但不可能赢得如此迅速和利落,不可能建立起严密的海上封锁,而这正是拿破仑最终垮台的原因。因此,在这两种情况下,起支配作用的因素是司令官和他的对手的已知记录,比如他们过去行为的统计学证据,而不是与完美对手进行一场完美博弈的尝试。在

---

① J. von Neumann, O. Morgenstern. *Theory of Games and Economic Behavior*. Princeton, N. J. : Princeton University Press, 1944.

② 霍瑞休·纳尔逊(Horatio Nelson, 1758—1805),英国风帆战列舰时代最著名的海军将领及军事家,在 1805 年的特拉法尔加战役击溃法国和西班牙组成的联合舰队,迫使拿破仑彻底放弃海上进攻英国本土的计划,但他自己却在战事进行期间中弹阵亡。2002 年,BBC 举行了一个名为"最伟大的 100 名英国人"的调查,纳尔逊位列第 9 位。

这些事例中,任何对冯·诺伊曼博弈论方法的直接应用都会被证明是徒劳无功的。

同样,讨论国际象棋理论的书也不是按照冯·诺伊曼的观点来写的。这些棋书是从棋手与其他棋艺高超、知识渊博的棋手的实战经验中总结出来的纲要;而且它们为每一个失子,为移子、控子和加子,以及可能随棋局进程而变化的其他因素确定了某种价值或权重。

制造一台会下某种棋的机器并不太难。只服从游戏规则,因而只能按规则走子,相当简单的计算机就能轻易做到。的确,改装一台数字计算机来实现这个目标不是难事。

现在要说的是博弈规则范围内的策略问题。对各个棋子、对控子和移子等的每一次评估本质上都可以被还原为数字项;当这样做完之后,棋书上的准则可以用来确定每一阶段的最优走法。这样的机器已经被制造出来了,尽管目前还达不到大师级的水准,但它们是相当不错的业余棋手。

想象一下你自己在与这样一台机器下棋。为公平起见,假定你是在通信下棋,并不知道与你对弈的是这样一台机器,也不会有知道这种情况后引起的种种偏见。像通常下棋的情形一样,你自然会对对手的棋风有所判断。你会发现当相同情况在棋盘上出现两次时,对手的反应每一次都是一样的,你会意识到他的棋风非常死板。如果你的一条计谋起作用了,那么它在相同条件下总是会奏效。因此,对一个专家来说,摸清他的机器对手并且每一次都击败它并不太难。

然而,有的机器不会被这么轻易地击败。设想一下,每下几盘棋机器就暂停一下,并把它的设备用于另外一个目的。这一次它不是与某个对手对弈,而是检查存储器中记录下来的以前的所有棋局,以此来评价各个棋子及控子、移子的不同权重,确定哪些最有助于胜利。按照这种方式,它不仅从自己的失败中学习,而且从其对手的胜利中学习。现在它用新的评价替代了原先的评价,并像一台更优越的新机器那样继续博弈。这样的机器不会再有死板的棋风,曾经成功对付它的计谋最终将遭遇失败。更有甚者,随着时间的推移,它还可以吸收对手策略中的某些招数。

在国际象棋中完全做到这些非常困难,事实上,这项技术的充分发展还没有实现,还不能制造出像大师那样下棋的机器。跳棋提出的问题比较容易一些。棋子价值的一致性大大减少了要考虑的组合数量。还有,部分是因为这种一致性的结果,跳棋不像国际象棋那样被划分成那么多个不同阶段。即使在跳棋中,结束博弈的主要问题也已经不再是吃子,而是与敌方建立联系,以使该子在吃子的位置上。同样,国际象棋中对行棋的评价在不同走法里也必须独立做出。哪一步最为重要,不仅终局与中盘的考虑不同,而且开局比中盘更多地致力于把棋子走到能自由攻防的位置上。因此,我们绝不可能满足于对整个棋局的各种权衡因素做出某种均一的评价,而必须把学习过程划分为若干个独立的阶段。只有这样我们才有希望造出一台能像大师一样下棋的学习机器。

一阶程序设计在某些情况下可能是线性的,为了确定一阶程序设计所要执行的策略,二阶程序设计利用了过去数据的大量片段,将二者结合起来的想法在本书前面关于预测问题的部分里曾经提到过。预测器用飞机飞行的近期过去数据作为工具,借助线性运算方法来预测飞机将来的飞行路线。但是确定正确的线性运算是一个统计学问题,过去的长期飞行数据和许多类似飞行的过去状况可以用来作为统计的基础。

鉴于短期的过去是高度非线性的,统计学研究必须利用长期的过去来确定所要采用的策略。事实上,在运用用于预测的维纳-霍普夫方程[①]时,该方程系数的确定是用一种非线性方法来完成的。一般来说,学习机器是靠非线性反馈来运行的。塞缪尔[②]和渡边[③]所描述的会下跳棋的机器,在程序运行 10 到 20 个小时的基础上,能够学习以一致的方式击败为其编程的人类。

渡边有关利用编程机的哲学思想是令人振奋的。一方面,他把证明一条初等几何定理的那种依据优雅而简单的原则以最佳方式达成一致的方法,当作一种学习的博弈来对待,这种博弈对抗的不是单个的对手,它对抗的是我们可以称之为"幽灵上校"(Colonel Bogey)的东西。渡边在研究的那种类似的博弈是用逻辑归纳法来进行的,可我们希望以一种类似准美学的方式,在经济、直接等评价的基础上,通过确定对有限数量的自由参数的评价来建立一种最优理论。事实上,这虽然只是一种有限的逻辑归纳,但很值得研究。

相互斗争的活动有很多形式,通常我们不把它们当作博弈来考虑,但博弈机器的理论能给出非常好的说明。一个有趣的例子是猫鼬与蛇之间的争斗。就像

---

① N. Wiener. *Extrapolation, Interpolation, and Smoothing of Stationery Time Series with Engineering Applications*. New York: The Technology Press of M. I. T. and John Wiley & Sons, 1949.

② A. L. Samuel. "Some Studies in Machine Learning, Using the Game of Checkers". *IBM Journal of Research and Development*, 1959, 3: 210-229.

③ S. Watanabe. "Information Theoretical Analysis of Multivariate Correlation". *IBM Journal of Research and Development*, 1960, 4: 66-82.

吉卜林(Kipling)①在小说《瑞奇–提奇–嗒喂》(*Rikki-Tikki-Tavi*)中所描述的,尽管猫鼬在一定程度上受到了外皮硬毛的保护,这层硬毛使蛇很难咬到其要害,但猫鼬对眼镜蛇的毒液并不免疫。正如吉卜林所说的,这场搏斗是与死神跳舞,是一场力气与敏捷的较量。没有理由认为猫鼬的某个动作比眼镜蛇的动作更快、更准。但是猫鼬几乎总是干掉眼镜蛇而自己安然无恙地全身而退。它是怎样做到这一点的呢?

在这里我要给出一个我认为很有根据的说明,因为我见过这样的争斗,也看过其他类似争斗的动作影片。我不敢保证我的观察作为解释的正确性。猫鼬开始是佯攻,这激起蛇对它的攻击。猫鼬躲闪并开始再一次佯攻,从而我们看到这两只动物有节奏的活动模式。不过,这种舞步不是静态的而是逐步展开的。随着舞蹈的继续,针对眼镜蛇的快速移动,猫鼬的佯攻随之越来越早,当眼镜蛇伸长到不能迅速移动时,猫鼬发起最后的攻击。这一次猫鼬的攻击不再是佯攻,而是致命地准确咬穿眼镜蛇的头部。

换句话说,蛇的动作模式仅限于单次移动,每一次就是一次,而猫鼬动作的模式则包括这场争斗的全部过去的片段,即使不太长,但却是可以评价的。在这个意义上,猫鼬的行为就像一台学习的机器,它真正致命的攻击依赖于高度组织化的神经系统。

就像几年前一部迪士尼影片所表现的,当一只西部杜鹃攻击一条响尾蛇时,似曾相识的一幕发生了。尽管鸟是用喙和爪,而猫鼬是用牙来厮杀,但活动的模式是十分相似的。斗牛是类似事件另一个非常好的例子。请务必记住,斗牛不是一项体育运动,而是一场与死神的舞蹈,一场展现美以及牛和人动作交错协调的舞蹈。对牛的公平正义在这里是没有意义的,我们可以不考虑前期对公牛的刺激和削弱,其目的就是要让两个参与者的互动完全展开,让比赛到达高潮。一个熟练的斗牛士掌握很多套动作,诸如花哨地舞动斗篷、各种闪躲和皮鲁埃特旋转(竖趾旋转)等,意在让公牛猛冲猛撞,并延续到斗牛士准备好将剑准确插入它的心脏的那一刻。

我所说的有关猫鼬与眼镜蛇或斗牛士与公牛之间的争斗,也可以运用到人与人之间的体育比赛上。想一想击剑中的花剑比赛,它包括连续的佯攻、闪躲和突刺,双方的目的都是让对手刺偏,从而让自己能够刺中对方有效部位而不至于

---

① 　鲁德亚德·吉卜林(R. Kipling,1865—1936),英国记者、小说家、诗人。

在下一回合中露出破绽。再有,在网球锦标赛上,只考虑每一次完美地发球或回球是不够的,好的策略是迫使对手的回球逐渐落入一种劣势,直到他再也无法安全地回球。

这些体育比赛和我们设想让博弈机器玩的那类游戏都有相同的学习元素,即学习了解对手的习惯和自身的习惯。在身体对抗的运动中实际发生的事情,在智力因素较强的竞争中同样也会发生,比如战争和模拟战争的游戏,我们的人就胜在他们的军事经验上。陆地上和海上的经典战事都是如此,对新的尚未尝试过的原子武器战争来说同样如此。在所有这些博弈中,某种程度的机器化都是可能的,就像借助于学习机的跳棋机器化一样。

没有什么比谋划第三次世界大战更危险的了。值得思考的是,一部分危险是否可能是学习机滥用本身所固有的。我不止一次听到这样的话,说学习机不可能使我们遭受任何新的危险,因为当我们对此有所感觉时就可以关掉它们。但我们能做到吗?要想有效地关掉一台机器,必须掌握危险时刻是否到来的信息。事实上我们所造的机器并不能保证我们会获得这么做的适当信息。这一点在谈到会下跳棋的机器时已经毋庸置疑了,下跳棋的机器能够打败给它编程的人,而且需要运行的时间并不太长。还有,现代数字计算机的高速运行已经使我们没有能力察觉和充分考虑危险的迹象了。

关于执行力很强、力量很大的非人类装置及其危险的想法其实并不新鲜。新的是我们现在实实在在地拥有了这种装置。过去,类似的可能性被假定为魔法,这是诸多传奇和民间传说的主题。这些传说认真仔细地探讨了魔法师的道德处境。在较早前一本名为《人有人的用处》(*The Human Use of Human Beings*)[①]的书中,我已经讨论过传说中魔法的道德规范的某些方面。为了在学习机的新背景中更准确地呈现它们,在这里我要重复那本书中已经讨论过的一些材料。

最著名的魔法传说之一是歌德的《魔法师的学徒》(*The Sorcerer's Apprentice*)。在故事里,魔法师要外出了,给他的学徒兼杂役留下了打水的活。这个男孩有点懒散但很聪明,他把这个任务派给了一把扫帚,对扫帚讲了从师父那里听来的魔法咒语。扫帚殷勤地为他干活,一刻不停。男孩快要被淹死了。他发现自己没学过或者忘了叫停扫帚的第二句咒语。绝望中他拿起扫帚,在膝盖上把它折断,可他惊慌地发现被折成两段的扫帚继续在打水。幸运的是,在他被淹死

---

① N. Wiener. *The Human Use of Human Beings*: *Cybernetics and Society*. Boston: Houghton Mifflin Company, 1950.

之前,师父回来了,说出命令的咒语,叫停了扫帚并狠狠地骂了他一顿。

另一个故事是《天方夜谭》里渔夫和精灵的传说。渔夫从他的网里捞出一个用所罗门王印章密封的罐子。这是所罗门王用来囚禁反叛精灵的一个容器。精灵现身在一片烟云之中,这个巨大的家伙告诉渔夫,在刚被囚禁的那几年里,它决定要用权力和财富来奖励救它的人,而现在它决定要立即杀了这个人。渔夫很幸运,他找到了一个办法把精灵劝回到罐子里,然后把罐子扔到了海底。

比这两个传说更可怕的是猴爪的寓言,作者是雅各布斯(W. W. Jacobs)[①],一位本世纪初的英国作家。一位退休的英国工人坐在桌旁,旁边是他的妻子和一位朋友,从印度回来的英国军士长,军士长向主人展示了一个干瘪的猴爪形式的护身符。这是一个印度圣人所赠,他希望用满足三个人中每个人三个愿望的能力来显示抗拒命运的愚蠢。军人说他不知道第一位拥有者的前两个愿望是什么,但知道最后一个愿望是死亡。他告诉他的朋友说,自己是第二个拥有者,但不想谈论自己亲身经历的恐怖。他把猴爪扔进火里,但是他的朋友捡回了猴爪并想验证一下它的魔力。他的第一个愿望是要 200 英镑。在那之后不久响起了敲门声,他儿子所在公司的一位职员走了进来。这位父亲得知儿子死于机器事故,但公司并不承认自己有任何责任和法律义务,只打算付给父亲一笔 200 英镑的抚恤金。悲痛欲绝的父亲许下了第二个愿望——儿子能回来——这时敲门声第二次响起,门开了,有某种东西出现了,不用多说,是儿子的鬼魂。最后一个愿望是让这个鬼魂消失。

在所有这些故事中,要点是魔法的力量是迂腐的,如果我们要从它们那里求点恩赐,必须要求我们真正想要的而不是我们以为自己想要的。学习机新的、真正的力量也是望文生义的。如果我们给一台机器编制赢得一场战争的程序,我们必须想清楚赢的含义是什么。学习机必须借助经验来编程。一场不即刻引起灾难的核战争的最好经验不过是一场模拟战争游戏的经验。如果我们要用这种经验作为一次真正的紧急事件的行动指南,那么用在博弈设计中的对胜利的估值必须与我们心中对战争的实际结果的估值相同。我们只有在直接的、绝对的和无法挽回的危险时才做不到这一点。我们不可能要求机器跟我们一样,在偏见和情感上妥协,使自己能够把破坏叫作胜利。如果我们要求胜利但不知道胜利的意思是什么,那我们就会发现鬼来敲门了。

---

① 威廉·怀马克·雅各布斯(W. W. Jacobs, 1863—1943),英国小说家,写过大量的讽刺小说和恐怖小说。其中最著名的恐怖小说是《猴爪》。

关于学习机就讲这么多了。现在让我们谈谈自我复制的机器。在这里**机器**和**自复制**两个词都很重要。机器不仅是一种物质的形式，而且是一种达成某些确定目的的机构。而自复制并不只是创造某种有形的复制品，它创造的是具有相同功能的复制品。

在这一点上，有两种不同的观点得到了证明。其中的一个观点完全是组合论的，并涉及这样一个问题，即机器是否可能具有足够的部件和充分复杂的结构使自我复制成为它的一个功能。这个问题已经得到了已故的约翰·冯·诺伊曼的肯定回答。另一个问题有关建造自复制机器的实际操作程序。在这里我指的不是所有机器，而把注意力限制在某一类很普遍的机器上，即非线性传感器。

这类机器有一个简单的时间函数作为输入，另一个时间函数作为输出。输出完全是由输入的过去所决定的，但输入的增加通常并不增加相应的输出。这样的一个装置被称为传感器。不论是线性的或非线性的，所有传感器的一个共同性质就是相对于时间平移的某种不变性。如果一台机器执行某个功能，那么，倘若输入在时间上向后移位，输出也以同样的量向后移位。

表示非线性传感器的标准形式是自复制机器理论的基础。在线性装置理论中必不可少的阻抗和导纳概念，在这里就完全不适用了。我们必须要提及某些完成这种表示式的较新的方法，它们一部分是由我①发展起来的，还有一部分是由伦敦大学的丹尼斯·加博教授②发展起来的。

尽管加博教授和我本人的方法导致了非线性传感器的制造，但它们在某种程度上是线性的，非线性传感器用一个输出来表示，这个输出是一系列非线性传感器的输出与相同输入之和。这些输出与相应变化的线性系数相结合。这使我们能够在非线性传感器的设计和技术规范中利用线性发展理论。尤其是，这种方法能让我们通过最小二乘法得到构成元素的系数。如果我们再给它加上对该装置所有输入的集合的统计平均方法，大体上就有了正交发展理论的一个分支。非线性传感器理论的这种统计学基础可以从对每种特定情况下所用输入的过去统计的实际研究中获得。

这是对加博教授的方法的粗略说明。我的方法基本上与之相似，但研究的

---

① N. Wiener. *Nonlinear Problem in Random Theory*. New York：The Technology Press of M. I. T. and John Wiley & Sons, Inc. ,1958.

② D. Gabor. "Electronic Inventions and Their Impact of Civilization". Inaugural Lecture, March 3, 1959, Imperial College of Science and Technology, University of London, England.

统计学基础略有不同。

众所周知,电流的传导并不是连续的,而是一束在均匀性上一定有统计变化的电子流。这种统计上的波动可以用布朗运动理论来适当地表示,也可以用类似的散粒效应或电子管噪声理论来表示,关于这些我将会在下一章中有所论述。不管怎样,设备能够被造成带有特定统计分布的标准化的散粒效应,而且这样的设备已经在商业化生产了。请注意,电子管噪声在某种意义上是一种通用的输入,在一段足够长的时间里,其波动早晚会近似于任意给定曲线。这种电子管噪声有一种非常简单的整合和平均理论。

根据电子管噪声的统计,我们可以轻松地确定一个标准和正交的非线性运算的闭集。如果服从这些运算的输入具有适于电子管噪声的统计分布,我们设备的两个部件输出的乘积的平均值将等于零,这里的平均值取自电子管噪声的统计分布。还有,每个部件输出的均方值都能够被标准化为1。最后,依据这些部件的通用非线性传感器的展开式可以用大家熟知的标准正交函数理论来得出。

具体地说,我们的设备单个部件所给出的输出,是过去输入的拉盖尔系数(Laguerre coefficients)下的厄米多项式的乘积。这部分内容我在《随机理论中的非线性问题》(*Nonlinear Problem in Random Theory*)一书中有详细的介绍。

对一个所有可能的输入集合求平均值起初当然是有难度的。这个困难任务之所以完成,是因为散粒效应的输入具有所谓的度量可递性,或各态遍历性。任何散粒效应输入的分布参数的可积函数,在几乎任何情况下都有一个等于其系综平均值的时间平均值。这就允许我们用一个共同的散粒效应输入来度量设备的两个部件,并通过取它们的乘积和对时间的平均值来确定它们对所有可能输入的整个系综的乘积的平均值。所有这些过程的运算项目只有电势的相加、相乘,以及对时间平均值的运算。现存的装置都能做到。事实上,加博教授的方法所需的基本装置与我的方法所需的装置是一样的。他的一个学生发明了一种特别有效和成本低廉的乘法装置,该装置依靠的是对两个磁线圈吸引的晶体的压电效应。

这就意味着我们能够用大量线性项来模拟任何未知的非线性传感器,只要每个线性项有固定的特征,并且有一个可调节的系数。当相同的散粒效应发生器与未知传感器和某个特定的已知传感器的输入相连接时,这个系数可以由二者输出的乘积的平均值来确定。更重要的是,不用在某种仪器的标尺上算出结果,然后再把结果手动传递到适合的传感器上,以此产生该设备的分段模拟;取而代之的是把系数自动地传递到设备的反馈部件上,这也没有什么特别的难处。我们已经成功地制造了可以用来假定任意非线性传感器特征的白箱,然后通过让它接受相同的输入,并以适当的方式与该机构的输出连接起来,把它引入一个相似的给定黑箱传感器,从而使它们不需要我们的干预就能达成合适的结合。

试问这种情形与基因作为一个模板自氨基酸和核酸的某种不确定混合形成相同基因的另一个分子,或者一个病毒以自身形式离开其宿主的组织和体液进入相同病毒的其他分子,在哲学上是否有很大的不同。我绝不是在断言这些过程的细节是相同的,但我的确认为它们在哲学意义上是非常相似的现象。

第十章　脑电波与自组织系统

$\cdot$ X　*Brain Waves and Self-Organizing Systems* $\cdot$

　　一条清晰的频率线就相当于一个准确的时钟。由于大脑在某种意义上是一个控制和计算装置，人们自然会问是否有其他形式的控制和计算装置也会用到时钟。事实上大多数都会用到。这类装置使用时钟的目的是选通。

在前一章中,我讨论了学习和自体复制的问题,它们可以应用于机器,也可以——至少是通过类推——应用于生命系统。在这里我将重申序言中说过的一些话并打算立即用上它们。如我所述,这两种现象彼此关系密切,前者是个体通过经验以适应其环境的基础,我们可以称之为个体发育的学习,而后者由于提供变异和自然选择得以发生的材料,因此是系统发育学习的基础。我曾经提过,哺乳动物——特别是人类——用个体发育学习的大部分来调节自身以适应环境,而鸟类则相反,它们高度变化的行为模式不是在一生中学来的,绝大部分要归功于系统发育的学习。

我们已经看到非线性反馈在这两个过程的起源上的重要性。这一章主要用来研究非线性现象在其中发挥主要作用的某种特定的自组织系统。这里我所描述的是我相信在脑电波图或脑电波中发生的自组织现象。

在我们能够理智地讨论这个问题之前,我必须要说说脑电波是什么,以及它们的结构如何可以接受精确的数学处理。多年以来人们就知道,神经系统的活动伴以某些电势。这个领域的第一次观察可以回溯到 19 世纪初,是由伏特(Volta)[1]和伽伐尼(Galvani)在做神经肌肉实验制备时从青蛙腿上发现的。这就是电生理学的产生。不过,这门科学在本世纪头二十五年前发展得相当缓慢。

为什么生理学的这个分支发展如此缓慢?这很值得深思。生理学电势研究最初所用的仪器是由一些电流计组成的。这些电流计有两个弱点。第一,用来推动电流计线圈或指针的整个能量来自神经本身,而且极其微弱;第二个困难是那个时代电流计的活动部件有相当大的惯性,把指针转到有明确意义的位置需要非常确定的恢复力,就是说,从本质上讲,电流计不仅是一个记录的工具,而且也是一个失真的工具。早期最好的生理学电流计是艾因多芬(Einthoven)[2]的弦线电流计,其活动部件被简化为一根金属丝。这个仪器的出色是根据其所属时代的标准来定的,它还没有好到能够记录微小的电势而不严重失真。

◀ 1935 年冬天,维纳在中国和友人合影。

---

① 亚历山德罗·伏特(A. Volta,1745—1827),意大利物理学家,因在 1800 年发明伏特电堆而著名。
② 威廉·艾因多芬(Willem Einthoven,1860—1927),荷兰生理学家,由于发明弦线电流计制成心电图机,获 1924 年诺贝尔生理学或医学奖。

因此,电生理学不得不等待某种新技术的出现。这个技术是电子学方面的,它有两种形式。其中之一基于爱迪生的发现,他发现了某些与气体导电性有关的现象,这些发现导致了用于放大的真空管或整流管的应用。这就使弱电势向强电势真实可信的转换成为可能。于是我们就可以利用不是来自神经而是由它控制的能量来移动记录设备的终端元件。

第二个发明也与真空中的电传导有关,就是所谓的阴极射线示波器。这使我们可以使用比先前任何一种电流计的活动部件都要轻得多的配件,即一束电子。有了这两种装置——单独的或共同的——帮助,本世纪的生理学家已经能够如实地追踪微小电势的时序,而这些微小电势已经完全超出了 19 世纪仪器所能准确记录的范围。

有了这些方法,我们已经能够准确记录头皮上或植入大脑的两个电极之间产生的微弱电势的时序。尽管在 19 世纪这些电势已经被观察到了,但新的准确记录的可用性还是在二三十年前的生理学家中燃起了很大希望。就能够用这些装置直接研究大脑活动而言,这个领域的领军人物是德国的伯格(Berger)[1]、英格兰的阿德里安(Adrian)[2]和马修斯(Matthews),以及美国的雅斯帕(Jasper)[3]、戴维斯(Davis)和吉布斯夫妇(the Gibbs)。

必须承认,脑电图学后来的发展直到现在也没能实现这个领域早期研究者们抱有的美好愿望。他们所获得的数据是由一台墨水打印机记录的。它们是非常复杂且不规则的曲线,虽然能够识别出某些占突出地位的频率,如每秒振荡十次左右的阿尔法律,但墨水记录并不是适于做进一步数学处理的形式。结果,脑电图学变得更像是一种技艺而不是一门科学,依赖于训练有素的观察者在大量经验的基础上识别墨水记录的某些性质的能力。这成为反对它的十分重要的理由,即对脑电图的解释变成了一件富于主观色彩的事情。

在 20 年代末 30 年代初,我对连续过程的调和分析产生了兴趣。虽然物理学家以前考虑过这样的过程,但调和分析的数学几乎一直受到限制,要么局限于研究周期过程,要么研究那些在某种意义上随时间正向或负向增大而趋向于零的过程。我的研究是把连续过程的调和分析置于坚实的数学基础上的最早尝试。

---

① 汉斯·伯格(H. Berger,1873—1941),德国精神病学家,脑电图的发明者。

② 埃德加·道格拉斯·阿德里安(E. D. Adrian,1889—1977),英国电生理学家,1932 年因神经元功能研究获诺贝尔生理学或医学奖。

③ 赫伯特·亨利·雅斯帕(H. H. Jasper,1906—1999),加拿大心理学家、生理学家、神经病学家和流行病学家。

在这项研究中,我发现基本概念是自相关概念,这个概念在泰勒(G. I. Tay-lor)①——现在是泰勒爵士——的湍流研究②中已经使用过了。

一个时间函数 $f(t)$ 的自相关用 $f(t + \tau)$ 与 $f(t)$ 的乘积的时间平均来表示。这有利于导入时间的复变函数,即便在实际研究中我们要处理的是实数函数。现在自相关变成 $f(t + \tau)$ 与 $f(t)$ 的共轭的乘积的平均。无论我们用的是实数函数还是复变函数, $f(t)$ 的功率谱都是通过自相关的傅立叶变换得到的。

我已经说过墨水记录不适合做进一步的数学处理。在自相关的想法发挥更多作用之前,有必要用其他更适于仪器工作的记录来替代这些墨水记录。

为进一步处理而记录微小波动的电势的最佳方法之一是利用磁带。这种方法可以永久储存波动的电势,以便后来在适当的时间加以利用。一台这样的仪器在沃尔特·罗森布利斯(Walter A. Rosenblith)③教授和玛丽·布拉齐耶(Mary A. B. Brazier)博士的指导下④,大约十年前在麻省理工学院的电子研究实验室被设计出来了。

在这台设备中,磁带是按其调频形式来使用的。这么做是因为磁带的读取总是会有一些消抹。如果使用调幅磁带,这种消抹会导致所载消息的改变,以至于我们接下来实际读取的是改变了了的消息。

用调频形式也会有一些消抹,但是我们用来读磁带的设备对调幅的反应相对迟钝,而只读取频率。在磁带被严重擦抹到完全无法读取之前,磁带的部分消抹不会对所载消息有明显的扭曲。因而磁带可以被读取很多次,并保持着与第一次读取大体上相同的准确性。

正如从自相关的性质可以看到的那样,我们需要的工具之一是根据一个可调节的量来延迟磁带读取的一种机制。如果一段时长为 A 的磁带记录在一台有两个磁头的设备上播放,一个接着另一个,那么就会产生两个相同的信号,除了时间上的相对位移之外。时间位移取决于两个磁头之间的距离和磁带的速度,并且可以任意改变。我们可以把其中一个磁头称为 $f(t)$,另一个称为 $f(t + \tau)$,

---

① 杰弗里·英格拉姆·泰勒(G. I. Taylor,1886—1975),英国物理学家和数学家,流体动力学和波动理论的主要代表。

② G. I. Taylor. "Diffusion by Continuous Movements". *Proceedings of the London Mathematical Society*, 1921—1922,Ser. 2, 20: 196 - 212.

③ 沃尔特·罗森布利斯(Walter A. Rosenblith,1913—2002),美国生物物理学家,麻省理工学院校级教授(Institute Professor)。

④ J. S. Barlow,R. M. Brown. *An Analog Correlator System for Brain Potential*. Technical Report 300, Research Laboratory of Electronics, M. I. T. , Cambridge, Mass. (1955).

这里的 τ 是时间位移。二者的乘积可以通过平方律整流器(square-law rectifier)或线性混频器(linear mixer)来形成,利用恒等式

$$4ab = (a + b)^2 - (a - b)^2 \tag{10.01}$$

该乘积可以用一个时间常数大于样本时长 A 的电阻—电容网络的积分来近似地加以平均。所得的平均值与对延迟 τ 的自相关函数的值成比例。对不同 τ 值的过程重复就产生自相关值的一个集合(更确切地说,对一个大的时基 A 的抽样自相关)。图 9 是一张显示这类实际自相关的图。[①] 请注意,我们只展示了半条曲线,因为负时间的自相关与正时间的相同,至少在我们所取的自相关曲线是实数时是这样的。

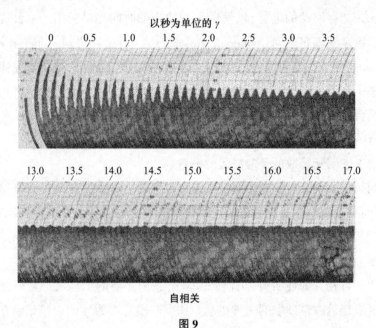

以秒为单位的 γ

自相关

图 9

请注意,类似的自相关曲线在光学中已经用了很多年,得到它们的仪器是迈克耳孙干涉仪(图 10)。通过一个镜子和透镜组成的系统,迈克耳孙干涉仪把一束光分成按长度不同的路径传送的两个部分,然后再聚合为一束光。不同的路径长度导致不同的时间延迟,而合成的光束是射入光束的两个复制品之和,它们可以再次被称为 $f(t)$ 和 $f(t + \tau)$。当用一台功率敏感光度计来测量光束强度时,光度计的读数与 $f(t) + f(t + \tau)$ 的平方成比例,因而包含与自相关成比例的一

① 这项工作是与麻省中心医院神经生理学实验室和麻省理工学院通信生物物理实验室合作进行的。——作者注

项。换句话说,干涉仪条纹的强度(除一种线性变换外)将给出自相关。

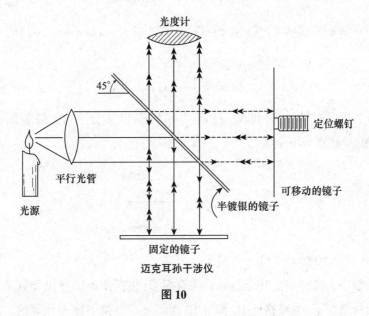

图 10

所有这些在迈克耳孙的研究中都是含蓄的。通过对条纹所做的傅立叶变换将会看到,干涉仪为我们提供光的功率谱,事实上就是一台光谱仪。它的确是我们所知的最准确的一种光谱仪。

这种光谱仪只是在最近几年才得到承认。我听说它现在已经被当作精密测量的一个重要工具了。其意义在于,我现在要提出的用来建立自相关记录的方法同样可以应用于光谱学,并且提出了把光谱仪所能提供的信息推至极限的方法。

我们来讨论一下从一条自相关曲线求得一个脑电波波谱的方法。设 $C(t)$ 为 $f(t)$ 的一条自相关曲线。那么 $C(t)$ 可以写成

$$C(t) = \int_{-\infty}^{\infty} e^{2\pi i \omega t} \, dF(\omega) \tag{10.02}$$

的形式。这里的 F 总是 ω 的一个递增函数,或至少是它的一个非递减函数,而我们可以称之为 f 的积分谱。一般来说,这个积分谱是加性组合的,由三个部分组成。波谱的直线部分只在点的可数集上增加。除去这一部分,给我们剩下的是一个连续波谱。这个连续波谱本身是两个部分之和,其中一个部分只在测度为零的集上增长,而另一个部分是绝对连续的,并且是一个可积正函数的积分。

从现在起我们假定,波谱的前两个部分——离散部分和在零测度的集合上增长的连续部分——消失了。在这种情况下,我们可以写成

$$C(t) = \int_{-\infty}^{\infty} e^{2\pi i\omega t} \phi(\omega)\, d\omega \qquad (10.03)$$

这里的 $\phi(\omega)$ 是谱密度。如果 $\phi(\omega)$ 是勒贝格类(Lebesque class)的 L^2,我们可以写成

$$\phi(\omega) = \int_{-\infty}^{\infty} C(t)\, e^{-2\pi i\omega t} dt \qquad (10.04)$$

看脑电波的自相关可知,波谱功率的突出部分在 10 赫兹附近。因此,$\phi(\omega)$ 的形状将与下图类似。

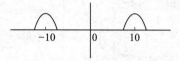

靠近 10 和 − 10 的两个峰互为镜像。

从数字上进行傅立叶分析的方法有很多,包括使用积分仪和数字计算步骤。在这两种情况下,主峰靠近 10 和 − 10 而不靠近 0 是不便于计算的。不过,有把调和分析转移到 0 频率附近的方法,这就大大减少了所需的工作量。请注意

$$\phi(\omega - 10) = \int_{-\infty}^{\infty} C(t)\, e^{20\pi it} e^{-2\pi i\omega t} dt \qquad (10.05)$$

换句话说,如果我们把 $C(t)$ 乘以 $e^{20\pi it}$,新的调和分析将给出一个靠近零频率的频带和另一个靠近 + 20 频率的频带。如果我们做了这样的乘法,并用等同于使用滤波器的平均方法来移除 + 20 频率的频带,将会把调和分析简化为靠近零频率的一个频带。

现在

$$e^{20\pi it} = \cos 20\pi t + i\sin 20\pi t \qquad (10.06)$$

因此,$C(t) \cdot e^{20\pi it}$ 的实数部分和虚数部分分别由 $C(t)\cos 20\pi t$ 和 $iC(t)\sin 20\pi t$ 给出。移除靠近 + 20 频率的频带可以通过让这两个函数经过一个低通滤波器来完成,这就相当于对它们按二十分之一秒或更大一点的间隔取平均值。

假设有一条曲线,其功率的大部分都接近 10 赫兹的频率。当把它乘以 $20\pi t$ 的正弦或余弦时,我们将得到一条曲线,它是两个部分之和,其中之一的局部表现如下:

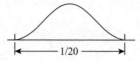

而另一个是这样的：

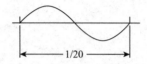

当对第二条曲线按十分之一秒的时长求平均值时，我们得到的值为零。当对第一条曲线求平均值时，所得值为最大高度的一半。结果，通过对 $C(t)\cos 20\pi t$ 和 $iC(t)\sin 20\pi t$ 的修匀，我们分别得到对所有频率接近零的那个函数的实数部分和虚数部分的较好近似值，这个函数将有在零附近的分布频率，$C(t)$ 波谱的一部分在 10 附近。现在设 $K_1(t)$ 为 $C(t)\cos 20\pi t$ 的光滑处理的结果，$K_2(t)$ 为 $C(t)\sin 20\pi t$ 的光滑处理的结果。我们希望得到

$$\int_{-\infty}^{\infty} [K_1(t) + iK_2(t)]\, e^{-2\pi i\omega t}\, dt$$

$$= \int_{-\infty}^{\infty} [K_1(t) + iK_2(t)]\, [\cos 2\pi\omega t - i\sin 2\pi\omega t]\, dt \tag{10.07}$$

因为这个表达式是一条波谱，所以必须是实数。因此，它等于

$$\int_{-\infty}^{\infty} K_1(t)\cos 2\pi\omega t\, dt + \int_{-\infty}^{\infty} K_2(t)\sin 2\pi\omega t\, dt \tag{10.08}$$

换句话说，如果我们对 K_1 作余弦分析，对 K_2 作正弦分析，并把它们相加，将得到 f 的位移谱。可以证明 K_1 是偶数，K_2 是奇数。这就意味着，如果对 K_1 作余弦分析并加上或减去 K_2 的正弦分析，将会分别得到距中心频率距离为 ω 的右边和左边的波谱。我们把这种获得波谱的方法描述为外差法（method of heterodyning）。

就那些局部接近周期为 0.1 的正弦曲线的自相关来说（诸如在图 9 脑电波自相关中所表现的那样），这种外差法所涉及的计算可以简化。我们以四十分之一秒为间隔来求自相关。然后按序列取 0、1/20 秒、2/20 秒、3/20 秒的值，等等，并改变那些分子为奇数的分数的符号。我们在一个长度合适的游程上依次对它们取平均值，并得到一个约等于 $K_1(t)$ 的量。如果我们对 1/40 秒、3/40 秒、5/40 秒的值，等等，采取同样的做法，改变交变量的符号，并用与之前相同的方法取平

均值,会得到 $K_2(t)$ 的一个近似值。从这个阶段开始程序就清楚了。

这个程序的证明是当质量分布

在 $2\pi n$ 诸点为 1

在 $(2n+1)\pi$ 诸点为 -1

在其余各点为零时,如果它服从调和分析,则包含频率 1 的余弦组分且没有正弦组分。同样,当质量分布

在 $\left(2n+\dfrac{1}{2}\right)\pi$ 诸点为 1

在 $\left(2n-\dfrac{1}{2}\right)\pi$ 诸点为 -1

且

在其他各点为 0

则包含频率 1 的正弦组分而没有余弦组分。两种分布也都包含频率 N 的组分,但由于我们分析的原始曲线在这些频率上没有或近乎没有,所以这些项没有什么作用。这就大大简化了我们的外差法,因为我们唯一要乘的因子是 $+1$ 或 -1。

当只有手动工具可以支配时,我们已经认识到这种外差法在脑电波调和分析中非常有用,如果不用外差法来完成调和分析的所有细节,工作量会是多么浩大。我们早期关于大脑波谱调和分析的所有工作都是用外差法完成的。不过,自从数字计算机的使用成为可能,减少计算工作的体量已不是主要的考虑,我们后期调和分析的大量工作不再直接使用外差法。在没有数字计算机可用的地方仍然有很多工作要做,因此我并不认为外差法在实践中已经过时了。

我要在这里展示我们在研究中获得的特殊自相关的一部分。由于自相关涉及的数据很长,所以在此不适合整体重现,我只给出开头在 $\tau=1$ 附近及其向外延伸的一部分。

图 11 表示自相关的调和分析的结果,这条自相关曲线部分在图 9 中展示过。在这个例子里,我们的结果是用高速数字计算机获得的[①],但我们发现这条波谱与先前用手动外差法得到的结果之间高度一致,至少在波谱较强部分的附近是这样的。

审视这条曲线时我们发现,功率在频率 9.05 赫兹附近有显著的下降。波谱实质上变弱的点非常急剧,并给出一个客观的量,这个量可以高度精确地加以证明,

---

① 使用的是麻省理工学院计算中心的 IBM-709。

其精确性超过脑电图学迄今出现过的任何量。有一些我们已经获得的其他曲线的指征，但在细节的可靠性方面还有某些疑问，功率的这种突然跌落紧随着一个相当短的突然上升，于是在曲线上它们之间有一个凹。无论事实是否如此，这里有一个强烈的暗示，即处于波峰的功率对应于将其拉出曲线低值区域的某种拉力。

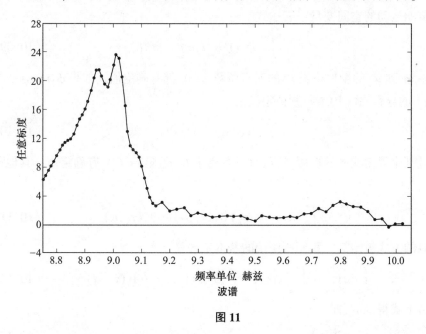

图 11

在我们得到的波谱中，值得注意的是，波峰的绝大部分都处在大约三分之一赫兹的范围以内。一件有趣的事情与同一个人四天后记录的另一张脑电图有关，这个波峰的近似宽度仍然保持着，更有甚者，在某些细节上形式也没有变。也有理由相信对其他对象而言波峰会有所不同，也许会窄一些。要完全令人满意地证明这一点还有待进一步的研究。

非常期待我们在这些建议中提到的这种工作今后会用更好的仪器做更为准确的研究，使我们所提出的建议得到明确的证明或否证。

现在我想讨论如何处理抽样问题。为此我会介绍来自我先前有关函数空间积分研究的一些想法。[①] 借助这个方法，我们就能够用某个给定波谱建立一个连续过程的统计模型。虽然这个模型不是脑电波产生过程的一个精确复制品，但就本章前面提出的脑电波波谱要求的均方根误差而言，它足以提供具有统计学

① N. Wiener. "Generalized Harmonic Analysis". *Acta Mathematica*, 1930, 55: 117-258; *Nonlinear Problems in Random Theory*. New York: The Technology Press of M. I. T. and John Wiley & Sons, Inc., 1958.

意义的信息。

在这里我不加证明地讲讲某种实数函数 $x(t,\alpha)$ 的一些性质,这种函数我在关于广义调和分析的和其他论文中已经讲过。实数函数 $x(t,\alpha)$ 依赖于从 $-\infty$ 到 ∞ 的变量 t 和从 0 到 1 的变量 α。它代表依赖于时间 t 和统计分布参数 α 的一个布朗运动的空间变量。表达式

$$\int_{-\infty}^{\infty} \phi(t)\, \mathrm{d}x(t,\alpha) \tag{10.09}$$

对从 $-\infty$ 到 ∞ 的勒贝格类 L^2 的所有函数 $\phi(t)$ 都有确定值。如果 $\phi(t)$ 有一个属于 L^2 的导数,式(10.09)则被定义为

$$-\int_{-\infty}^{\infty} x(t,\alpha)\, \phi'(t)\, \mathrm{d}t \tag{10.10}$$

并通过某个界定明确的极限过程,对所有属于 L^2 的函数 $\phi(t)$ 有确定值。其他积分

$$\int_{-\infty}^{\infty}\cdots\int_{-\infty}^{\infty} K(\tau_1,\cdots\tau_n)\, \mathrm{d}x(\tau_1,\alpha)\cdots\mathrm{d}x(\tau_n,\alpha) \tag{10.11}$$

以类似的方式被定义。我们所使用的基本定理是

$$\int_0^1 \mathrm{d}\alpha \int_{-\infty}^{\infty}\cdots\int_{-\infty}^{\infty} K(\tau_1,\cdots,\tau_n)\, \mathrm{d}x(\tau_1,\alpha)\cdots\mathrm{d}x(\tau_n,\alpha) \tag{10.12}$$

它是由下式得到的,即

$$K_1(\tau_1,\cdots,\tau_{n/2}) = \sum K(\sigma_1,\sigma_2,\cdots,\sigma_n) \tag{10.13}$$

这里的 τ_k 通过令所有成对的 σ_k 两两相等(如果 n 是偶数)以任意方式形成,并变成

$$\int_{-\infty}^{\infty}\cdots\int_{-\infty}^{\infty} K_1(\tau_1,\cdots,\tau_{n/2})\, \mathrm{d}\tau_1,\cdots,\mathrm{d}\tau_{n/2} \tag{10.14}$$

如果 n 是奇数,

$$\int_0^1 \mathrm{d}\alpha \int_{-\infty}^{\infty}\cdots\int_{-\infty}^{\infty} K(\tau_1,\cdots,\tau_n)\, \mathrm{d}x(\tau_1,\alpha)\cdots\mathrm{d}x(\tau_n,\alpha) = 0 \tag{10.15}$$

另一个关于这些随机积分的重要定理是:如果 $\mathscr{F}\{g\}$ 是 $g(t)$ 的泛函,使得 $\mathscr{F}[x(t,\alpha)]$ 对 α 是属于 L 的一个函数,且只依赖于 $x(t_2,\alpha) - x(t_1,\alpha)$ 的差,那么在每一个 t_1 上,几乎对所有 α 的值

$$\lim_{A\to\infty} \frac{1}{A}\int_0^A \mathscr{F}[x(t,\alpha)]\, \mathrm{d}t = \int_0^1 \mathscr{F}[x(t_1,\alpha)]\, \mathrm{d}\alpha \tag{10.16}$$

这是伯克霍夫的遍历定理,而且已经被我[1]和其他人证明了。

前面提到的《数学学报》($Acta\ Mathematica$)论文已经确定,如果 U 是函数 $K(t)$ 的一个实值单式变换

$$\int_{-\infty}^{\infty} UK(t)\,dx(t,\alpha) = \int_{-\infty}^{\infty} K(t)\,dx(t,\beta) \qquad (10.17)$$

其中 β 只在区间$(0,1)$通过保测变换而成为自身时与 α 不同。

现在设 $K(t)$ 属于 L^2,并设在普朗切尔[2]意义上

$$K(t) = \int_{-\infty}^{\infty} q(\omega)\,e^{2\pi i \omega t}\,d\omega \qquad (10.18)$$

让我们看一看实数函数

$$f(t,\alpha) = \int_{-\infty}^{\infty} K(t+\tau)\,dx(\tau,\alpha) \qquad (10.19)$$

它代表一个线性传感器对布朗运动输入的反应。这将有自相关

$$\lim_{T\to\infty} \frac{1}{2T}\int_{-T}^{T} f(t+\tau,\alpha)\,\overline{f(t,\alpha)}\,dt \qquad (10.20)$$

并且通过遍历定理,对几乎所有 α 值都将有值如下

$$\int_0^1 d\alpha \int_{-\infty}^{\infty} K(t_1+\tau)\,dx(t_1,\alpha) \int_{-\infty}^{\infty} \overline{K(t_2)}\,dx(t_2,\alpha)$$

$$= \int_{-\infty}^{\infty} K(t+\tau)\,\overline{K(t)}\,dt \qquad (10.21)$$

那么波谱几乎总是

$$\int_{-\infty}^{\infty} e^{-2\pi i\omega\tau}\,d\tau \int_{-\infty}^{\infty} K(t+\tau)\,\overline{K(t)}\,dt$$

$$= \left| \int_{-\infty}^{\infty} K(\tau)\,e^{-2\pi i\omega\tau}\,d\tau \right|^2$$

$$= |q(\omega)|^2 \qquad (10.22)$$

然而,这是真实的波谱。对时间 A(在我们的例子中是 2700 秒)的平均的抽样自相关将会是

$$\frac{1}{A}\int_0^A f(t+\tau,\alpha)\,\overline{f(t,\alpha)}\,dt$$

---

① N. Wiener. "The Ergodic Theorem". $Duke\ Mathematical\ Journal$,1939,5:1-39;also in $Modern\ Mathematics\ for\ the\ Engineer$. E. F. Beckenbach ed.. New York:McGraw-Hill,1956:166-168.

② N. Wiener. "Plancherel's Theorem". $The\ Fourier\ Integral\ and\ Certain\ of\ Its\ Applications$. Cambridge, England:The University Press,1933:46-71;New York:Dover Publications, Inc.

$$= \int_{-\infty}^{\infty} dx(t_1,\alpha) \int_{-\infty}^{\infty} dx(t_2,\alpha) \frac{1}{A}\int_0^A K(t_1+\tau+s)\ \overline{K(t_2+s)}\ ds \qquad (10.23)$$

作为结果的抽样波谱几乎总是有时间平均

$$\int_{-\infty}^{\infty} e^{-2\pi i \omega \tau} d\tau \frac{1}{A}\int_0^A ds \int_{-\infty}^{\infty} K(t+\tau+s)\ \overline{K(t+s)}\ dt = |q(\omega)|^2 \qquad (10.24)$$

也就是说,抽样波谱和真实波谱将具有相同的时间平均值。

出于多重目的,我们对近似波谱颇有兴趣,其中 τ 的积分只在 $(0,B)$ 的区间进行,而在我们已经展示的特例中 B 是 20 秒。让我们回想一下,$f(t)$ 是实数函数,自相关是一个对称函数。因此,我们可以用从 $-B$ 到 B 的积分来替换从 0 到 B 的积分:

$$\int_{-B}^{B} e^{-2\pi i u \tau} d\tau \int_{-\infty}^{\infty} dx(t_1,\alpha) \int_{-\infty}^{\infty} dx(t_2,\alpha) \frac{1}{A}\int_0^A K(t_1+\tau+s)\ \overline{K(t_2+s)}\ ds \qquad (10.25)$$

这将有平均数

$$\int_{-B}^{B} e^{-2\pi i u \tau} d\tau \int_{-\infty}^{\infty} K(t+\tau)\ \overline{K(t)}\ dt = \int_{-B}^{B} e^{-2\pi i u \tau} d\tau \int_{-\infty}^{\infty} |q(\omega)|^2 e^{2\pi i \tau \omega} d\omega$$

$$= \int_{-\infty}^{\infty} |q(\omega)|^2 \frac{\sin 2\pi B(\omega-u)}{\pi(\omega-u)} d\omega \qquad (10.26)$$

在 $(-B,B)$ 上的近似波谱的平方将是

$$\left| \int_{-B}^{B} e^{-2\pi i u \tau} d\tau \int_{-\infty}^{\infty} dx(t_1,\alpha) \int_{-\infty}^{\infty} dx(t_2,\alpha) \frac{1}{A}\int_0^A K(t_1+\tau+s)\ \overline{K(t_2+s)}\ ds \right|^2$$

它将有平均数

$$\int_{-B}^{B} e^{-2\pi i u \tau} d\tau \int_{-B}^{B} e^{2\pi i u \tau_1} \frac{1}{A^2}\int_0^A ds \int_0^A d\sigma \int_{-\infty}^{\infty} dt_1 \int_{-\infty}^{\infty} dt_2$$

$$\times \Big[K(t_1+\tau+s)\ \overline{K(t_1+s)}\ \overline{K(t_2+\tau_1+\sigma)}\ K(t_2+\sigma)$$

$$+ K(t_1+\tau+s)\ \overline{K(t_2+s)}\ \overline{K(t_1+\tau_1+\sigma)}\ K(t_2+\sigma)$$

$$+ K(t_1+\tau+s)\ \overline{K(t_2+s)}\ \overline{K(t_2+\tau_1+\sigma)}\ K(t_1+\sigma) \Big]$$

$$= \left[\int_{-\infty}^{\infty} |q(\omega)|^2 \frac{\sin 2\pi B(\omega-u)}{\pi(\omega-u)} d\omega \right]^2$$

$$+ \int_{-\infty}^{\infty} |q(\omega_1)|^2 d\omega_1 \int_{-\infty}^{\infty} |q(\omega_2)|^2 d\omega_2$$

$$\times \left[\frac{\sin 2\pi B(\omega_1-u)}{\pi(\omega_1-u)} \right]^2 \frac{\sin^2 A\pi(\omega_1-\omega_2)}{\pi^2 A^2 (\omega_1-\omega_2)^2}$$

$$+ \int_{-\infty}^{\infty} |q(\omega_1)|^2 d\omega_1 \int_{-\infty}^{\infty} |q(\omega_2)|^2 d\omega_2$$

$$\times \frac{\sin 2\pi B(\omega_1 + u)}{\pi(\omega_1 + u)} \frac{\sin 2\pi B(\omega_2 - u)}{\pi(\omega_2 - u)} \frac{\sin^2 A\pi(\omega_1 - \omega_2)}{\pi^2 A^2 (\omega_1 - \omega_2)^2} \tag{10.27}$$

如果用 m 来表示一个平均数，大家就很熟悉了，

$$m[\lambda - m(\lambda)]^2 = m(\lambda^2) - [m(\lambda)]^2 \tag{10.28}$$

因此，近似抽样波谱的均方根误差将等于

$$\sqrt{\begin{array}{c} \int_{-\infty}^{\infty} |q(\omega_1)|^2 d\omega_1 \int_{-\infty}^{\infty} |q(\omega_2)|^2 d\omega_2 \dfrac{\sin^2 A\pi(\omega_1 - \omega_2)}{\pi^2 A^2 (\omega_1 - \omega_2)^2} \\ \times \left(\dfrac{\sin^2 2\pi B(\omega_1 - u)}{\pi^2 (\omega_1 - u)^2} \right) + \dfrac{\sin 2\pi B(\omega_1 + u)}{\pi(\omega_1 + u)} \dfrac{\sin 2\pi B(\omega_2 - u)}{\pi(\omega_2 - u)} \end{array}} \tag{10.29}$$

现在，

$$\int_{-\infty}^{\infty} \frac{\sin^2 A\pi u}{\pi^2 A^2 u^2} du = \frac{1}{A} \tag{10.30}$$

因此

$$\int_{-\infty}^{\infty} g(\omega) \frac{\sin^2 A\pi(\omega - u)}{\pi^2 A^2 (\omega - u)^2} \tag{10.31}$$

是 $1/A$ 乘以 $g(\omega)$ 的一个不断增加的权重平均值。假如被平均的量在小范围 $1/A$ 内接近常数（在这里是一个合理的假设），我们将会在该波谱的任意点上得到一个极近似均方根误差的值

$$\sqrt{\frac{2}{A} \int_{-\infty}^{\infty} |q(\omega)|^4 \frac{\sin^2 2\pi B(\omega - u)}{\pi^2 (\omega - u)^2} d\omega} \tag{10.32}$$

请注意，如果近似抽样波谱在 $u = 10$ 时有最大值，那么它的值将会是

$$\int_{-\infty}^{\infty} |q(\omega)|^2 \frac{\sin 2\pi B(\omega - 10)}{\pi(\omega - 10)} d\omega \tag{10.33}$$

对平滑的 $q(\omega)$，该值不会远离 $|q(10)|^2$。作为一个测量单位，适用于这个值的波谱的均方根误差将是

$$\sqrt{\frac{2}{A} \int_{-\infty}^{\infty} \left| \frac{q(\omega)}{q(10)} \right|^4 \frac{\sin^2 2\pi B(\omega - 10)}{\pi^2 (\omega - 10)^2} d\omega} \tag{10.34}$$

因此不会大于

$$\sqrt{\frac{2}{A} \int_{-\infty}^{\infty} \frac{\sin^2 2\pi B(\omega - 10)}{\pi^2 (\omega - 10)^2} d\omega} = 2\sqrt{\frac{B}{A}} \tag{10.35}$$

就我们考虑的例子而言，这个值将会是

$$2\sqrt{\frac{20}{2700}} = 2\sqrt{\frac{1}{135}} \approx \frac{1}{6} \tag{10.36}$$

如果我们接下来假定那个凹的现象是真实的,甚至曲线在 9.05 赫兹左右的频率上发生的突然跌落也是真实的,那么对此就有必要问几个生理学问题了。三个主要问题关系到我们观察到的这些现象的生理学功能,产生它们的生理学机制,以及这些观察资料在医学方面可能的应用。

请注意,一条清晰的频率线就相当于一个准确的时钟。由于大脑在某种意义上是一个控制和计算装置,人们自然会问是否有其他形式的控制和计算装置也会用到时钟。事实上大多数都会用到。这类装置使用时钟的目的是选通(gating)。所有这类装置必须把大量脉冲合成为单一脉冲。如果这些脉冲只是通过开关线路来传输,那么脉冲的计时就不甚重要,选通也就没必要了。然而,这种脉冲传输方法的结果是,整条线路在消息被关闭那一刻之前一直被占用,从而导致装置的一大部分无限期地不能发挥作用。因此人们希望在一个计算或控制装置内,消息用一个合成的开—关信号来传输。这样就可以立即把装置释放出来以作他用。为了能够做到这一点,消息必须被储存起来,以便它们能够被同时放出,并且在它们还在机器里时把它们合成起来。为此,选通是必要的,而且这种选通能够用时钟便利地完成。

众所周知,神经脉冲是经由波峰传输的,至少在较长的神经纤维中是这样,波峰的形式与产生它们的方式无关。这些波峰的组合是突触结构的一种功能。在这些突触中,一些输入纤维与一根输出纤维相连接。当输入纤维的适当组合在瞬间激发时,输出纤维也激发。在这种组合中,输入纤维的作用在某些情况下是加和的,因此如果激发超过一定数量,就到达允许输出纤维激发的阈值。在另一些情况下,输入纤维有某种抑制作用,完全阻止激发,至少也会提高其他纤维的阈值。不管是哪种情况,一个短的组合阶段是必要的,如果输入的消息不在这个短期阶段内,它们就不会组合起来。因此,必须有某种选通机制能让输入消息大体上同时到达。否则突触作为一个组合机构就无法正常发挥作用。①

不管怎样,关于这种选通实际发生的更多证据是值得期待的。洛杉矶加州

---

① 这是大脑特别是皮层里所发生事情的简化图,因为神经元“全或无”的作用取决于它们足够的长度,以使神经元中的输入脉冲自身的形式重建接近一种渐近的形式。不过,以皮层中为例,由于神经元短,同步的必要性仍然存在,虽然这个过程的细节过于复杂。——作者注

大学心理学系唐纳德·林德斯利（Donald B. Lindsley）[1]教授的一些研究与此有关。他做了一项关于视觉信号的反应时间的研究。众所周知，当一个视觉信号到达时，它所刺激的肌肉活动并不是立即发生，而是有某种延迟。林德斯利教授表示，这种延迟不是常数，而似乎包括三个部分。其中之一是恒定的长度，而另外两个看来是均匀分布在 1/10 秒左右。就好像中枢神经系统每 1/10 秒才能接收一次输入脉冲，又好像从中枢神经系统到肌肉的输出脉冲每 1/10 秒才能到达一次。这是选通的实验证据，这种选通与 1/10 秒的关联（1/10 秒是大脑中央 α 律的近似周期），极有可能不是偶然的。

关于中央 α 律的功能就讲到这里。现在提出的问题是有关形成这个节律的机制的。在这里必须提一下，事实上 α 律可以被闪光驱动。如果一束光以 1/10 秒左右的间隔闪入眼睛，大脑的 α 律就会被改变，直到另一个与闪光周期相同的强成分出现。毫无疑问，闪光在视网膜上产生一个电闪烁，几乎可以肯定也闪烁在中枢神经系统上。

不管怎样，有一些直接证据表明，纯粹的电闪烁可以产生一种与视觉闪烁相同的效应。这个实验在德国已经完成了。房间被布置成有导电的地板，有一块作了绝缘处理的金属板从天花板上悬挂下来。实验对象被安置在这个房间里，地板和天花板被连接在一个能产生交流电势的发电机上，其频率可以保持在 10 赫兹左右。研究对象的体验效果是非常不安，与类似闪光引起的烦扰效果大体上相同。

当然，这些实验有必要在更严格控制的条件下重复进行，也有必要记录实验对象的脑电图。不管怎样，就做过的实验而言，有迹象表明，视觉闪光造成的效果同样可以由静电感应造成的电闪烁产生。

如果一个振荡器的频率能够被不同频率的脉冲所改变，其机制一定是非线性的。观察到这一点很重要。一个线性结构作用于频率给定的振荡器只能产生相同频率的振荡，通常伴随着一些相位和振幅的变化。对非线性结构来说却不是这样，它可能产生不同频率的振荡，这些频率是不同次序、振荡器的频率以及强加干扰的频率的和与差。对这样的结构来说，移动频率是非常有可能的；在我们考虑的例子中，这种移动本质上是一种吸引。这种吸引极有可能是一种长期现象，而对短时间而言，这个系统依然将会是近似线性的。

---

[1] 唐纳德·林德斯利（Donald B. Lindsley, 1907—2003），美国生理心理学家，是研究大脑功能领域的先驱。

想想这种可能性,大脑包含一些频率在 10 赫兹左右的振荡器,且在界限范围内这些频率能够相互吸引。在这种情况下,频率很可能被拉拽成一个或几个小簇,至少在波谱的某些区域是这样。被拉进这些簇的频率将不得不被拉离某个地方,因此导致波谱上形成缺口,此处功率要低于我们原来的预期。这样的现象可能实际上发生在那个自相关曲线在图 9 中显示的人的脑电波产生的过程中,频率在 9.0 赫兹以上的功率急剧下落就表明了这个情况。早期研究者们[1]使用的调和分析分辨能力较低,靠它们是不大容易发现这种现象的。

为了使关于脑电波起源的这个说明能站得住脚,我们必须检查大脑,看看假设的振荡器的存在和性质。麻省理工学院的罗森布利斯教授告诉我,存在一种被称为"后放"(after discharge)的现象。[2]当一道闪光传到眼睛时,能够与闪光有联系的大脑皮层的电势并没有立即归零,而是在它们完全消失之前经过一系列正相和负相。这个电势的模式可以接受调和分析,并发现它的大部分功率在 10 赫兹附近。到目前为止,这个发现至少与我们在这里提出的脑电波自组织理论没有矛盾。在其他身体节律中,也已经观察到这些短时振荡被拉拽在一起成为一个连续振荡的现象,比如在很多生物中都可以观察到的约 $23\frac{1}{2}$ 小时的昼夜节律。[3]这个节律可以通过外部环境的改变被拉进 24 小时的昼夜节律。倘若生物的自然节律可以被外部环境吸引到 24 小时节律,它是不是准确的 24 小时节律在生物学上已经不重要了。

一个有趣的实验可以帮助说明我关于脑电波的假说的正确性,这个实验很有可能要通过萤火虫或诸如蟋蟀、青蛙这样的动物研究来进行,这类动物能够发出可察觉的视觉或听觉脉冲,而且也能接收这些脉冲。人们常常以为,一棵树上的萤火虫在整齐划一地发光,而且这个表面现象一直被贬抑为人类视错觉。我曾听说在东南亚的一些萤火虫中,这种现象非常显著,以至于不能用错觉来解释。这一来萤火虫有了双重功能。一方面,它或多或少是一个周期性脉冲的发

---

① 我必须指出,存在狭窄中央律的一些证据已经被英国布里斯托尔的布尔登(Burden)神经学研究所的沃尔特(W. Grey Walter)博士得到。我不太熟悉他的方法论的全部细节;不过,我理解他所指出的现象事实上存在于他的脑电波局部图中,随着一个频率离开中心,射线显示频率被限制在一个相对狭窄的扇形区域。——作者注

② J. S. Barlow. "Rhythmic Activity Induced by Photic Stimulation in Relation to Intrinsic Alpha Activity of the Brain in Man". *EEG Clin. Neurophysiol.* ,1960,12: 317 – 326.

③ *Cold Spring Harbor Symposium on Quantitative Biology* , Volume XXV (Biological Clocks) , The Biological Laboratory, Cold Spring Harbor, L. I. , N. Y. , 1960.

送者,而另一方面它又拥有这些脉冲的接收器。有没有可能同样发生了频率拉拽在一起这个假定的现象呢？对这项研究而言,发光的准确记录是必需的,这非常适用于作调和分析。还有,萤火虫应该接受周期性光照,比如来自闪烁的霓虹灯管的照射,而且我们应该确定是否存在把它们拉进自身频率的趋势。如果情况真的如此,我们应该尝试获得这些自发闪光的准确记录,使其接受类似于我们对脑电波所做的自相关分析。我不敢贸然宣布这些尚未进行的实验的成果,但这条前景远大又不太困难的研究路线完全迷住了我。

频率吸引的现象在某些非生命场合也有发生。想想一些交流发电机,它们的频率由附属在原动机上的调速器所控制。这些调速器把频率保持在比较狭窄的区域内。假设发电机的输出端并联连接到母线,电流从母线流向外载荷,由于电灯的开和关及其他原因,外载荷通常或多或少都会有随机的起伏。为了避免发生在老式中心电站的人为的开关问题,我们设想发电机的开关是自动化的。当发电机的速度和相位足够接近系统中的其他发电机的速度和相位时,一个自动装置会把它与母线连接,如果它碰巧离开适当的频率和相位太远,一个类似的装置会自动把它关掉。在这样一个系统中,一个运行过快因而频率过高的发电机,得到一部分多于正常份额的载荷,而运行过慢的发电机得到少于正常部分的载荷。最终在发电机的频率之间发生一种吸引。整个发电系统运行起来就像它有一个虚拟的调速器,它比单个调速器中的每一个更准确,是由所有这些调速器和发电机的共同电子互动所构成的。发电系统的精确频率控制至少有一部分应归于此。正是这个原因使高度精确的电子钟成为可能。

因此我提议对这种系统的成果的研究应该在实验和理论两个方面同时展开,与我们研究脑电波的方式一样。

历史地看下面的事很有意思,在交流电机发展早期,人们试图把现代发电系统所用的相同的恒压发电机串联起来,而不是并联。后来发现各个发电机的相互作用是一种排斥而不是吸引。结果这样的系统很可能是不稳定的,除非把各个发电机的转动部分用一根共同的轴或传动装置刚性地连接起来。另一方面,发电机的并联母线连接被证明具有一种内在的稳定性,这使得有可能把不同电站的发电机结合成为一个单一的自容系统(self-containing system)。用一个生物学的类比来说,并联系统比串联系统有更好的动态平衡,因此生存下来,而串联系统自身被自然选择淘汰。

于是我们明白,导致频率吸引的非线性互动能够产生一个自组织系统,就像在我们讨论过的脑电波问题和 a-c 网络中那样。自组织系统的这种可能性绝不会局限于这两种现象的甚低频区域,比方说,红外光或雷达波谱在频率级方面的自组织系统。

如前所述,生物学的首要问题之一是:组成基因或病毒的基本物质、可能致癌的特殊物质,是通过什么方式从不具有这种特性的材料中生产自身的,诸如氨基酸和核酸的混合。通常给出的解释是,这些物质的一个分子作为模板,这个成分的较小分子据此放弃自己并结合成为一个相同的大分子。这大都是一种形象化的说法,只不过是描述生命基本现象的另一种方式,即其他大分子是按照现存大分子的形象形成的。不过这个过程存在,它是一个动力学过程,涉及各种力的作用。完全有可能这样来描述这些力:一个活跃的分子特性的携带者可能就在分子辐射的频率模式中,辐射的主要部分可能位于红外电磁频率或更低的频率内。可能在某些环境下特殊的病毒物质发出红外振荡,这种振荡具有促进从中性的氨基酸和核酸浆液里形成其他病毒分子的能力。这个现象很有可能被认为是吸引性频率互动的一种类型。由于整件事仍然有待探究,细节部分还不明确,我不能说得再具体了。深入研究这个问题的明确方式就是研究大量的病毒物质的吸收和发射光谱,诸如烟草花叶病毒的结晶体,然后对由适当的营养物质中的现存病毒产生的更多病毒进行光照,并观察这些频率光照的影响。我所说的吸收光谱,指的是一种几乎肯定存在的现象;至于发射光谱,我们在荧光现象中有某些发现。

任何这样的研究都会涉及一种从细节上检验光谱的高度精确的方法,因为存在大家通常都会考虑到的连续光谱的超强光量。我们已经看到,在脑电波微观分析中要面对的是相同的问题,干涉光谱仪的数学和我们这里所用的数学本质上是一样的。那么我有把握地提出,在分子光谱研究,特别是在病毒、基因和癌症等这类光谱研究中探讨的这个方法是极其有效的。预言这些方法在纯生物学研究和医学中的全部价值还为时过早,但它们有可能被证明是这两个领域中最有价值的,对此我充满希望。

人名译名对照表

D

达尔文,查尔斯　Darwin, C. R.

达尔文,查尔斯·高尔顿　Darwin, C. G.

达尔文,乔治·霍华德　Darwin, G. H.

戴维斯　Davis, H.

戴维斯,詹姆斯　Davis, J. W.

丹尼尔,珀西·约翰　Daniell, P. J.

德·桑蒂拉纳　de Santillana, G.

德弗里斯,雨果　de Vries, H.

迪士尼　Disney, W.

笛卡儿　Descartes, R.

杜比,乔治　Dubé, G.

杜伯,约瑟夫·利欧　Doob, J. L.

渡边　Watanabe, S.

F

法拉第　Faraday, M.

范德波尔,巴尔塔萨　van der Pol, B.

菲利普　Phillips, H. P.

菲利普,拉尔夫·绍尔　Phillips, R. S.

费希尔,罗纳德　Fisher, R. A.

冯·鲍宁　von Bonin, G.

冯·诺伊曼,约翰　von Neumann, J.

弗雷歇　Fréchet, M. R.

弗里曼　Freymann, M.

弗里蒙特–史密斯,弗兰克　Fremont-Smith, F.

弗洛伊德　Freud, S.

伏特,亚历山德罗　Volta, A.

傅立叶　Fourier, B. J. B. J.

G

盖茨　Gates, B.

高斯　Gauss, K.

戈德斯坦,赫尔曼　Goldstine, H. H.

哥白尼　Copernicus, N.

哥德尔　Gödel, K.

歌德　Goethe, J. W. von

格林　Green, G. M.

H

哈代　Hardy, G. H.

哈尔　Haar, H.

哈里森,乔治　Harrison, G. R.

哈钦森　Hutchingson, J. I.

海林克斯,阿诺德　Geulincx, A.

海森堡　Heisenberg, W.

赫维茨,维托尔德　Hurewicz, W.

赫维赛德,奥利弗　Heaviside, O.

赫胥黎　Huxley, T.

赫胥黎,朱利安　Huxley, J. S.

黑格尔　Hegel, G. W. F.

亨德森　Henderson, L. J.

华莱士,阿尔弗雷德　Wallace, A.

惠更斯　Huyghens, C.

霍布斯　Hobbes, T.

霍尔丹,约翰·博尔顿·桑德森　Haldane, J. B. S.

霍普夫　Hopf, E.

J

伽利略　Galileo, G.

吉卜林,鲁德亚德　Kipling, R.

吉布斯,威拉德　Gibbs, J. W.

加博,丹尼斯　Gabor, D.

科学元典丛书